AF509167

HISTOIRE

NATURELLE

DES POISSONS.

STRASBOURG, IMPRIMERIE DE F. G. LEVRAULT,
IMPRIMEUR DU ROI.

HISTOIRE

NATURELLE

DES POISSONS,

PAR

M. LE B.^{ON} CUVIER,

Grand-Officier de la Légion d'honneur, Conseiller d'État et au Conseil royal de l'Instruction publique, l'un des quarante de l'Académie française, Secrétaire perpétuel de celle des Sciences, membre des Sociétés et Académies royales de Londres, de Berlin, de Pétersbourg, de Stockholm, de Turin, de Gœttingue, des Pays-Bas, de Munich, de Modène, etc.;

ET PAR

M. VALENCIENNES,

Aide-Naturaliste au Muséum d'Histoire naturelle.

TOME QUATRIÈME.

A PARIS,

Chez F. G. LEVRAULT, rue de la Harpe, n.° 81.

STRASBOURG, même Maison, rue des Juifs, n.° 33.

BRUXELLES, Librairie parisienne, rue de la Magdeleine, n.° 438.

1829.

AVERTISSEMENT.

Les poissons dont nous donnons l'histoire dans ce volume,
répondent aux genres linnéens des trigles, des scorpènes et
des cottes, et à une partie de celui des gastérostes : on y
verra beaucoup d'espèces qui paraissent pour la première
fois, et qui ont été rapportées par les savans voyageurs que
nous avons déjà eu tant d'occasions de citer avec reconnais-
sance; mais on y en trouvera aussi, tirées de sources nouvelles, que nous nous empressons de faire connaître.

M. Valenciennes, dans un voyage qu'il a fait cette année
(1829) à Londres et à Berlin, a reçu dans ces deux capitales
des preuves éclatantes du généreux intérêt que les amis de
l'histoire naturelle prennent à notre entreprise.

MM. les conservateurs du Musée britannique lui ont com-
muniqué les poissons rapportés du nord de l'océan Pacifique par M. Collee, chirurgien de l'expédition du capitaine
Beechey; il a obtenu de M. Alexandre Johnston de prendre
des copies des peintures exécutées à Malaca sous les yeux
de M. le major Farquar, et qui appartiennent à la Société
asiatique; et de M. Horsfield, les dessins faits par le docteur
Finlayson, médecin de l'expédition de Siam, et déposés à
la Compagnie des Indes. M. Gray lui a fait connaître de

nombreux dessins appartenans au général Hardwike, et dont plusieurs, de la main de feu Hamilton Buchanan, représentent les espèces décrites dans son ouvrage, mais dont il n'a pas donné de figures. M. E. T. Bennet lui a fait voir les poissons de Sumatra et des îles Sandwich qui se trouvent dans les collections de la Société zoologique; enfin, il a dû à M. Yarrel des observations pleines d'intérêt sur les espèces des côtes d'Angleterre.

Ses récoltes de Berlin n'ont pas été moins importantes pour l'ichtyologie; il y a vu les poissons envoyés du Mexique par M. Deppe, et les poissons encore incertains de Bloch lui ont été confiés par M. Lichtenstein, pour être soumis de nouveau à tous les examens et comparaisons propres à constater leur véritable synonymie.

Deux autres employés du Muséum, M. Laurillard et M. Bibron, ont été envoyés sur les côtes de la Méditerranée, pour compléter la connaissance des poissons si nombreux de cette mer.

M. Laurillard, garde des galeries d'anatomie, s'est rendu à Nice, où il a passé six mois, sans cesse occupé de la pêche, et secondé des lumières et de toute l'influence du savant M. Risso. Outre le grand nombre d'espèces anciennes et nouvelles qu'il y a recueillies, il a eu l'avantage d'en copier les couleurs telles qu'elles sont sur le poisson sortant de l'eau; partie des descriptions ichtyologiques encore si défectueuse pour les espèces étrangères.

M. Bibron, aide-naturaliste pour la zoologie, a passé en Sicile et a cherché à s'y procurer ceux des poissons indiqués par M. Rafinesque qui nous manquaient encore; il a eu le bonheur d'en rencontrer d'autres dont ce naturaliste n'a point parlé.

En même temps un autre de nos aides-naturalistes, M. Kiener, qui voyageait avec M. le duc de Rivoli, nous en rassemblait plusieurs à Toulon.

Nous avons aussi reçu des envois pleins d'espèces nouvelles, et accompagnés de dessins coloriés d'après le frais de M. Alcide d'Orbigny, qui est en ce moment envoyé par le Muséum dans les États de Buénos-Ayres et du Chili.

M. Ricord nous a fait un troisième envoi de Saint-Domingue, et y a joint beaucoup de notes sur l'histoire et les usages des espèces. M. Lesueur nous a fait tenir des poissons de la rivière d'Ouabache; et M. d'Espinville, consul de France à la Nouvelle-Orléans, en a envoyé des eaux des environs de cette ville, et particulièrement du lac Pont-Chartrain. Le docteur Ravenell, jeune médecin de Charlestown, nous en a procuré aussi plusieurs belles espèces des eaux douces de la Caroline.

La grande expédition commandée par M. Durville est revenue heureusement, et MM. Quoy et Gaymard ont complété par de nouvelles collections faites à la Nouvelle-Guinée, à la Nouvelle-Zélande, et dans d'autres parages éloignés, celles que déjà ils avaient envoyées du Cap et du port Jackson. Ils ont rapporté en même temps un recueil nombreux de figures coloriées d'après le frais, que le ministère de la marine va faire publier avec une magnificence égale à celle des deux grands voyages précédens, commandés

par MM. de Freycinet et Duperrey. MM. Lesson et Garnot
sont occupés en ce moment de la partie des poissons pour
le Voyage de M. Duperrey, et les naturalistes y trouveront
aussi un grand nombre de belles espèces parfaitement
représentées.

Nous devons surtout mentionner ici les secours nouveaux
que MM. Quoy et Gaymard nous ont obtenus de la part
de deux habitans de l'Isle-de-France, pleins d'un noble zèle
pour l'histoire naturelle, MM. Julien Desjardins et Théodore
Delise : ils nous ont adressé les poissons les plus rares en
grands échantillons, et accompagnés de dessins exécutés
d'après le frais, qui feront un des plus beaux ornemens de
notre ouvrage.

M. Rifaud, qui s'était établi dans la Haute-Égypte et y a
séjourné pendant un grand nombre d'années, y a rassemblé
avec le plus grand soin les poissons du haut Nil, et en a
rapporté des figures et des squelettes dont la communication nous a intéressés d'autant plus, que nous avons pu en
faire la comparaison avec ceux du Sénégal rapportés par
M. Pérotet, et qui appartiennent aux mêmes genres et souvent à des espèces excessivement semblables.

Tout nouvellement MM. de Mertens, de Ketlitz et Postels,
embarqués sur l'expédition russe qui vient de faire le tour
du monde sous le commandement de M. le capitaine Lutke,
ayant passé par Paris, nous ont fait voir quantité de beaux
dessins coloriés de poissons parfaitement étudiés, et qui
procureront aussi de grands accroissemens à la science, à
l'époque sans doute très-prochaine où le gouvernement russe

en ordonnera la publication. Nous y avons remarqué surtout en plus grand nombre que dans aucune autre collection les poissons du Kamchatka et des autres côtes et rivières du nord de la mer Pacifique, si singuliers pour la plupart.

Enfin, à l'instant où l'on imprimait nos dernières feuilles, sont arrivées au Muséum les récoltes faites en Morée par la commission que le gouvernement français y a envoyée, et dans laquelle M. le colonel Bory Saint-Vincent dirige la partie de l'histoire naturelle. Ce naturaliste, aussi instruit que plein d'ardeur, secondé par M. le docteur Pector, très-habile en grec moderne, a recueilli avec soin les noms que portent aujourd'hui les poissons des côtes de la Grèce, lesquels en plusieurs occasions nous aideront à remonter à leur ancienne nomenclature.

La première partie des Poissons du Brésil de M. Spix vient de paraître par les soins de M. Martius, et avec des descriptions très-détaillées et très-bien faites de M. Agassis : elle justifie ce que nous en avons annoncé dans notre Histoire de l'Ichtyologie. On a aussi le commencement de la partie ichtyologique du Voyage de M. Ruppel et de celui de M. Ehrenberg en Nubie, en Abyssinie et sur la mer Rouge. Ces deux ouvrages, riches d'ailleurs dans toutes les branches de l'histoire naturelle, feront un grand honneur aux naturalistes qui sont allés recueillir avec tant de courage de nouveaux sujets d'observation, et qui les décrivent avec tant d'exactitude et de sagacité. On trouve aussi de nouveaux renseignemens sur divers poissons, soit dans le Journal zoologique de Londres, soit dans l'Isis de M. Oken, soit dans les mémoires des sociétés savantes particulièrement occupées de l'histoire naturelle, et nous aurons le plus grand soin d'en profiter, en même temps que d'en citer les auteurs.

Nous recevons en ce moment l'Histoire des poissons de l'Islande de M. Fr. Faber (Francfort, 1829, in-4.°), ouvrage qui nous sera fort utile, et où la sébaste du Nord dont nous parlons dans ce volume (p. 240) est décrite sous le nom d'*holocentrus sanguineus*.

La famille des joues cuirassées se trouvant remplir tout l'espace que nous pouvions consacrer à ce volume, nous sommes obligés de remettre à l'un des volumes prochains les nombreuses espèces que nous pourrions déjà ajouter aux genres que nous avons publiés.

Nous indiquerons seulement les deux intercalations suivantes, à faire (p. 5 et 6) dans le tableau de la famille.

Page 5, dernière ligne, au caractère des Apistes, ajoutez :

Des Dents aux palatins.

Puis :

Minous. Les caractères des apistes ; point de dents aux palatins.

Page 6, ligne 9, après Agriopus, ajoutez :

Hoplostèthes. Corps haut, armé inférieurement d'écailles carénées ; tête celluleuse ; six rayons mous aux ventrales.

Au Jardin du Roi, Octobre 1829.

TABLE

DU QUATRIÈME VOLUME.

LIVRE QUATRIÈME.

CHAPITRE PREMIER.

CHAPITRE II.

CHAPITRE III.

CHAPITRE IV.

CHAPITRE V.

CHAPITRE VI.

CHAPITRE VII.

Pages. Planch.

CHAPITRE VIII.

CHAPITRE IX.

CHAPITRE X.

CHAPITRE XI.

CHAPITRE XII.

CHAPITRE XIII.

CHAPITRE XIV.

CHAPITRE XVIII.

AVIS AU RELIEUR

POUR PLACER LES PLANCHES.

1. Cette planche sera délivrée avec le volume suivant.

HISTOIRE
NATURELLE
DES POISSONS.

LIVRE QUATRIÈME.

DES ACANTHOPTÉRYGIENS A JOUE CUIRASSÉE.

Il est un certain nombre de poissons qui, par l'ensemble de leur conformation, se rapprochent de la famille des perches, mais auxquels l'aspect singulier de leur tête diversement armée ou hérissée donne une physionomie propre qui les a toujours fait classer dans des genres spéciaux. Ce sont les trigles ou grondins, les cottes ou chabots et les scorpènes ou truies de mer. Les rapports de ces genres les uns avec les autres sont des plus sensibles, et néanmoins il n'est pas facile de déterminer un trait d'organisation qui, à la fois, leur convienne à tous, et les distingue du reste des acanthoptérygiens. Celui que nous indiquons par les mots de *joue cuirassée,* réunit peut-être seul ces deux avantages. Il consiste en ce que les sous-orbitaires, ou l'un d'entre eux, se portent assez loin sur la joue pour la couvrir plus ou moins sur sa longueur, et pour s'articuler par leur extrémité postérieure avec le préopercule.

4.

1

Le plus ou moins de largeur de cette production des sous-orbitaires fait varier l'étendue de la protection qu'ils donnent à la joue, et la forme qu'en reçoit la tête.

Dans les *trigles,* la tête, dont les côtés sont presque verticaux et dont le museau tombe rapidement de l'avant, prend une forme qui approche d'un cube ou d'un parallélépipède. Dans les *cottes,* la ligne du profil descend peu, les côtés s'écartent à droite et à gauche, et la forme générale de la tête est plus ou moins écrasée. Dans les *scorpènes,* au contraire, cette forme est généralement comprimée. Ajoutez que les trigles et la plupart des cottes ont deux dorsales, et que les scorpènes n'en ont qu'une; enfin, que les trigles ont des rayons libres au-dessous des nageoires pectorales; que les scorpènes et les cottes ont au moins plusieurs des rayons inférieurs de ces nageoires sans branches, et même que dans la plupart des scorpènes ces rayons non branchus dépassent en partie la membrane, et l'on aura une idée assez juste des trois principaux genres de cette famille, de ceux que Linnæus y avait établis; mais il est arrivé par suite de temps, comme dans les autres familles, que ces trois formes principales se sont divisées en plusieurs formes secondaires, et que l'on a trouvé des formes intermédiaires de nature à être placées entre les premières, et même quelques formes à certains égards excentriques qui, tout en montrant beaucoup d'affinité avec l'ensemble de la famille, n'en conservent pas cependant tous les caractères.

Ainsi l'on a dû détacher des trigles les *prionotes,* qui ont de plus qu'eux des dents en velours aux os palatins; les *péristédions* ou *malarmats,* qui n'ont point de dents du tout, et dont le corps est cuirassé, et surtout les *dactyloptères,* dont les rayons inférieurs des pectorales, au lieu de demeurer libres, se multiplient, s'alongent et s'unissent par une membrane, pour former une espèce d'aile.

Auprès des trigles viennent se placer les *céphalacanthes,* qui ont une tête de dactyloptère et des pectorales de scorpène.

Les *aspidophores* et les *platycéphales* sont des démembremens des cottes : les premiers ont le corps cuirassé, les autres la tête très-aplatie, et les ventrales sous l'abdomen. Il y a même une subdivision des *aspidophores* dans laquelle on ne voit qu'une dorsale.

Entre les cottes et les scorpènes se rangent plusieurs petits genres, tels que : les *hémilépidotes,* qui ont la tête aplatie des premiers, la dorsale unique des autres ; les *hémitriptères,* qui, avec cette tête aplatie, et même la dorsale divisée des cottes, ont des barbillons et des dents aux palatins, comme les scorpènes.

Il a été également nécessaire de faire plusieurs démembremens dans le genre des scorpènes. Les *blepsias* ont une haute dorsale à demi divisée. Dans les *tænianotes* elle se porte jusque sur le dessus de la tête, et s'unit à la caudale. Les *apistes* se distinguent par un aiguillon qui arme leur sous-orbitaire, et qu'ils redressent quelquefois d'une manière perfide. Les *sébastes* se rapprochent de plusieurs genres de la famille des perches, par une tête moins hérissée, et écailleuse dans presque toutes ses parties. Les *ptéroïs* sont des scorpènes dont les rayons pectoraux et dorsaux s'alongent excessivement, et qui d'ailleurs manquent de dents aux palatins. Dans les *pélors* s'unissent à cette même absence de dents aux palatins, à une absence totale d'écailles, des formes pour ainsi dire monstrueuses, et des rayons libres sous les pectorales, comme il y en a dans les trigles.

Mais le genre qui s'éloigne surtout des scorpènes, bien qu'on l'y ait long-temps réuni, c'est celui des *synancées,* non moins hideux que les pélors, également dépouillé d'écailles, dont aucun rayon pectoral n'est simple, et qui surtout manque de dents au vomer, aussi bien qu'aux palatins; en sorte que son palais entier est lisse comme dans les sciènes et dans les spares.

Deux genres nouveaux viennent encore se placer à la suite de tous les démembremens des scorpènes : ce sont les *agriopes* et les *lépisacanthes.*

Les premiers ont la longue dorsale, portée en avant, des tænianotes; mais leur museau saillant et étroit est presque dépourvu de dents : les autres sont singulièrement cuirassées par des écailles épaisses carénées et d'une structure toute particulière.

L'*oréosome* est bien plus singulier encore : une douzaine de boucliers coniques hérissent son corps, et s'y présentent en quelque sorte comme des montagnes sur un globe.

Peut-être ne se doute-t-on point que les *épinoches,* ces jolis poissons, communs dans tous nos ruisseaux, appartiennent à cette famille, dont les autres genres ont des formes si bizarres; mais rien n'est plus vrai. Leur joue est aussi cuirassée, et tout leur ensemble en fait une sorte de lien entre les scorpènes, les aspidophores et la grande famille des scombéroïdes.

Nous joignons ici le tableau de tous ces genres, disposés dans un ordre synoptique, et de manière à en faciliter

l'étude, comme nous l'avons fait pour la famille des per-
coïdes, mais en y ajoutant la même observation : c'est que
ce n'est pas dans ces sortes de tables qu'il faut chercher les
véritables rapports de ces animaux, et que l'on ne peut en
prendre une connaissance complète que par les détails
extérieurs et intérieurs contenus dans leurs descriptions.

POISSONS OSSEUX.

ACANTHOPTÉRYGIENS.

JOUES CUIRASSÉES. Les sous-orbitaires recouvrant une portion plus ou moins grande de la joue, et s'articulant avec le préopercule.

Sans rayons épineux libres en avant de la dorsale.

A deux dorsales.

A tête parallélépipède.

Des rayons libres sous la pectorale.

TRIGLES. Corps écailleux; des dents en velours aux mâchoires et au-devant du vomer.

PRIONOTES. Corps écailleux; des dents en velours aux mâchoires, au-devant du vomer et aux palatins.

MALARMATS. Corps cuirassé; pas de dents.

De très-longs rayons sous les pectorales, réunis en une grande nageoire, qui sert d'aile.

DACTYLOPTÈRES. Tête plate, grenue; une très-longue épine au bas du préopercule.

Point de rayons séparés sous les pectorales.

CÉPHALACANTHES. Mêmes formes de tête qu'aux dactyloptères.

A tête ronde ou déprimée.

Ventrales sous les pectorales.

COTTES. Dents en velours aux mâchoires et au-devant du vomer; corps sans écailles.

HÉMITRIPTÈRES. Dents en velours aux mâchoires, au vomer et aux palatins; corps garni de lambeaux cutanés; la première dorsale profondément échancrée.

BEMBRAS. Dents en velours aux mâchoires, au vomer et aux palatins; tête peu déprimée; corps écailleux.

ASPIDOPHORES. Pas de dents au palais; corps cuirassé.

Ventrales en arrière des pectorales.

PLATYCÉPHALES. Tête très-déprimée, épineuse; corps écailleux, des dents aiguës aux palatins.

A une seule dorsale.

A tête comprimée.

Des dents en velours aux mâchoires, au vomer et aux palatins.

HÉMILÉPIDOTES. Six rayons aux ouïes; corps écailleux sur quelques bandes longitudinales.

BLEPSIAS. Cinq rayons aux ouïes; dorsale trilobée; corps nu; avec des lambeaux cutanés.

APISTES. Six rayons aux ouïes; une épine au sous-orbitaire, qui peut se redresser.

SCORPÈNES. Sept rayons aux ouïes ; corps écailleux ; joues et mâchoires sans écailles ; des lambeaux cutanés.

SÉBASTES. Sept rayons aux ouïes ; corps, joues, mâchoires écailleux.

Des dents aux mâchoires et au-devant du vomer, mais non aux palatins.

PTÉROÏS. Sept rayons aux ouïes ; de très-longs rayons aux pectorales et à la dorsale.

Quelques petites dents aux mâchoires seulement.

AGRIOPUS. Corps comprimé ; dorsale haute, commençant entre les yeux ; bouche petite, saillante.

A tête grosse, comme monstrueuse ; les yeux dirigés vers le ciel.

Des dents en velours aux mâchoires et au-devant du vomer.

PÉLORS. Tête comme écrasée en avant ; des rayons libres sous les pectorales.

Des dents aux mâchoires seulement, aucunes au vomer ni aux palatins.

SYNANCÉES. Tête grosse, tuberculeuse.

Des épines libres au lieu de première dorsale.

Corps couvert de grandes écailles imbriquées ; huit rayons aux ouïes.

MONOCENTRIS.

Corps garni de plaques le long de tout ou partie de la ligne latérale ; trois rayons aux ouïes.

ÉPINOCHES. Les os du bassin réunis.

GASTRÉS. Les os du bassin écartés.

CHAPITRE PREMIER.

Des Trigles (Trigla, Linn.), et particulièrement des Trigles proprement dits (Trigla, Lacép.).

Le nom grec de *trigla* ($\tau\rho i\gamma\lambda\eta$), aujourd'hui en italien *trillia,* appartient incontestablement au rouget-barbet, au *mullus* des Latins; mais Artedi avait réuni dans un même genre ce rouget-barbet, ce vrai *trigla* des anciens, avec les poissons dont nous allons parler : et lorsque Linnæus les sépara, il laissa au premier le nom de *mullus,* et transféra celui de *trigla* aux autres, contre l'usage le plus général des anciens. Nous disons, l'usage le plus général; car il n'est peut-être pas un ancien nom de poisson plus certain que celui-là, ainsi que nous l'avons vu au chapitre qui termine le volume précédent; et toutefois il paraît que, dès les plus anciens temps, la ressemblance de couleur avait aussi fait transporter en quelques endroits, à l'un des poissons dont nous parlons dans cet article, le nom de *trigla,* comme on leur donne à Paris celui de *rouget,* qui est proprement celui des *mulles.*

Typhon, en effet, dans Athénée[1], dit que quelques-uns confondaient le mulle (*trigla*) et le coucou : or le nom de *coucou* et celui de *lyre* sont du nombre de ceux que l'on a cru pouvoir appliquer à nos trigles actuels.

La première de ces dénominations paraîtra toutefois mieux prouvée que l'autre. Aristote et Ælien, qui seuls

---

1. *Deipnos.,* l. VII, p. m. 324 et 325.

ont parlé de la lyre (λύρα)[1], se bornent à lui attribuer en commun, avec le chromis, de faire entendre un certain bruit ou grognement, ce qui peut se dire de beaucoup de poissons.

Quant au coucou (κόκκυξ), Aristote[2] n'en dit autre chose, sinon que le bruit qu'il fait ressemble à celui de l'oiseau du même nom, et[3] qu'il vit à la fois dans la haute mer et près des rivages; mais il y a des caractères plus positifs dans *Numenius*, cité par Athénée, qui lui donne l'épithète de *rouge*, couleur en effet très-marquée dans plusieurs trigles, et dans *Marcellus Sidetes*, qui lui applique celle d'ὀξύκομος (poils aigus), où l'on peut voir une allusion aux épines dont leur tête et une partie de leur corps sont hérissées.

Ce rapport même, établi, selon Typhon, entre le coucou et le mulle, peut être allégué en preuve. Il faut qu'il soit bien naturel, puisque le peuple de nos jours l'a saisi comme celui de l'antiquité.

Des motifs encore plus vraisemblables ont fait penser que c'est dans le genre de nos trigles que l'on doit chercher l'hirondelle de mer des anciens, et peut-être aussi leur milan.

L'*hirondelle* surtout, dont le vol est représenté comme puissant[4], qui ressemblait aux coucous et aux mulles[5], et qui était armée de longues épines[6], ne peut guère être que le dactyloptère (*trigla volitans*, L.); car l'exocet, auquel on a aussi voulu rapporter ce nom, n'a pas d'épines, et ressemble aux harengs beaucoup plus qu'aux trigles ou aux

---

1. Aristote, *Hist. anim.*, l. IV, c. 9; Ælien, l. X, c. 11. — 2. *Hist. anim.*, l. IV, c. 9. — 3. L. VIII, c. 13. — 4. Aristote, l. IV, c. 9. — 5. *Speusippus, ap. Athen.*, l. VII, p. 324. — 6. Oppien, *Hal.*, l. II, v. 459.

mulles. On doit croire plutôt que c'est le *theutis* d'Ælien
et d'Oppien, dont le vol était plus puissant encore que
celui de l'hirondelle, qui volait en troupes et très-haut,
comme les oiseaux[1]. Les Latins ont traduit quelquefois
τευθίς par *lolligo*, dont on fait aujourd'hui le nom du
calmar, et Pline[2] semble en effet placer ce *lolligo* auprès
des seiches; mais en supposant que le calmar s'élève hors
de l'eau, assurément il ne peut avoir un vol semblable à
celui qu'on attribue au τευθίς.

L'épervier (ἱέραξ) et les milans (*milvus* et *milvago*) ne
sont pas aussi faciles à déterminer.

Le vol de l'épervier est inférieur à celui de l'hirondelle
et du teuthis; il rase la mer, et tient le milieu entre un
vol véritable et la natation.[3]

Le *milvago* annonce un changement de temps chaque
fois qu'on le voit volant au-dessus de l'eau.[4]

Pour le *milvus*, le passage qui le concerne, dans Pline,
est susceptible de divers sens, suivant qu'on le ponctue.
Dans les premières éditions l'absence d'un point faisait
regarder ce poisson comme identique avec le *lucerna*,
nommé dans la période suivante, et dont la langue serait
lumineuse. On a pensé depuis qu'il faut réduire à la faculté
de voler tout ce qui est dit du *milvus*, et que le *lucerna*
est un autre animal[5]. Il est à croire, en effet, qu'il s'agit là
de quelque mollusque ou zoophyte phosphorique, et

---

1. Oppien, *Hal.*, l. II, v. 431, et Ælien, *Hist. an.*, l. IX, c. 52. — 2. Pline,
l. VIII, c. 29. — 3. Oppien, *Hal.*, v. 435; Ælien, *Hist. an.*, l. IX, c. 52. —
4. *Idem*, l. XXXII, c. 2.

5. Pline, l. IX, c. 27. Au lieu de : *Volitat hirundo perquam similis volucri hirun-*
dini : item milvus subit in summa maria, piscis ex argumento appellatus lucerna,
lingua ignea per os exserta tranquillis noctibus relucet, il faut écrire : *item milvus.*
Subit in summa maria, piscis, etc.

qu'on ne doit point chercher ce *lucerna* parmi les trigles;
car, si l'on excepte ce que l'on a conclu de cette fausse
leçon, je ne vois pas qu'aucun témoin oculaire ait observé
en eux la faculté de luire, si ce n'est, comme dans les
autres poissons, quand ils se décomposent.

Un dernier caractère attribué au *milvus,* est le dos noir;
et nigro tergore milvi[1], et peut-être ce trait pourrait-il
faire porter les conjectures sur le *perlon* (*trigla hirundo,* L.),
dont le dos est brun, et auquel ses grandes pectorales ont
pu faire attribuer le pouvoir de s'élever au-dessus des eaux.
Peut-être aussi, et c'est malheureusement à quoi aboutissent à la fin toutes ces recherches, ces noms ont-ils été
employés diversement, et sont-ils quelquefois synonymes
les uns des autres.

Il aurait été facile aux anciens naturalistes de donner
plus de certitude à cette nomenclature, car les trigles ont
deux caractères des plus distinctifs; leur tête cuirassée,
large en dessus, dont le front et les côtés descendent rapidement et presque verticalement, ce qui leur donne au
total une forme approchant d'un cube ou d'un parallélépipède, et les rayons libres placés au-dessous de chacune
de leurs pectorales. Mais ces auteurs donnaient peu d'attention aux détails de structure : ils semblent avoir cru
non-seulement que leur langue ne mourrait point, mais
que ceux qui la parleraient s'entendraient toujours sur les
dénominations des êtres naturels, et qu'il était inutile de
fixer le sens des noms par des caractères pris dans les
choses mêmes. C'est cette erreur de leur jugement qui
inflige aujourd'hui tant de tortures aux critiques curieux

---

1. Ovide, *Halieut.*, v. 96.

de ces sortes de questions, et si nous-mêmes nous en oc-
cupons nos lecteurs, peut-être plus qu'il ne serait nécessaire
pour l'histoire naturelle proprement dite, c'est dans la vue
de leur faire sentir combien tout cet échafaudage méthodique des naturalistes modernes a d'importance, et quel
service ses inventeurs ont rendu, malgré tout ce qu'en ont
pu dire Buffon et ceux qui n'ont pas dédaigné de se faire
ses échos.

De tous les poissons à joues cuirassées, les trigles sont
ceux où elle l'est le mieux. Leur premier sous-orbitaire
est énorme, et la couvre entièrement, s'articulant d'une
part avec le museau, et de l'autre avec le préopercule et
deux sous-orbitaires plus petits, placés à l'angle postérieur
de l'orbite. Son articulation avec le préopercule se fait
même par suture immobile, en sorte que les sous-orbitaires
et le préopercule ne peuvent se mouvoir qu'ensemble.
Dans les jeunes sujets ce premier sous-orbitaire se divise
lui-même en deux pièces, une pour le museau, l'autre
pour la joue.

Leur museau se forme aussi par la suture immobile des
frontaux antérieurs, des nasaux, de l'extrémité antérieure
de l'ethmoïde, qui s'élargit en disque, et même dans les
espèces ordinaires de celle du vomer, qui se montre un peu
sous la peau entre les nasaux. Au-devant de tout cet assem-
blage se porte encore la partie antérieure du sous-orbitaire,
qui s'y produit en proéminence plus ou moins saillante.

Le préopercule est grand et plus ou moins élargi dans
le bas, mais l'opercule est médiocre; le sous-opercule et
l'interopercule sont petits, minces et cachés dans la membrane qui borde l'opercule.

Toutes ces pièces osseuses, ainsi que celles qui composent le dessus du crâne, et même celles de l'épaule, sont dures, grenues ou striées, souvent armées d'épines et d'arêtes tranchantes; en sorte que peu de poissons ont la tête aussi bien garantie contre les attaques de leurs ennemis.

Les ouïes sont bien fendues et leur membrane est soutenue par sept rayons. Les râtelures des arcs branchiaux ne consistent qu'en tubercules couverts d'un velours ras.

La bouche est médiocre; elle s'ouvre sous la proéminence du museau, et quand elle se ferme, les maxillaires se retirent sous les sous-orbitaires.

Les dents des pharyngiens sont toujours en velours; mais pour celles des mâchoires et du palais, il y a des variétés plus qu'il n'est ordinaire dans les familles naturelles; et c'est principalement sur leurs différences que nous fondons les divisions que nous avons établies dans le grand genre des trigles.

Les pectorales sont grandes, et assez dans quelques espèces pour leur donner la faculté de s'élever en l'air pendant quelques instans et d'exécuter, comme nous l'avons dit, une espèce de vol. Il se détache de leur partie inférieure des rayons libres, plus gros que les autres, articulés, mais non branchus, et où l'on voit plus aisément la division en deux filets, commune à tous les rayons.

Ces pectorales s'attachent à l'épaule par six os plats, dont deux, savoir, le radial et le cubital, adhèrent à l'os huméral, et sont chacun percés d'un trou; le cubital est le plus grand. Les quatre autres, dont le supérieur est le plus petit, représentent le carpe, et portent les rayons; savoir, les deux supérieurs, ceux de la nageoire, et les deux inférieurs, les rayons libres. L'étendue de cet appareil donne plus de force aux muscles de ce membre.

Il en est de même pour le membre inférieur. Les os du bassin forment ensemble un disque rhomboïdal assez large, dont la moitié postérieure se porte en arrière entre les ventrales : l'antérieure a ses bords perpendiculaires à son plan, et souvent une arête ou une apophyse dans son milieu, disposition qui donne place à des muscles plus épais pour les ventrales, lesquelles sont aussi généralement grandes.

A ces dispositions favorables à la natation se joint la forme de leur corps, qui est alongé, rond ou peu comprimé, aminci vers la queue : ils ont une première dorsale épineuse, plus élevée, et une seconde plus basse et plus longue; toutes les deux sont implantées dans une espèce de sillon garni de deux rangs d'écailles ou plutôt de lames osseuses, qui sont des dilatations des os interépineux, et qui se terminent le plus souvent en pointe en arrière, ce qui donne alors aux bords de ce sillon la denture d'une scie.

Il y a beaucoup de variétés pour les écailles, particulièrement pour celles de la ligne latérale. Quelquefois, comme dans les malarmats, les écailles sont remplacées par de véritables plaques osseuses, qui cuirassent tout le corps.

Les filets libres sous les pectorales, qui caractérisent les trigles, doivent leur former un organe de tact très-sensible; car les nerfs qui s'y rendent sont gros, et ils naissent même, ainsi que ceux du reste de l'extrémité antérieure, sous des tubercules particuliers, au nombre de quatre ou cinq de chaque côté, placés sur l'origine de la moelle épinière, à la suite des tubercules ordinaires de l'arrière du cervelet. Cette structure est entièrement propre à ce grand genre. Du reste leur cerveau se compose, comme à l'ordinaire, de deux paires de lobes supérieurs, une pleine et une creuse, d'une paire inférieure et du cervelet. La paire pleine ou antérieure est grande proportionnellement, et a en avant encore un petit nœud à la racine supérieure des nerfs olfactifs. La paire creuse a en dedans les quatre petits tubercules ou replis ordinaires, dont les postérieurs sont les plus grands et se replient un peu en arc.

Le nerf olfactif est petit, mais l'optique est gros et se laisse aisément déplisser en membrane.

Les intestins des trigles consistent en général en un estomac en cul-de-sac, en plusieurs appendices cœcales et en un canal intestinal diversement replié. Ils ont tous une vessie natatoire, mais les formes et les proportions de ces viscères sont assez variées pour que nous devions en reprendre la description dans l'histoire de chaque espèce.

Ces espèces sont nombreuses. Nos mers, et surtout la Méditerranée, en possèdent jusqu'à huit, et il en est déjà venu quelques-unes de la mer des Indes.

On ne doit pas toutefois compter dans ce genre le *trigla asiatica* de Linnæus, ou *trigle asiatique* de M. de Lacépède. Cette prétendue espèce est bien sûrement un polynème, et ne paraît pas différer de notre *polynemus tetradactylus,* ainsi que nous l'avons vu à son article. Il en est de même du poisson que Forster avait nommé aussi *trigla asiatica,* et dont M. Schneider a fait son *trigla pentadactyla.* D'après le dessin de Forster, que nous avons sous les yeux, c'est le *polynemus plebeius.* Le *trigla minuta* de Linnæus, qui est également annoncé comme asiatique, paraît être un vrai trigle; mais ce que l'auteur dit de ses caractères[1] convient à tant d'espèces, et les nombres

____

1. *Trigla minuta, digitis tribus, dorso bicarinato* (D. 5 — 24; A. 14; C. 10; P. 3, 8; V. 6, etc.); *Mantiss. alter.,* p. 528, et *Syst. nat.,* édit. de Gmel., p. 1346.

des rayons y sont comptés d'une façon si contraire à ce que l'on voit dans les autres, que nous ne pouvons le croire bien déterminé, et que nous ne l'admettrons pas dans notre énumération. Nous n'y comprendrons pas non plus le *trigla rubicunda* d'Hornstedt[1], ni les *trigles à un seul doigt* de Russel (n.° 159), parce qu'ils appartiennent aux pélors et aux apistes, deux démembremens du genre des scorpènes, ni le *trigla trachinus* de Schneider, ou *trachinus trigloidès* d'Osbeck[2], qui ne paraît qu'une vive dont les rayons sont mal comptés. Enfin, nous serons forcés encore d'omettre, faute de détermination suffisante, le *trigla alata* de Houttuyn, originaire du Japon, dont, pour n'avoir pas bien compris le texte de cet auteur, on a fait un dactyloptère, mais qui est un trigle proprement dit.[3]

---

1. Nouveaux Mémoires de l'Académie de Stockholm, t. IX, p. 45, pl. 3.

2. Osbeck, *Nov. act. ac. cur.*, t. IV, p. 102. Il met D. 4 — 14 au lieu de 24.

3. Voici la traduction de l'article de Houttuyn (Mémoires de la Société de Harlem, t. XX, 2.ᵉ part., p. 336). Nous la donnons pour montrer avec quelle facilité l'erreur la plus aisée à corriger se propage quand une fois elle est introduite dans un ouvrage même aussi peu digne d'être copié que celui de Gmelin.

« 25. *Trigla alata* (rouget ailé).

« Le genre *trigla*, que l'on distingue par trois barbillons libres, semblables à des « doigts, près de ses nageoires pectorales, comprend aussi, selon Linnæus, un « poisson volant, auquel il attribue vingt doigts, réunis par une membrane.

« J'en ai pareillement fait représenter en petit un très-grand de ma collection, « semblable, et qui est très-commun dans les climats méridionaux.

« Le petit poisson du Japon, long d'à peu près quatre pouces, que je décris ici, « ressemble davantage à celui du Cap, dont j'ai aussi publié une figure, d'après un « dessin envoyé du Cap[1]; car il a la tête très-épineuse. Sa mâchoire supérieure a « deux pointes aiguës et proéminentes, et il y en a de semblables à l'opercule de « ses branchies. Cependant les ailes, qui dans l'espèce du Cap paraissent avoir eu « dix rayons, en ont onze dans celle du Japon, aussi réunis par une membrane : « elles sont plus longues, mais pas assez pour que le poisson paraisse avoir été

1. Dans sa traduction hollandaise du Système de Linnæus, pl. 63, fig. 4. C'est un vrai trigle, probablement notre *capensis*.

Ces trigles proprement dits ont les joues à peu près verticales et assez hautes pour rendre la coupe transverse de leur tête, à l'endroit des yeux par exemple, à peu près carrée. Leur museau descend plus ou moins obliquement; leurs doigts libres, sous les pectorales, sont toujours au nombre de trois : ils ont des dents en velours aux deux mâchoires, sur une bande au-devant du vomer et aux pharyngiens; mais ils en manquent aux palatins et sur la langue. Leur ligne latérale est droite, et se prolonge toujours sur la caudale, en s'y bifurquant. Ils varient entre eux par l'armure de cette ligne latérale, par celle des bords de leur sillon dorsal, par le plus ou moins de longueur des épines de leur tête et de leur épaule, ainsi que par celle de leurs pectorales; mais au milieu de toutes ces variations ils conservent toujours un air de famille, qui a porté plusieurs auteurs à les confondre et à mêler diversement leurs caractères et leurs déterminations, au point que leur synonymie est devenue assez difficile à établir.

Tous ces poissons, quand on les tire de l'eau, font entendre un bruit ou grognement plus ou moins fort, et

---

« capable de voler hors de l'eau ; c'est pourquoi je l'ai appelé simplement *rouget*
« *ailé*. La première dorsale a sept rayons épineux et pointus, et se couche, ainsi
« que la seconde, dans un sillon osseux, formé le long du dos par deux suites
« d'écailles aiguës. L'anale, qui s'étend sous la queue, m'a montré quatorze rayons,
« et la caudale autant; les ventrales en ont six, comme à l'ordinaire. »

Gmelin[1] a fait de cette description incomplète un extrait, lui-même comparativement très-incomplet, où de plus il a mis au lieu de *mâchoire supérieure* (*boven-kaak*), *mâchoire inférieure*. Lui seul a été consulté et copié; et c'est ainsi que l'on a traîné, d'ouvrage en ouvrage, soit un *trigla alata*[2], soit un *dactyloptère japonais*[3], dont la mâchoire inférieure serait armée d'épines, etc.

1. Gmelin, *Syst. Linn.*, p. 1346. — 2. Walbaum, *Artedi renovatus*, t. III, p. 374; Bloch, édit. de Schn., p. 12; Shaw, *Gener. Zool.*, t. IV, 2.ᵉ part., p. 624. — 3. Lacépède, t. III, p. 335, et les divers dictionnaires d'histoire naturelle.

c'est ce qui leur a valu en français les noms de *grondins,*
de *gronaus,* de *gurnards,* de *gourlins,* sous lesquels leurs
diverses espèces sont connues. On donne aussi à Paris,
comme nous l'avons déjà remarqué, le nom de *rouget* à
deux espèces rouges, et en divers ports on l'étend à toutes
les espèces de cette couleur. On les a enfin comparés à
des coqs, ce qui leur a valu les noms de *gallines, galli-
nettes, coqs de mer,* etc.

C'est, dit-on, la grosseur de leur tête qui en a fait appeler quelques-uns en Italie *capone.* A Venise leur nom
générique est *anzoletto.*

Mais l'emploi de ces différentes dénominations est fort
irrégulier et fort variable, selon les lieux, et même dans
chaque lieu selon les temps et les personnes, et il n'y faut
pas faire grande attention dans la détermination des espèces.

———

DES TRIGLES A CORPS CERCLÉ.

Nous placerons en tête du genre deux espèces de nos
mers, dont le corps est cerclé, en tout ou en partie, de
lignes résultant de la disposition des écailles, ou de ce que
les naturalistes nomment *squamæ verticillatæ.*

Elles abondent l'une et l'autre, en certaines saisons, et
ensemble, sur les marchés de Paris, où l'une des deux, qui
a le museau plus alongé, des lignes transverses sur le flanc
seulement, et la ligne latérale non armée, se nomme plus
spécialement *rouget* ou *rouget commun,* et où l'autre, qui
a le museau plus court, la ligne latérale épineuse, et des
cercles tout autour du corps, est appelée *rouget camard.*

Les auteurs qui ont parlé de ces deux espèces les ayant

4.   3

assez mal distinguées, soit l'une de l'autre, soit des espèces voisines, il est nécessaire, pour la clarté de notre travail, que nous commencions par les comparer et par débrouiller leur synonymie.

Le *rouget camard,* dont on pourrait déjà se faire une idée fort juste par la figure de Rondelet (p. 295), intitulée *mulle imberbe* et *imbriago,* est le *cuculus lineatus* de Ray (*Synops. pisc.,* fig. 11), et le *trigla lineata* de Pennant et de Gmelin. Bloch en a donné sous ce dernier nom une bonne figure, planche 354, mais enluminée un peu arbitrairement. Il en a paru une autre, dans le Voyage à Venise, de M. de Martens (t. II, pl. 11, p. 430), qui n'exprime pas assez en détail les aiguillons de la tête.

L'autre de nos rougets, le *rouget proprement dit,* à pectorales et à lignes transverses plus courtes, n'a pas été désigné de si bonne heure d'une manière précise. S'il est représenté dans Rondelet, ce ne peut être que son *milvus* (p. 297). C'est probablement aussi le *cuculus* de Bélon (p. 204); mais l'une et l'autre de ces figures sont très-incomplètes.

Artedi et Linnæus ont confondu ce *milvus* de Rondelet avec le *cuculus* de Salvien (fig. 191), qui est le *trigla lyra;* et c'est sur ce mélange qu'est établi le *trigla lucerna,* L. Le caractère donné d'après Willughby à cette espèce factice, d'une ligne latérale bifurquée vers la queue, ne manque, à notre connaissance, dans aucun trigle.

D'un autre côté, à l'exemple de Ray et de Willughby, Artedi et Linnæus confondaient le *cuculus* de Bélon avec le *cuculus* de Rondelet (p. 287), qui est un poisson de la Méditerranée tout différent, dont nous parlerons bientôt; et c'est sur ce second mélange que ces auteurs ont établi le *trigla cuculus*, L., auquel ils ne donnent que des caractères communs à plus d'une espèce : une ligne latérale sans épines, des opercules striés, etc.; mais en faisant abstraction de cette synonymie fautive, et n'ayant égard qu'aux caractères et surtout à la description donnée par Linnæus, dans le tome II du *Musæum principis* (p. 93), on est convaincu que c'était notre *rouget commun* qu'ils avaient en vue.

C'est ce *rouget commun,* ce rouget ordinaire des marchés de Paris et de toute la Normandie, que Bloch représente, et très-bien, sur sa planche 355, d'après un individu qu'on lui avait envoyé d'Hollande; mais, en le donnant comme une espèce nouvelle et inconnue, et en l'appelant *trigla pini,* d'après je ne sais quelle ressemblance qu'il prétend trouver entre les écailles de sa ligne latérale et celles d'une pomme de pin.

Comme Bloch a été suivi dans cette erreur par les naturalistes qui lui ont succédé, et que même M. Risso a donné à l'espèce, quand il l'a décrite, ce nom de *pini,* on pourrait croire qu'il existe en effet un *trigla pini* différent du *rouget;* mais ce serait un double emploi.

Bloch, cependant, a décrit, sous le nom de *rouget,* un poisson réel, mais différent du trigle rouget de nos marchés, et beaucoup plus rapproché du grondin ou gurnard, ainsi que nous le verrons à son article.

Voici maintenant les descriptions des deux espèces.

Le GRONDIN ROUGE, *ou* ROUGET COMMUN DE PARIS.

(*Trigla cuculus,* Linn.? *Trigla pini,* Bl., p. 355.)

Ce rouget commun de Paris passe rarement un pied de longueur. C'est à la tête qu'il est le plus gros. Son corps diminue ensuite jusqu'à la base de la caudale. Sa hauteur à la nuque est près de six fois dans sa longueur totale; mais la longueur de sa tête n'y est pas tout-à-fait quatre fois, elle est d'un quart moins épaisse que haute. Le crâne est horizontal et plat; l'entre-deux des yeux se rétrécit et devient concave; le profil descend obliquement, en faisant avec le crâne un angle de cent trente à cent quarante degrés; sa ligne descendante est très-légèrement concave; en travers il s'arrondit. Les côtés de la tête sont plans et presque verticaux; toutes les parties supérieures et latérales de la tête sont âpres par des granulations disposées en lignes serrées, qui partent de certains centres comme des rayons. Il y a un de ces centres sur le milieu du museau, qui appartient à l'ethmoïde; le grand sous-orbitaire en a trois, dont le principal forme comme un grand soleil sur la joue; il y en a un sur le préopercule, un sur l'opercule, un sur chaque pariétal, un sur l'os de l'épaule, etc. Les deux grands sous-orbitaires se portent en avant du vomer, pour former l'extrémité antérieure du museau, par deux lobes arrondis très-peu saillans, entre lesquels est une échancrure très-peu profonde, et qui ont chacun leur bord divisé en sept ou huit crénelures obtuses. Un peu au-dessus, entre le vomer et le grand sous-orbitaire, est un petit espace membraneux, dans lequel sont percées les deux ouvertures de la narine, toutes deux petites; l'antérieure est ronde et a ses bords un peu relevés; l'autre est ovale et oblique. L'orbite touche au bord supérieur de la tête, immédiatement derrière l'angle que fait le museau avec le crâne : il est grand; son diamètre horizontal fait le tiers de la longueur de la tête. A son bord supérieur, en avant, sont deux et souvent trois petites dents aiguës, dont la dernière est un peu plus forte.

L'os surscapulaire s'engrène par suture au crâne, et le prolonge de chaque côté par une pointe qui, dans cette espèce, est de forme

demi-elliptique, et a son bord interne convexe et dentelé; elle ne
dépasse pas l'opercule. Celui-ci a sa partie osseuse échancrée dans
le haut, et découpée en deux pointes aiguës, dont la supérieure se
dirige obliquement vers le haut; l'inférieure, qui n'est pas beaucoup
plus longue, se porte en arrière : elle est à peu près au tiers de la
hauteur de l'os, qui de là va, en se rétrécissant, jusqu'à son extrémité inférieure. La membrane qui étend l'opercule est surtout large
dans le haut. Le préopercule est plat, sans limbe ni dentelure : étroit
dans le haut, élargi à sa partie inférieure, il a vers le bas une légère
arête, dirigée d'avant en arrière, qui se termine par une petite
pointe sous le bas de l'opercule; il y en a une plus petite un peu
au-dessous. Derrière ces pointes se cache un très-petit sous-opercule, réduit à une petite lame ovale et transparente. L'interopercule
est aussi très-peu apparent, lisse, et caché en partie sous le bord
inférieur du préopercule.

La fente de la bouche est médiocre; elle ne s'ouvre que jusque
sous les narines : sa courbe est à peu près parabolique. Le maxillaire
se cache quand la bouche se ferme sous le sous-orbitaire; il est lisse
et s'élargit peu. La lèvre supérieure avance presque autant que le
museau; l'inférieure un peu moins : toutes deux sont minces et lisses.
Les branches de la mâchoire inférieure sont étroites, presque horizontales, marquées seulement de quelques pores. La membrane
branchiostège est épaisse entre elles, et fendue sur les trois quarts
de leur longueur; ainsi l'ouverture de l'ouïe est très-grande. Il y a
sept rayons dans la membrane.

Chaque mâchoire a une bande de dents en velours ras et serré, et
il y en a une petite bande transversale en avant du vomer; mais le
reste du palais est lisse, ainsi que la langue, qui est large, épaisse,
et adhère sans liberté au plancher de la bouche. L'os scapulaire
proprement dit est lisse; mais le claviculaire forme au-dessus de la
pectorale un triangle granulé, un peu dentelé vers le haut, et qui a
une arête dirigée en arrière, terminée par une pointe courte, mais
aiguë.

La pectorale est à peu près de la longueur de la tête, c'est-à-dire
du quart de la longueur totale, et quand on l'étend elle est d'un

quart moins large que longue : sa forme est arrondie ; elle a sept rayons branchus, puis trois qui vont en diminuant, et sont simples, quoique articulés. Ensuite viennent les trois doigts libres, qui sont aussi des rayons simples et articulés ; en sorte qu'il y a réellement treize rayons pectoraux. Les rayons libres montrent plus distinctement que les autres leur division en deux filets : le premier est d'un quart plus court que la nageoire, les autres vont en diminuant.

Les ventrales sortent immédiatement sous les pectorales, et les égalent en longueur : leur épine est de moitié plus courte que les autres rayons ; elles sont écartées l'une de l'autre par l'élargissement de la poitrine, que soutiennent en cet endroit de larges os du bassin. Les membranes de ces quatre nageoires sont épaisses.

La première dorsale commence vis-à-vis la naissance de la pectorale ; elle est triangulaire : ses épines sont fortes et au nombre de neuf, auxquelles on peut en ajouter une dixième, si petite qu'elle reste cachée sous la peau et manque même quelquefois ; la seconde épine, qui est la plus longue, égale la hauteur du corps à cet endroit : toutes sont lisses, excepté le bord antérieur de la première, qui est très-finement dentelé en scie ; elle occupe en longueur le sixième de celle du corps. La seconde dorsale commence très-près de la première ; elle est moitié moins haute et du double plus longue : ses dix-huit rayons sont tous articulés, même le premier ; celui-ci et le second sont simples, les autres branchus.

L'anale répond à la seconde dorsale, excepté qu'elle commence un peu plus en arrière, et n'a que seize rayons : ils sont aussi tous articulés, et le premier seul est simple. L'espace nu entre ces nageoires et la caudale a le huitième de la longueur totale, et son diamètre est le tiers de sa propre longueur. La caudale a un peu plus du sixième de la longueur totale : son bord est légèrement coupé en croissant ; elle n'a que onze rayons qui aillent jusqu'à ce bord ; mais les petits du dessus et du dessous sont au nombre de quatre ou cinq. Ainsi les nombres de l'espèce doivent s'exprimer ainsi :

B. 7 ; D. 9 — 18 ; A. 16 ; C. 11 ; P. 10 et 3 ; V. 1/6.

Excepté la poitrine et le tour de la pectorale, tout le corps de ce poisson est couvert de très-petites écailles ovales plus longues que larges, dont la partie visible est ciliée et un peu hérissée, et la partie cachée très-finement striée avec un éventail terminé par cinq crénelures arrondies : il y en a au moins cent cinquante sur une ligne longitudinale, et il y en aurait plus de quarante sur une ligne verticale au droit des pectorales, si la poitrine n'en était pas dépourvue. Les nageoires n'en ont point, si ce n'est quelque peu vers les bords supérieur et inférieur de la caudale.

La ligne latérale se marque à peine par un trait lisse ; elle est droite et parallèle à la ligne du dos, de sorte qu'en avant elle est au cinquième supérieur de la hauteur, et en arrière au milieu. Arrivée à la caudale, elle se bifurque, et ses prolongemens se dirigent chacun vers un des angles de cette nageoire, sur laquelle ils se perdent.

Les lignes qui cerclent les flancs de ce trigle sont formées par des replis de la peau qui avancent entre les écailles, et forment les stries, parallèles entre elles, qui coupent à angle droit la ligne latérale. Ces plis marquent peu dans le poisson frais ; mais quand il commence à se macérer, on voit que chacun d'eux contient une petite lame cartilagineuse de même forme que le pli. On en compte environ soixante-dix de chaque côté. Au-dessus de la ligne latérale ils montent jusqu'au dos, et ils descendent à peu près à une hauteur égale en dessous.

Le dos est cuirassé, le long des deux nageoires, par deux rangs de fortes écailles plates et lisses, dont le bord externe se relève un peu, et se termine par une petite dent aiguë. Il y a de chaque côté vingt-sept de ces dents, autant que de rayons dans les deux nageoires prises ensemble. Il n'y en a pas sur la partie nue de la queue, ni aux côtés de l'anale. Les bords de ces écailles qui cuirassent le dos sont entiers et sans crénelures. Nous avons déjà dit que ce sont proprement des productions des os interépineux.

La couleur de ce poisson est ce qui lui a valu son nom vulgaire ; c'est un rouge clair ou rosé, répandu sur tout le corps et sur les nageoires, plus vif même sur ces dernières, et seulement un peu plus pâle sous le corps et sur la moitié inférieure de la deuxième dorsale.

Le foie du rouget commun est petit, composé de deux lobes,

dont le gauche est le plus grand. L'œsophage est très-court, assez charnu, et plissé intérieurement par de gros plis : il se dilate en un vaste estomac arrondi, à parois minces, lisses en dedans. Auprès du cardia on voit la branche montante qui va au pylore ; elle est courte, mais assez charnue. Il y a dix appendices cœcales, longues, grêles, et réunies en deux paquets égaux, attachées de chaque côté de l'intestin, et entourant l'estomac de manière à se croiser derrière ce viscère. Le canal intestinal est assez long, et fait quatre replis inégaux, sans augmenter sensiblement de diamètre jusqu'à l'anus. La rate est petite, de la couleur du foie, cachée entre les cœcums, à droite de l'estomac. Les laitances sont assez grandes, et cependant elles n'étaient pas à leur complet accroissement dans l'individu que nous avons examiné.

La vessie aérienne est grande, ovoïde, pointue en arrière, divisée en avant en deux lobes arrondis et un peu moins renflés chacun que la vessie elle-même. De chaque côté elle est munie d'un muscle propre à fibres transverses et assez épais.

L'estomac était rempli de crevettes.

Le squelette du rouget commun a treize vertèbres abdominales, et vingt-trois ou vingt-quatre caudales : ses côtes sont grêles, simples, et embrassent à peine la moitié de l'abdomen. Les cinq dernières vertèbres abdominales ont des apophyses transverses courtes, horizontales, et la face inférieure du corps plate et concave ; celles de la queue sont comprimées latéralement : le premier interépineux supérieur porte la première épine dorsale, qui touche presque à la tête. Entre les deux nageoires est un interépineux sans rayon.

Le *rouget* est très-répandu : nous l'avons de toutes nos côtes de l'Océan. L'individu de Bloch venait de Hollande. M. Risso l'a décrit et dessiné à Nice, où il se nomme *garaman*. M. de Laroche l'a rapporté d'Iviça, sous le nom de *gallinetta*. Le docteur Leach nous en a donné un, venu de Malte. On l'apporte à profusion sur nos marchés, avec le rouget camard, aux mois de Septembre et de Décembre ;

il y est fort estimé, à cause de sa chair ferme et de bon goût. On en conserve même dans l'huile d'olive.

Nous avons tout lieu de croire qu'il est du petit nombre de ceux dont l'espèce habite des deux côtés de l'Atlantique; car nous en avons reçu un de New-York, par les soins de M. Milbert, tellement semblable aux nôtres par l'ensemble et les plus petits détails, qu'il nous est bien difficile de ne pas le considérer comme de même espèce. Néanmoins, comme nous ne l'avons pas vu à l'état frais, il serait possible qu'il offrît alors quelques caractères distinctifs : c'est ce que nous apprendrons des naturalistes américains. M. Mitchill n'en parle point dans son Mémoire sur les poissons de New-York.

Le Rouget camard.

(*Trigla lineata,* L., Bl., pl. 354; *Trigla adriatica,* Gmel.[1])

Le *rouget camard* a la tête plus courte et les pectorales plus longues que le rouget commun : sa tête n'a guère que le cinquième de la longueur totale, et la longueur de ses pectorales n'est comprise dans cette longueur totale que trois fois et demie, et quelquefois moins. La brièveté de sa tête tient surtout à la chute rapide du profil, qui raccourcit le museau. Comparé en détail au rouget commun, on lui trouve le bout du museau moins échancré, les crénelures moins marquées, la joue plus haute à proportion; toutes les lignes de petits grains des diverses parties de la tête plus fines et plus nombreuses; l'opercule plus large, moins rétréci par le bas; sa pointe plus courte, suivie en dessous de quelques dents qui l'égalent presque; la pointe du bas du préopercule également plus courte. Il y a à chaque orbite trois petites épines, quelquefois deux seulement, à peu près égales. Le deuxième aiguillon du dos est

---

1. Martens, Voyage à Venise, t. II, pl. 2 ; *Grondin têtard,* Duhamel, sect. V, pl. 8, fig. 5.

moins élevé, ce qui rend la première dorsale plus arrondie : tous ses aiguillons sont d'ailleurs plus faibles; le premier est plus sensiblement crénelé à son bord antérieur, et le dixième est plus grand et nullement caché. La seconde dorsale n'a que seize rayons, et l'anale treize. Les écailles qui arment le dos de chaque côté des dorsales sont au nombre de vingt-cinq seulement, et leur bord est dentelé en scie. La ligne latérale est relevée d'écailles carénées, dont chacune a sa carène divisée en deux, trois ou quatre petites pointes : il y en a environ soixante-cinq; elles sont plus fortes et plus profondément dentelées dans le mâle que dans la femelle. Cette ligne se bifurque sur la caudale comme dans les autres trigles; mais il faut de l'attention pour y suivre ses branches. Les lignes qui cerclent entièrement le corps de ce poisson, excepté sous la poitrine et l'abdomen, sont en même nombre que les écailles de la ligne latérale: ce sont des replis de la peau, et dans chacun de leurs intervalles il y a deux rangées transversales d'écailles régulièrement disposées : ainsi le nombre des rangées d'écailles va à cent trente. Les écailles elles-mêmes sont très-petites, presque carrées, nettement dentelées ou ciliées à leur bord saillant, à trois crénelures à leur racine.

B. 7; D. 10 — 16; A. 43; C. 11 ou 13, et quelques petits; P. 10, et 3 libres; V. 1/5.

Cette espèce atteint rarement un pied : tout son corps est d'un beau rouge, semé sur la tête et sur le dos de petites taches noirâtres, irrégulières, inégalement éparses. Les pectorales sont grises, semées de taches noires plus grandes que celles du corps, et qui y sont disposées à peu près en bandes transversales. La face qui regarde le corps est en partie noire. Les autres nageoires sont rougeâtres.

Son foie est peu volumineux, presque entièrement du côté droit. La vésicule du fiel est grande, cachée sur l'estomac assez loin du foie, à cause de la longueur du canal cystique, qui est assez gros : il verse la bile dans l'estomac auprès du pylore.

L'œsophage est large, mais très-court; il se dilate en un estomac peu long, mais large, situé en travers dans la cavité abdominale : ses parois sont très-minces, sans plis à l'intérieur. Le pylore est fermé par une valvule épaisse, et muni de dix cœcums longs et grêles, qui embrassent l'estomac en se roulant autour de lui. L'intestin fait quatre replis inégaux sur lui-même, dont le troisième seul est plus en arrière que l'estomac. Le duodénum est un peu renflé à sa naissance, puis le diamètre de l'intestin diminue, et reste ainsi jusqu'au dernier repli. Un peu avant ce repli il y a une valvule assez épaisse qui marque le colon. Après le premier repli le colon se dilate beaucoup, jusqu'à moitié de sa longueur; il se rétrécit ensuite en devenant un peu plus épais. En général, le tube intestinal est mince.

La rate est très-petite et cachée sur l'estomac, entre les replis des cœcums de droite.

Les laitances sont longues, quoiqu'elles ne remplissent que les trois quarts supérieurs de l'abdomen. Un long canal spermatique communique avec l'extrémité du rectum.

La vessie natatoire est ovoïde, un peu déprimée, simple, sans aucuns renflemens ou appendices; elle occupe le second tiers de la longueur de l'abdomen, immédiatement en arrière de l'estomac. Ses parois sont blanches, mattes, épaisses; elle a de chaque côté un muscle propre à fibres transverses, assez puissant.

L'estomac était plein de crevettes et de petits cailloux.

Le squelette du rouget camard a treize vertèbres abdominales, et vingt caudales seulement : ses côtes sont faibles et simples. Il ressemble d'ailleurs pour les détails à celui du rouget commun, excepté les différences que l'on peut déjà apprécier par la forme extérieure.

Cette description est prise de sujets achetés à la halle de Paris.

La chair du rouget camard y est aussi bonne que celle du rouget commun; il y vient dans les mêmes saisons et avec la même abondance, ce qui a fait croire à nos poissardes qu'il en est la femelle : mais c'est une erreur. Indépendamment de leurs caractères extérieurs, nous nous sommes assurés de l'existence des deux sexes dans les deux espèces.

C'est le *grondin tétard* ou *bécard* de Duhamel (sect. V, pl. 8, fig. 5).

Ce poisson habite l'Océan, au moins jusqu'aux Canaries; car il nous a été envoyé de Ténériffe par M. Galot.

M. de Lacépède a pensé que le *lastoviza* de Brünnich, ou *trigla adriatica* de Gmelin, est le même poisson que le *trigla lineata*. M. de Martens est arrivé de son côté à la même conclusion; et en effet la description que Brünnich donne de ce *lastoviza* s'accorde parfaitement, dans tout ce qu'elle exprime, avec le *trigla lineata*.

Mais les individus que nous avons reçus de la Méditerranée, sous le nom d'*imbriago*, sont aussi très-semblables à ceux de Paris, et toutefois ils nous ont paru en différer par une épine un peu plus pointue au crâne, à l'épaule et à l'opercule; par des épines moins crénelées le long de la dorsale, et parce que les pectorales ont des lignes transverses et non de grandes taches; tandis que le corps a souvent des taches plus larges, plus nuageuses, qui ressemblent à des marbrures : c'est du moins ce que nous observons sur des individus venus de Malte; mais peut-être ces légers caractères ne sembleront-ils annoncer qu'une variété.

Un autre *imbriago*, que nous avons reçu de Sicile, diffère de notre rouget camard par des teintes plus brunes, surtout aux pectorales, et de plus la longueur de ces nageoires est plus grande que dans la plupart de nos individus de Paris : elle n'est comprise que deux fois et deux tiers dans la longueur totale. Nous attendrons des observations plus multipliées pour décider s'il y a quelque chose de spécifique dans ces différences.

On reconnaît ce caractère d'une épine humérale plus pointue, dans la figure, excellente pour le temps, que

Rondelet a publiée (p. 295) de son *imbriago*. On lui donne,
dit-il, ce nom, qui en languedocien signifie *ivrogne,* à cause
de la couleur rouge ; et cette couleur, en même temps que
son profil tombant, sont ce qui a déterminé cet auteur à
le considérer comme un *mulle imberbe.*

M. Risso dit qu'à Nice on lui donne le nom de *belugan,*
que Brünnich prétend être à Marseille celui du *trigla
hirundo.* A Venise, selon M. de Martens, on l'appelle
anzoletto muso-duro.

Du Perlon, *nommé aussi* Rouget grondin.

(*Trigla hirundo*, Bl., pl. 60.)

Ce poisson ressemble au rouget commun plus qu'à aucune autre espèce, par la forme et les proportions de la
tête, ainsi que par sa ligne latérale, et il n'est pas étonnant
que les noms de *perlon* et de *rouget* se prennent quelquefois l'un pour l'autre, d'autant plus que ce perlon tire lui-
même plus ou moins au rouge, et en effet c'est lui, et non
pas le rouget à flancs striés, que Duhamel a représenté sous
le nom de *rouget grondin.* Le fond de la couleur de son
dos est cependant généralement grisâtre ou brunâtre.

Je ne vois pas trop ce qui a déterminé les auteurs à appliquer à cette espèce le nom d'*hirundo,* car ses pectorales
ne sont pas plus grandes que dans les espèces dont nous
venons de parler, et même je trouve que dans nos individus de la Manche leur proportion varie. Dans les uns leur
longueur est quatre fois et un cinquième dans la longueur
totale, et elles dépassent à peine les ventrales ; dans les
autres elle n'y est que quatre fois moins un quart ou un
cinquième, et elles dépassent alors les ventrales d'un quart.

C'est un des premiers que représente Bloch, planche 60.

Il faut remarquer, au reste, que c'est seulement d'après les figures et les synonymes cités par Linnæus, que l'on juge que le perlon est son *trigla hirundo;* car le caractère qu'il lui assigne (*linea laterali aculeata*) est faux, et tout nous fait croire qu'en l'écrivant c'est un *gurnard* qu'il avait sous les yeux. Artedi avait donné un caractère exempt d'erreur, mais insuffisant (*capite aculeato, apendicibus utrinque tribus*).

Sa tête entre les yeux est plus large et plus plate qu'au rouget : son museau est aussi un peu plus large; mais ses sous-orbitaires ne saillent pas davantage en avant, et y sont crénelés de la même manière. Les pointes des surscapulaires sont moins aiguës; mais celles des opercules et des claviculaires gardent les mêmes proportions. La joue est plus lisse : les lignes de points qui la granulent ne partent pas de son centre, mais divergent en tous sens, comme dans le rouget, d'un point plus voisin du bord inférieur; sur son milieu sont un ou deux sillons un peu plus larges, qui montent, en se courbant, vers l'angle inférieur antérieur de l'orbite. Du même point que tous ces rayons part une arête un peu saillante, qui se rend horizontalement jusqu'à l'épine de l'angle du préopercule. Les épines de la première dorsale sont bien moins fortes que dans le rouget. Ce qui peut surtout aider à faire reconnaître ce perlon, quand les couleurs et même les écailles ont disparu, c'est que la première de ces épines n'a aucune dentelure, et que la seconde ne dépasse que de peu ses deux voisines, et n'a que les deux tiers de la hauteur du corps. Ses écailles sont extrêmement petites, ovales, lisses, entières, peu adhérentes; elles ne forment point de lignes transverses : il n'y en a aucunes à la poitrine, à la gorge, ni sur un assez grand espace en arrière des pectorales et des ventrales. Celles de la ligne latérale sont lisses comme les autres, et à peine un peu plus saillantes, sans carènes ni autre armure. Du reste, la ligne latérale se continue en se bifurquant sur la caudale, comme dans les autres espèces, quoique

Willughby ait dit le contraire. Les petites crêtes des écailles qui garnissent le sillon du dos sont moins saillantes qu'au rouget commun, et moins aiguës, surtout en avant, où le doigt les sent à peine.

B. 7; D. 9 — 16; A. 15; C. 11; P. 11, et 3 libres; V. 1/5.

Nos individus de la Manche ne sont pas aussi sombres que l'enluminure de Bloch.

Leur dos est d'un gris roussâtre ou brunâtre : leur ventre d'un blanc rosé; des teintes rougeâtres enluminent les côtés de leur tête : les flancs, entre le brun du dos et le blanc du ventre, offrent souvent un rose un peu doré : leur caudale et le sommet de leur première dorsale sont rouges ou rougeâtres; la seconde dorsale n'a qu'un rose plus pâle. Les ventrales et l'anale sont blanches, les pectorales sont noires, bordées de bleu, du côté par où elles regàrdent le corps. L'autre côté, celui de l'extérieur, est noirâtre ou bleuâtre quant à la membrane; mais les rayons y forment des lignes blanchâtres ou rosées.

Le perlon est parmi les trigles de nos côtes l'espèce qui devient la plus grande : il y en a communément de deux pieds, et on en voit souvent qui passent cette taille.

Le foie du perlon est assez gros; il est presque entièrement situé dans l'hypocondre droit, le lobe gauche étant fort petit. La vésicule du fiel a la forme d'un long cœcum étroit.

L'œsophage est très-court et très-large. Ses parois sont épaisses et très-plissées. Il se dilate en un vaste estomac oblong, qui occupe, en longueur, près des deux tiers de la cavité abdominale. Ses parois sont épaisses et garnies en dedans de plis un peu moins gros que ceux de l'œsophage.

Le pylore s'ouvre auprès du cardia; il est garni de huit cœcums longs et assez gros.

L'intestin se replie trois fois sur lui-même. Les portions sont à peu près égales en longueur, et le diamètre est le même dans tout le tube intestinal.

La rate est fort petite, rougeâtre, et située sur la crosse du premier repli que forme l'intestin.

Les vésicules séminales sont très-grandes. Les reins sont aussi très-gros, renflés auprès du diaphragme, minces dans le milieu de leur longueur; ils se réunissent en un seul lobe alongé, assez gros.

La vessie urinaire est mince, mais très-grande.

La vessie natatoire du perlon est très-remarquable; elle se porte en avant jusque sur le cardia, mais n'est pas aussi longue que l'estomac; elle se divise en trois lobes : le principal, ou celui du milieu, a une forme elliptique en arrière; il est bifurqué en avant, et donne deux lobes latéraux plus étroits, qui se recourbent, se portent en arrière le long du premier, et se prolongent jusque vis-à-vis son extrémité postérieure, où ils se terminent en pointe.

Les parois de cette vessie sont très-épaisses et fibreuses. Le lobe du milieu a de chaque côté, vers sa partie postérieure, un muscle assez fort.

L'estomac était rempli de débris de poissons, de crustacés et de coquilles.

Le squelette de nos perlons a quatorze ou quinze vertèbres abdominales et dix-neuf caudales seulement. Les dixième, onzième et douzième abdominales sont aplaties en dessous : du reste il ressemble aux précédens, sauf la grandeur et les caractères spécifiques, qui se voient déjà à l'extérieur. [1]

Notre perlon de l'Océan est un des trigles qu'on nomme en Belgique et dans le Nord *seehahn* (coq de mer) ou *knorr-hahn* (coq bruyant). Les Anglais l'appellent *tub-fish* (poisson tonneau), sans qu'à notre connaissance on ait encore expliqué pourquoi.

Pennant lui a donné l'épithète de *saphirin*, probablement à cause du bleu de ses pectorales.

Ce poisson abonde sur nos côtes : c'est avec les rougets le trigle que l'on voit le plus dans nos marchés; il y vient

---

1. On voit une bonne figure du squelette de cette espèce dans les Planches ich-tyotomiques de M. Rosenthal (pl. 17, fig. 1).

surtout au printemps et jusque vers le solstice. Bloch dit qu'en Danemarck on le sale et le sèche, pour approvisionner les vaisseaux. Linnæus lui attribue, quand on le prend, un son et une espèce de tremblement, qui doivent se manifester plus ou moins dans tout le genre.

Je n'oserais affirmer que les poissons de la Méditerranée que l'on regarde comme de même espèce que nos perlons en soient en effet complétement.[1]

Leur museau est plus alongé, l'intervalle de leurs yeux plus étroit, les granulations de leurs joues plus marquées, et ils ont au bord de la caudale, sous son échancrure, une tache nébuleuse noire, que je ne vois pas aux nôtres. Je leur trouve des pectorales dont la longueur n'est que trois fois et demie dans celle du corps, et qui dépassent les ventrales d'un tiers. J'en ai même un d'Iviça dont les pectorales ne sont que deux fois et deux tiers dans la longueur totale.

Les nombres des rayons sont les mêmes : ceux de la seconde dorsale varient de seize à dix-sept. Le neuvième de la première est quelquefois très-petit.

M. Risso en décrit la couleur sur le dos comme un violet obscur, et sous le ventre, comme un blanc argenté, et autant que nous en pouvons juger d'après nos individus conservés dans la liqueur, cette description est exacte; mais, dans ses dessins, il leur donne aussi des nageoires rougeâtres.

Un individu long de dix-neuf pouces, que nous venons de recevoir de Sicile, a tout le dessus et les côtés d'un rouge tirant à l'orangé; le dessous est plus pâle : il n'y a point de taches à la caudale; mais la face interne des pectorales est toujours noire, bordée de bleu.

A Rome, on nomme ces poissons *gallina,* selon Rondelet; *capone*, selon Salvien. Rondelet dit qu'on les appelle à Marseille *cabote*. M. Risso assure que leur nom niçard

---

1. *Corax*, Rondelet, p. 296; *Corax, Corvus, Capone,* Salvien, fol. 194; *Trigla cuculus,* Brünnich, p. 77.

4.
5

est *galinetto* : c'est bien la *galinette* de Duhamel (sect. V, p. 111), et c'est aussi celle de Brünnich, qu'il a nommée par erreur *trigla cuculus*.

Ce qui a le plus embrouillé la nomenclature des trigles, c'est que Willughby a répété trois fois le perlon de la Méditerranée (§. IV, p. 280, comme *corax* de Rondelet; §. V, comme *hirundo* d'Aldrovande; §. VI, comme *lucerna* des Vénitiens), tout en avouant que les deux premiers lui paraissent le même, et en disant que le troisième ne diffère que par la bifurcation de la ligne latérale; ce qui, loin d'être un caractère d'espèce, a lieu dans tous les trigles. Ajoutez qu'il soupçonnait son *lucerna* d'être synonyme du *milvus* de Rondelet, qui est le rouget commun, et qu'il prenait pour ce rouget commun le *cuculus* de Rondelet, qui est l'orgue, poisson tout différent.

Le PETIT PERLON A PECTORALES TACHETÉES.

(*Trigla pœciloptera,* nob.)

M. Valenciennes a découvert sur les plages sablonneuses de Dieppe un très-petit perlon, qui porte sur la pectorale, à sa face qui regarde le corps, une tache d'un noir profond, semée de points d'un blanc de lait, que nous ne retrouvons que dans les perlons des mers de l'Inde.

Il se distingue d'ailleurs du perlon par plusieurs caractères importans.

Les sous-orbitaires ont le bord finement dentelé, mais beaucoup moins saillant. La crête inférieure du sous-orbitaire et du préopercule saille au contraire davantage; mais les granulations y sont moins prononcées : elle se termine par deux petites épines. Sa tête et son dos sont beaucoup mieux armés que dans le grand perlon. Outre les deux petites épines qu'il a en avant de l'orbite, comme la grande espèce, il en a une en arrière; et derrière celle-ci, sur le côté du crâne, il y en a deux, à la suite l'une de l'autre, fortes, pointues, et relevées en carène tranchante. Sur le bord postérieur du crâne il y en a deux autres assez fortes, et l'on en voit une isolée sur le milieu du museau. Une série d'épines acérées règne le long de la base des deux dorsales. L'os de l'épaule donne également en arrière une forte pointe. La première dorsale est triangulaire, haute de l'avant, et très-basse en arrière. La pectorale égale à peu près le quart de la longueur totale. La caudale est un peu échancrée.

D. 9 — 17; A. 15; C. 12; P. 11, et 3 libres; V. 1/5.

Le dos est brun rougeâtre, qui devient gris dans l'alcool. Le ventre est argenté : il y a du rouge à la région des ventrales. Le corps et les flancs sont glacés d'or et irisés, ce qui rend ce poisson très-brillant. Les nageoires dorsales sont rougeâtres : la première dorsale a du noir à la pointe, et la seconde a dans le milieu une série de taches violettes. La caudale est rougeâtre mêlée de violet ou de pourpre foncé. La pectorale est en dehors violette ou bleuâtre, et rayée irrégulièrement de rouge-brun : à sa face qui regarde le corps elle est noirâtre ou d'un pourpre très-brun, et elle y porte sur sa moitié postérieure une grande tache ovale d'un noir très-foncé, sur laquelle se détachent avec vivacité des points ou des gouttes d'un beau blanc de lait.

Ce petit trigle fait un effet très-agréable quand on le voit nager à marée basse dans les flaques d'eau que la mer laisse en se retirant, et il amuse beaucoup les baigneurs. On le prend en quantité, par trois ou quatre pieds de profondeur, dans les filets qui servent à pêcher des crevettes, avec la petite vive et les petits harengs appelés *blanquettes,* dont il mange la progéniture. Les pêcheurs assurent unanimement que cette espèce ne dépasse pas quatre pouces.

Il se pourrait que ce fût le *trigle geai (trigla cuculus)* décrit récemment par M. Risso.[1]

1. Risso, nouvelle édition, p. 400. Son *trigle corbeau (trigla cuculus, ib.,* p. 398;

De quelques Trigles étrangers, voisins du Perlon.

Les formes et les détails du perlon, et surtout ceux de
la petite espèce que nous venons de faire connaître, se
reproduisent encore en grande partie dans des trigles de
mers éloignées, mais avec quelques petits caractères qui
peuvent passer pour spécifiques.

Le PERLON DE LA NOUVELLE-ZÉLANDE, *appelé* KOUMOU.

(*Trigla kumu*, Less. et Garn.[1]; *Trigla papilionacea*, Park.)

Ainsi, MM. Lesson et Garnot en ont apporté un de la
Nouvelle-Zélande, que l'on prendrait au premier coup
d'œil pour notre perlon d'Europe; mais avec plus d'attention on reconnaît

que les granulations de sa tête sont plus fines, plus nombreuses, et
en même temps mieux prononcées; qu'il n'y a point d'arête sur le
bas du sous-orbitaire, et que celle du bas du préopercule est peu
marquée; que les grains du bord du préopercule sont divisés comme
en petites îles par des lignes irrégulières, lisses; enfin, que son corps
est plus alongé à proportion. La longueur de sa tête est comprise
quatre fois et demie dans sa longueur totale. Ses pectorales y sont
trois fois et un tiers.

D, 9 — 16; A. 16; C. 11; P. 11, et les 3 libres; V. 1/5.

M. Lesson a peint ce poisson sur le vivant. Toute sa partie supérieure est d'un rouge aurore, avec des taches plus rouges; le dessous
est argenté.

Rondelet, t. VII, p. 296) est le perlon de la Méditerranée, qui me paraît aussi le
trigla hyrax de Pallas (*Zoogr. ross.*, t. III, p. 233). Je ne pense pas même que le
trigla microlepidota (Risso, *loc. cit.*, p. 399) en diffère beaucoup.

1. Zoologie du Voyage de *la Coquille* (Planches de poissons, n.° 19).

La face postérieure ou interne des pectorales est d'un vert noirâtre ; le bord supérieur d'un beau bleu clair, l'inférieur rougeâtre : une grande tache d'un noir profond, marquée de quelques petites taches blanches et rondes, occupe cette face à l'endroit du septième et du huitième rayon. A l'extérieur la pectorale est, comme dans le perlon ordinaire, noirâtre, avec des rayons blancs. Les nageoires du dos et de la queue sont rougeâtres, les ventrales et l'anale blanchâtres.

Nos individus ont quinze pouces.

Un dessin fait récemment à la Nouvelle-Zélande, sous les yeux de MM. Quoy et Gaymard, nous apprend que le revers de la pectorale est quelquefois semé de grandes taches bleues.

Le foie du koumou est peu volumineux et profondément divisé en deux lobes, dont le gauche est à peu près double du droit.

L'œsophage est large et court.

L'estomac est arrondi, peu dilaté ; il ne s'étend pas au-delà du tiers de la longueur de l'abdomen. Ses parois sont épaisses, et les plis de sa surface interne très-gros.

Le pylore s'ouvre à sa partie antérieure ; il est très-large et entouré de six cœcums assez gros, mais peu longs.

L'intestin commence par être d'un diamètre assez grand. Arrivé un peu plus loin que l'estomac, il fait un petit coude, et il diminue alors beaucoup de diamètre. Aux deux tiers de la longueur de l'abdomen, il se plie pour remonter dans la crosse formée par le duodénum et l'estomac ; il se replie de nouveau, se dilate beaucoup, et se porte ainsi directement à l'anus. Un peu avant l'anus, il se rétrécit un peu.

La vessie natatoire est très-grande, et elle ressemble par sa forme et ses appendices à celle du perlon de nos côtes ; mais ses parois sont beaucoup plus minces, d'un tissu fibreux beaucoup plus serré et d'un éclat nacré beaucoup plus vif.

Les reins sont assez gros, un peu renflés vers la tête, et se portent jusques auprès de l'anus ; car la vessie urinaire est excessivement petite.

Au moment où MM. Lesson et Garnot prirent ce trigle, il était près de frayer ; car les ovaires sont pleins d'œufs, dont le poisson n'eût pas tardé à se débarrasser. Dans cet état les ovaires occupent les deux tiers de la cavité abdominale.

Son estomac était plein de crevettes et autres petits crustacés.

Parkinson avait dessiné cette espèce dès le premier voyage de Cook, et l'avait nommée *trigla papilionacea*. Il y en a sous ce nom une belle figure dans la bibliothèque de Banks. Les habitans de la Nouvelle-Zélande la nomment *koumou*.

Si le trigle décrit sous le faux nom de *cuculus* par Scopoli (*Delic. faun. insubr.*, part. III, p. 46, pl. 23) est vraiment d'Amboine, comme cet auteur le dit, et n'est pas simplement notre perlon, c'est probablement cette espèce-ci ; seulement il y a une faute d'impression dans le texte (*Anal.* 6 *rad.* pour 16 *rad.*), qui pourrait dérouter, si la figure ne la corrigeait pas.

Le PERLON DE PÉRON.

(*Trigla Peronii*, nob.)

Feu Péron avait apporté de la mer des Indes un trigle fort semblable à ce koumou ;

mais dont le préopercule n'a pas les grains divisés par des lignes lisses, et où ceux de la joue ne sont pas disposés aussi distinctement en rayons. De plus, il y a, comme dans notre perlon commun, une arête transversale au bas du sous-orbitaire et du préopercule, marquée par des petits grains un peu plus saillans : elle se termine par une petite épine. Il y a aussi une petite épine derrière l'orbite, et le crâne en a des vestiges, mais beaucoup moins prononcés que dans la petite espèce d'Europe. Le dessus du corps, jusqu'à la hauteur de l'épine scapulaire, paraît brun ; le dessous argenté, et sur le milieu de la hauteur de cette partie argentée règne une ligne dorée. Le sommet de la première dorsale est noirâtre. Les pectorales ont à leur revers la tache noire à points blancs qui caractérise les deux espèces précédentes ; mais les points y paraissent moins nombreux. La longueur des pectorales est trois fois et un quart dans la longueur totale.

D. 9 — 16 ; A. 16 ; C. 11 ; P. 11, et les 3 libres ; V. 1/5.

Nos individus n'ont que sept ou huit pouces.

M. Reynaud vient de rapporter du Cap un petit individu de cette espèce, long de quatre pouces, où le brun du dos est mêlé de rougeâtre, et où la pectorale est en dehors marbrée de violet.

Le foie du *trigla Peronii* est assez gros et profondément divisé en deux lobes, dont le gauche est beaucoup plus gros que le droit.

L'œsophage est court et large, très-peu plissé intérieurement. L'estomac est globuleux ; ses parois sont peu épaisses et lisses à l'intérieur. La branche montante, à l'extrémité de laquelle s'ouvre le pylore, est grosse et arrondie.

Neuf appendices cœcales, divisées en deux paquets, entourent le pylore. Il y en a cinq à gauche et quatre à droite. Ces cœcums sont gros et assez longs.

L'intestin est assez long : il fait quatre replis inégaux avant de se rendre à l'anus. Son diamètre est à peu près égal dans toute la longueur, et les parois en sont minces.

La rate est petite, trièdre et située dans la crosse du quatrième repli de l'intestin, presque sous le pylore.

La vessie natatoire est peu considérable, divisée assez profondément par en haut en deux cornes pointues, droites, qui ne se recourbent nullement vers l'anus. Ses parois sont argentées, composées de fibres transverses peu serrées entre elles. De chaque côté la vessie a un muscle épais, composé de fibres transverses.

Les reins de ce trigle sont très-gros : ils versent leurs sécrétions dans une petite vessie urinaire, placée au-devant d'eux, entre les deux laitances, qui n'étaient pas du tout développées au moment où l'on a pris ce poisson.

De petits crabes et de très-petits poissons font la nourriture de cette espèce.

Le Perlon du Cap.

(*Trigla capensis*, nob.)

Feu Delalande a apporté du Cap un autre perlon, non moins semblable au nôtre que le *koumou,*

et qui se rapproche de ce dernier par la finesse et le nombre de ses granulations, qui n'a pas non plus d'arête au sous-orbitaire, mais où tous les rayons de ce sous-orbitaire se rendent d'avant en arrière en divergeant fort peu. La grande tache noire, marquée de points blancs, n'existe pas au revers de ses pectorales.

D. 9 — 16 ; C. 11 ; A. 16 ; P. 11, et 3 libres ; V. 1/5.

L'espèce égale au moins le perlon pour la taille. Nos individus ont vingt pouces.

La Lyre, *ou* Perlon a grandes épines operculaires et claviculaires.

(*Trigla lyra*, Linn.)

Le trigle lyre est de toutes les espèces du sous-genre la mieux déterminée et la plus facile à reconnaître à des caractères certains, tirés de la force de l'armure de sa fosse dorsale, de ses épines operculaires et claviculaires, et de celle de son huméral.

C'est Rondelet qui lui a imposé ce nom de *lyre*, et fort arbitrairement, ainsi que nous l'avons vu en traitant de l'ancienne nomenclature des trigles ; car il n'est dit autre chose du poisson lyre, sinon qu'il rendait un son[1] ; ce qui est commun à tous les trigles ; mais Rondelet s'est déterminé pour celui-ci, parce qu'il trouvait quelque ressem-

---

1. Aristote, *Hist. an.*, l. IV, c. 9.

blance entre les proéminences de son museau et les cornes d'une lyre.

Rondelet a du moins l'honneur d'avoir publié de ce poisson (p. 298) une figure bien caractérisée. Salvien, qui le nomme *cuculus,* plus arbitrairement encore que Rondelet ne l'avait appelé *lyra,* en donne aussi une très-bonne figure (fol. 190). Duhamel en a une passable (sect. V, pl. 8, fig. 1). On ne peut pas non plus se tromper sur celle de Pennant (*Zool. brit.,* t. III, pl. 14); enfin, il y en a une excellente dans Bloch (pl. 350), en sorte que l'espèce en est parfaitement fixée.

Quant aux noms vulgaires qu'on lui attribue, il n'en est peut-être aucun qui lui soit absolument propre. Selon M. de Martens, il s'appelle à Venise *turchello* et *succhetto.* Rondelet dit qu'on l'appelle en Languedoc *gronau* ou *grougnaut,* et en Ligurie *organo.* Il ajoute qu'en France il porte aussi le nom de *rouget,* et dans les Pays-Bas celui de *seehahn,* c'est-à-dire coq de mer; mais tous ces noms sont plus ou moins génériques, et on les emploie aussi pour d'autres espèces. Il en est probablement de même de ceux de *pesce capone,* qu'on lui donne à Rome, selon Salvien, et de *cocco* ou *coucou,* que le même auteur assure le désigner en Sicile. Il dit qu'on l'appelle *galline* à Marseille, et M. Risso le dit aussi pour Nice; mais Rondelet prétend que c'est la *morrude* qu'on y nomme de cette manière, et je crois volontiers qu'on y donne en effet ce nom à tous les deux, et peut-être à d'autres espèces encore, d'autant qu'il est certain qu'à Iviça c'est au rouget commun qu'il appartient. J'en dis autant du nom de *perlon,* usité en Saintonge. Ces nomenclatures populaires, on ne saurait trop le répéter, n'ont jamais rien de

4.   6

bien fixe, et elles tromperont sans cesse ceux qui voudront s'en appuyer. Quant au nom de *bourreau,* que ce poisson porterait à Saint-Jean-de-Luz, selon Duhamel, il est si extraordinaire qu'il n'a pas dû se reproduire en beaucoup de lieux; peut-être n'est-il qu'une corruption du nom espagnol *juriola,* que la lyre porte à Iviça, selon M. de Laroche.

Son nom anglais n'est pas douteux : on le nomme *piper* dans le pays de Cornouailles, au rapport de Ray, qui joint à cette assertion une bonne description de l'espèce.

Cette énumération prouve déjà que la lyre est répandue dans l'Océan comme dans la Méditerranée. Cependant c'est dans cette dernière mer qu'elle est plus abondante : on l'y prend partout. M. Biberon nous en a apporté de beaux échantillons de Sicile. M. Risso dit qu'à Nice c'est aux mois de Juin, de Juillet et de Décembre qu'on en a le plus. Si l'on en apporte à Paris, c'est bien rarement. Il s'en prend néanmoins quelques-unes sur les côtes de la Basse-Normandie, et j'en ai vu à Caen. Au rapport de Pennant, il y en aurait beaucoup le long des côtes occidentales de l'Angleterre, et pendant toute l'année, et on l'y regarderait comme un excellent poisson; mais M. Donovan affirme, au contraire, qu'elle y est très-rare, et qu'il n'a pu s'y en procurer une seule.[1]

Sa tête est très-grosse; sa queue diminue graduellement, et devient fort mince près de la caudale. Sa hauteur à la nuque n'est qu'un peu plus de cinq fois dans la longueur totale, et la longueur de la tête n'y est que quatre fois. Artedi lui a donné pour caractère le bord un peu plus relevé de l'orifice antérieur de ses narines (*naribus tubulosis*); mais elle en a de bien plus apparens, et celui-là même

---

1. Donovan, *Brit. fish,* t. V, pl. 118.

lui est commun avec beaucoup d'autres espèces. Les lobes du museau sont plus avancés, et l'échancrure qui les sépare plus profonde, que dans les autres trigles de ce sous-genre, sans l'être toutefois, à beaucoup près, autant qu'au malarmat. Chaque lobe a son bord divisé en douze ou quinze dents, dont les mitoyennes sont longues et pointues. Dans de grands individus de la Méditerranée les dents latérales s'effaçaient, et l'on n'en comptait que six ou sept. Toutes les parties de la tête sont finement granulées, et du point d'où divergent les rayons de la joue part une arête horizontale, qui traverse aussi le bas du préopercule, et se termine à son angle par une très-courte pointe.

Il n'y a qu'une épine assez forte à l'angle antérieur de l'orbite. Dans certains individus on en voit une petite derrière son angle postérieur, une à l'arrière de la tempe, et entre les deux des tempes il y en a deux au bord de l'occiput; mais dans d'autres, qui sont probablement des femelles, tous ces petits aiguillons manquent. L'épine du surscapulaire et la grande de l'opercule sont déjà plus longues et plus aiguës qu'aux autres espèces; mais celle qui est le plus caractéristique de la lyre pour la longueur, c'est celle de l'huméral, qui est énorme, et se prolonge en avant sur l'os même en une arête qui s'étend jusqu'à sa base : mesuré jusqu'à la pointe de cette épine, l'os huméral égale la moitié de la longueur de la tête, et au-delà.

Ce poisson a de très-grandes pectorales; elles ont presque le tiers de la longueur totale, et dépassent d'un tiers les ventrales. Les rayons de la première dorsale sont fort tranchans, un peu arqués et lisses, excepté le premier et le second, dont le bord antérieur paraît dentelé, mais au doigt plus qu'à l'œil; elle n'est pas pointue, parce que le deuxième et le troisième rayon sont égaux, et que le quatrième leur cède peu. Il y en a neuf au total. Les autres nageoires sont comme dans le reste du genre.

D. 9 — 16 ou 17; A. 16 ou 17; C. 11; P. 14, et les 3 libres; V. 1/5.

C'est de toutes les espèces du genre celle où la fosse dorsale est le mieux armée. Les écailles qui la garnissent forment chacune une épine tranchante un peu crochue et très-pointue. Les trois ou quatre premières sont plus petites et ont seules quelquefois leurs crêtes dentelées, mais pas toujours. On en compte vingt-cinq de chaque côté. La ligne latérale n'a au contraire aucune armure, et ne se marque que par une suite de légères élevures cylindriques. A son origine elle descend d'abord un peu en ligne concave, avant de prendre sa direction droite : ses bifurcations sur la caudale sont très-minces. Les autres écailles sont petites, ovales, ciliées à leur bord extérieur par trois ou quatre petites pointes seulement, pointillées sur le reste de leur partie visible : leur racine n'est pas coupée carrément, mais termine l'ovale, et a quatre ou cinq crénelures et autant de rayons à l'éventail.

Nous en avons des individus de quinze et dix-huit pouces, et M. Risso assure qu'il y en a de deux pieds ; Pennant le dit également. Le poids d'un individu qui approchait de cette taille était de trois livres et demie.

Tous les auteurs s'accordent à décrire ce poisson comme d'un beau rouge en dessus, blanc argenté en dessous, plus ou moins doré ou jaunâtre à la tête. Un dessin de M. Risso nous représente toutes les nageoires rouges, excepté les ventrales, qui sont d'un blanc bleuâtre, et l'anale, qui a ses rayons de cette couleur.

Nous venons d'en recevoir de Sicile de très-bien conservés, qui sont en entier, les nageoires comprises, d'un beau rouge-clair tirant au rose, plus pâle en dessous, glacé d'argent sur la tête et aux os de l'épaule. On voit deux ou trois bandes étroites brunes dans l'intervalle des rayons mitoyens de la pectorale. Les ventrales ont leur membrane blanchâtre.

M. Péraudot vient de nous en donner un de Corse, qui est aussi d'un beau rouge carmin sur tout le corps. Les pectorales sont plus foncées, et le dessus du crâne est plus pâle que le reste.

La lyre a une vésicule aérienne ovale, rétrécie et pointue en avant, élargie en arrière et non divisée.

Son squelette a douze vertèbres abdominales et vingt et une caudales. Les sept dernières vertèbres abdominales ont la face inférieure élargie et un peu concave; elle prend même dans les trois dernières la forme d'un disque ovale.

Le GRONDIN PROPREMENT DIT, *ou* GRONDIN GRIS, *autrement* GORNAUD *ou* GURNARD; GREY-GURNARD *des Anglais.*

(*Trigla gurnardus*, Linn.[1])

Ce trigle prend plus spécialement sur nos marchés de Paris le nom de *grondin*, probablement parce que les trigles à stries latérales y sont suffisamment distingués par celui de *rouget,* et peut-être aussi parce que le murmure qu'il fait entendre est plus fort ou plus souvent répété. C'est le *grey-gurnard* des Anglais et le *trigla gurnardus* de Linnæus.

Il habite l'Océan tout le long des côtes de l'Europe jusqu'en Norwége, et il y en a aussi dans la Méditerranée, qui ne diffèrent par rien d'important de ceux de l'Océan. On peut douter cependant que l'espèce ait été connue de Rondelet et de Salvien; mais Bélon en parle. Willughby en a donné une très-bonne description, et Klein l'a très-bien représentée.

Ce grondin gris ou gurnard est plus alongé et a le museau moins vertical que la plupart des autres trigles. Sa hauteur aux pectorales est six fois et plus dans sa longueur totale. La longueur de sa tête y est quatre fois; son front se courbe légèrement, et son museau fait un angle très-obtus avec son crâne, qui n'est pas beaucoup rétréci,

---

1. *The grey-gurnard,* Will., p. 279, pl. S, 2; *Idem,* Pennant, *Brit. zool.,* t. III, pl. 54; et Donovan, *Brit. fish,* t. II, pl. 30. *Coristion,* etc., Klein, *Miss.,* t. IV, pl. 14, fig. 2; le *bellicant,* Duhamel, sect. V, pl. 9, fig. 1; le *gurneau,* Bloch, pl. 58; la *tumbe* des Rouennais, Duhamel, etc.

ni enfoncé entre les yeux. L'échancrure entre ses deux sous-orbitaires est très-peu considérable, et chacun de leurs lobes se divise en trois ou quatre dentelures bien marquées. Toutes les pièces de sa tête sont granulées, ainsi que son épaule. Il y a deux épines au-dessus de son orbite en avant. La pointe latérale de son crâne est large, médiocrement longue et sans dentelure ; elle ne dépasse pas le lobe membraneux supérieur de l'opercule. Le préopercule a une épine courte sous l'angle inférieur de l'opercule, suivie d'une autre, et quelquefois de deux ou trois dentelures, puis d'une échancrure arrondie, que suivent encore deux ou trois dentelures. L'opercule osseux a sa seconde épine très-pointue, forte, granuleuse, et faisant à peu près moitié de la longueur de cet os. L'os huméral est granulé, ovale, et a une épine forte et pointue, granulée, un peu moins longue que le reste de l'os. La pectorale ne fait pas tout-à-fait le quart de la longueur ; elle est plus courte que la tête. Les trois rayons libres vont en diminuant, de manière que le troisième n'a que moitié de la longueur de la nageoire. Les ventrales sont aussi longues que les pectorales. Leur épine est d'un tiers moindre que les deuxième et troisième rayons. Tout le corps est couvert de très-petites écailles ovales, lisses, et qu'on sent à peine avec le doigt ; mais la ligne latérale en a une rangée de plus larges, rondes aussi, et dont chacune a au milieu une petite crête inégale. Le sillon dorsal n'est garni latéralement que par de petites crêtes très-peu saillantes, légèrement granulées et nullement épineuses. Les épines de la première dorsale sont fortes, surtout les trois premières ; la seconde est la plus longue, et surpasse la hauteur du corps sous elle : les quatre ou cinq premières sont granulées sur toutes leurs faces.

D. 8 — 20 ; A. 20 ; C. 11 ; P. 10 — 3 ; V. 1/5.

Ce poisson a la tête et le dessus du corps d'un brun ou d'un cendré foncé, nettement distingué du blanc de la gorge et de toute la partie inférieure. La ligne latérale divise le brun en deux parties par une raie blanche, et il y a de plus partout sur ce brun, dans la plupart des individus, de petites taches irrégulières blanches, assez serrées, qui quelquefois sont fort affaiblies, dont certaines sont entourées, dans quelques individus, d'une tache noire, qui les rend ocellées : elles paraissent varier encore de plusieurs autres manières. La première dorsale est brune, tachetée de blanc comme le corps, et a, vers le bord, une partie plus noire, souvent même une tache noire prononcée, entre la troisième et la cinquième épine. La seconde dorsale est transparente, et ses rayons ont des bandes transverses brunes. La pectorale est grise, et même noire à sa face postérieure, avec quelques points blancs; vers le bord inférieur elle devient transparente : les rayons à la face antérieure ou externe sont blancs. Les ventrales et l'anale sont blanchâtres ou gris pâle. La caudale est brunâtre. Mais il faut remarquer que ces couleurs sont sujettes à beaucoup de variations; que l'on voit non-seulement des individus gris, sans taches, mais qu'il y en a beaucoup aussi de rougeâtres et de rouges; que souvent, dans le même marché, il n'y en a pas deux qui se ressemblent entièrement par les teintes.

Cette description des couleurs est prise de grondins venus de Normandie, de Picardie, de Hollande et de Norwége, et faite en partie sur les marchés de Paris, en partie sur ceux d'Abbeville, de Dieppe, d'Amsterdam; mais, quelle que soit la couleur des individus, les détails de toutes leurs parties sont les mêmes.

Nous avons aussi des grondins venus de Marseille, de Toulon et de Nice, qui ressemblent à ceux de l'Océan par les formes et par les couleurs, et dont quelques-uns ont seulement les premières épines dorsales un peu moins fortement granulées.

La chair du grondin gris est de beaucoup inférieure à celle du vrai rouget, et comme cotonneuse : aussi leur prix est-il très-différent sur les marchés.

Cependant le grondin est généralement plus grand que le rouget; il n'est pas rare d'en voir de vingt pouces, et il y en a de deux pieds.

Le grondin a le foie petit, assez profondément divisé. Le lobe gauche est terminé par un lobule très-pointu.

L'estomac est très-grand, triangulaire, aplati en dessus; ses parois sont minces, sans aucun pli en dedans; la branche montante est courte, mais grosse. Il y a sept appendices cœcales, dont quatre à gauche.

Le duodénum a le diamètre plus grand que le reste de l'intestin : il se plie avant d'avoir dépassé la pointe de l'estomac; il se replie bientôt après pour se rendre directement à l'anus. La rate est alongée, trièdre, placée entre l'estomac et le second repli de l'intestin.

La vessie aérienne est grande et semblable à celle du *trigla pini*. Les ovaires sont très-grands.

Les reins sont fort épais auprès de l'anus, dont ils sont très-voisins, la vessie urinaire étant excessivement courte.

J'ai trouvé dans l'estomac un petit poulpe.

Le squelette du gurnard a quatorze vertèbres abdominales et vingt-quatre caudales. Les neuvième, dixième et onzième abdominales sont un peu aplaties en dessous.

Le GRONDIN ROUGE,
appelé aussi par quelques-uns ROUGET.

(*Trigla cuculus*, Bl., pl. 59.[1])

Indépendamment des vrais gurnards, plus ou moins rouges, dont nous venons de parler, il existe, tant dans l'Océan que dans la Méditerranée, une espèce très-voisine, constamment rouge, à tache noire de la dorsale bien terminée, que l'on a aussi nommée *rouget,* mais qui diffère du *rouget commun* de Paris, parce que sa ligne latérale est épineuse et sans stries verticales, et du *grondin gris,*

---

1. *Coristion*, etc., Klein, *Miss.*, t. IV, pl. 14, fig. 4; *Red gurnard*, Pennant, *Zool. brit.*, t. III, pl. 57, fig. 1 ; *Trigla hirundo*, Brünnich, p. 77.

parce que les épines de la dorsale ne sont pas granulées, ni les arêtes de la fossette du dos crénelées. Elle n'a pas été décrite distinctement par les ichtyologistes du seizième siècle; mais Bloch, Pennant et Klein l'ont représentée avec assez d'exactitude.

Pennant et Bloch prennent ce poisson pour le *trigla cuculus* de Linnæus et d'Artedi; mais ils se trompent évidemment, puisque, selon ces derniers auteurs, le *cuculus* n'a point d'armure à la ligne latérale, et que les gurnards rouges, comme les gris, ont cette ligne revêtue d'écailles dures et carénées, à moins toutefois que Linnæus n'ait fait pour son *cuculus* une faute inverse de celle qu'il a faite pour son *hirundo*, auquel il donne une ligne latérale épineuse, tandis qu'il l'a lisse.

Quoi qu'il en soit, c'est du *trigla cuculus* de Bloch qu'il s'agit dans cet article.

La ressemblance de ces gurnards rouges avec les gris est très-grande, et il faut beaucoup d'attention pour y trouver des caractères distinctifs qui dépendent de la forme. La couleur seule servirait peu, car dans l'espèce du gurnard gris il y a beaucoup d'individus plus ou moins rouges.

Leur tête est la même, ses granulations sont semblables; les dentelures des lobes de leur museau sont tout aussi distinctes, et les pointes de leurs pièces operculaires et de leur épaule tout aussi aiguës; mais les trois premières épines de leur dorsale n'ont pas, comme dans le gurnard gris, les côtés granulés ou chagrinés : on ne voit qu'une dentelure à peine perceptible sur le tranchant antérieur des deux premières. Les crêtes des écailles qui garnissent leur fossette dorsale sont entières et sans crénelures, et se terminent chacune par une simple pointe. Celles des écailles de leur ligne latérale ne sont pas non plus crénelées comme dans les gurnards gris, mais ont deux à trois dents de scie, dont une est plus saillante

et plus aiguë que les autres. Tout le reste est parfaitement conformé
de même dans les deux espèces.

D. 8 — 18 ou 19 ; A. 17 ; C. 11 ; P. 11, et 3 libres ; V. 1/5.

Le dessus du corps est d'un beau rouge, le dessous d'un blanc
argenté : la ligne latérale forme une raie blanche dans le milieu du
rouge : les nageoires sont transparentes, à rayons rouges ou orangés.
Une tache noire bien terminée occupe l'intervalle entre le troisième
et le cinquième ou le sixième rayon.

Cette espèce vit dans l'Océan et dans la Méditerranée.
Adanson en avait depuis long-temps donné au Cabinet du
Roi un individu venu de Ténériffe : elle nous a été envoyée
de Boulogne par M. Pichon. Nous l'avons recueillie nous-
mêmes à Marseille, d'où elle nous a été aussi envoyée par
M. Roux, et M. Savigny nous en a apporté de Naples. Pallas
la dit rare au nord de la mer Noire, si toutefois son espèce
est, comme il le croit, la même que celle de Bloch, ce
dont sa phrase : *Pectorales maximæ, pulcherrime colo-
ratæ*[1], pourrait faire douter.

Bloch ne dit pas d'où il avait reçu son individu. Sa figure
en représente bien l'ensemble, quoiqu'elle soit peu exacte
pour les détails et multiplie beaucoup trop les écailles de
la fossette dorsale et de la ligne latérale, en même temps
qu'elle donne des dentelures trop marquées au troisième
et au quatrième aiguillon du dos, et qu'elle marque deux
de ces aiguillons de plus que nous n'en avons compté.

Il était naturel que la couleur de ce poisson le fit prendre
pour le rouget ; mais il est bien différent de ceux que l'on
nomme communément rougets à Paris, et qui sont, ainsi
que nous l'avons vu, le *trigla pini* et le *trigla lineata*. Il

---

1. *Zoogr. ross.*, t. III, p. 232.

est même très-rare sur nos marchés. Indépendamment de l'absence des stries latérales, il se distingue aisément des deux autres rougets, parce que les dentelures de son museau sont beaucoup plus marquées. Il est impossible cependant de savoir lequel des deux est le *rotchet, red gurnard* ou *cuculus* de Willughby, et l'insuffisance de sa description, en laissant les naturalistes dans l'embarras, a beaucoup contribué à embrouiller toute cette nomenclature des trigles.

M. Risso, qui a bien décrit ce gurnard rouge, dit qu'à Nice il se nomme *grano :* c'est probablement une corruption du provençal *gornaud.* C'est bien certainement le *trigla hirundo* de Brünnich, tandis que le *trigla cuculus* de ce naturaliste danois est le véritable *trigla hirundo;* mais il avait été induit en erreur par la phrase de Linnæus qui dit de l'*hirundo : Linea laterali aculeata;* et, comme nous l'avons déjà fait remarquer, Linnæus a probablement écrit cette phrase d'après l'espèce actuelle ou la précédente : c'est dans le deuxième tome du Musée d'Adolphe-Fréderic (p. 93) qu'il l'a écrite d'abord, et sur un individu qu'il croyait des Indes.

Ce grondin rouge a le foie plus gros qu'aucun autre trigle. Le lobe gauche est presque situé en travers de l'abdomen; il recouvre tous les viscères; sa masse est divisée en plusieurs petits lobules : le lobe droit est petit, et situé dans le haut de l'abdomen, en sorte qu'on ne le voit pas en ouvrant le ventre du poisson.

L'estomac est petit, en triangle scalène, dont le plus grand côté regarde la colonne vertébrale, et dont le plus petit est formé par la branche qui donne au pylore : il y a cinq cœcums, dont trois du côté gauche; ils sont très-longs et très-gros. La rate est excessivement petite, ainsi que les reins.

La vessie natatoire est très-petite, de forme ovale, très-faiblement échancrée sur la partie antérieure.

Je trouve à ces grondins rouges treize vertèbres abdominales et vingt-quatre caudales.

Leur squelette ressemble en général à celui du grondin commun ou gurnard.

L'Orgue, Organo, Morrude, *etc.,*
ou Grondin a première dorsale filamenteuse.

(*Trigla lucerna,* Brünn.[1])

La Méditerranée produit un trigle que Rondelet a confondu avec le rouget de l'Océan, mais qui a des caractères particuliers et très-reconnaissables dans le prolongement en filets de la seconde épine de sa première dorsale, et dans les écailles larges et en forme de reins qui garnissent sa ligne latérale. Les successeurs de Rondelet ayant, à son exemple, méconnu ces différences, il en est résulté que Linnæus, recevant ce poisson de la Méditerranée, l'a pris pour une espèce nouvelle, qu'il a indiquée dans la seconde partie de son *Musœum principis,* et qu'il a nommée *trigla obscura,* mais qu'il a oubliée dans sa douzième édition, et que Schneider seul a reprise dans le Système de Bloch (p. 16). Brünnich et M. Risso, le trouvant, l'un à Marseille, l'autre à Nice, l'ont cru le *trigla lucerna;* mais c'est bien certainement une espèce distincte, que Rondelet seul jusqu'à présent avait représentée.

On la trouve dans toute la Méditerranée. M. Risso nous l'a adressée de Nice; M. Savigny en a rapporté plusieurs de Naples, et nous en devons deux échantillons à M. le doc-

---

1. *Cuculus,* Rondelet, p. 227; *Trigla obscura,* Bloch, édit. de Schn., p. 16, n.° 15, d'après Linnæus, *Mus. Ad. Fr.,* t. II, p. 94; *Trigla lucerna,* Brünnich, *Pisc. mass.,* p. 76; *Trigle milan* et *trigla lucerna,* Linn., Risso, 1.re édit., p. 209; *Trigla milvus, idem,* 2.e édit., p. 395; *Trigla filaris,* Otto, *Conspect.,* p. 7 et 8.

teur Leach, qui les avait reçus de Malte. En les confrontant avec la figure de Rondelet et avec la description de Brünnich, il ne nous est resté aucun doute sur leur synonymie.

C'est donc le *trigla lucerna* de Brünnich et de Risso que nous allons décrire, mais non le *trigla lucerna* de Linnæus, qui n'est qu'une espèce factice, établie, comme nous l'avons vu, par Artedi, d'après une indication fautive de Willughby, et sur une confusion du *milvus* de Rondelet, qui paraît notre rouget commun, avec le *cuculus* de Salvien, qui est la lyre. Ce n'est surtout pas le *lucerna* de Pline, qui, ainsi que nous l'avons dit, n'a été considéré comme un trigle que par une erreur de ponctuation.

Rondelet avait déjà préparé cette confusion d'espèces, en appliquant à ce trigle des noms qui, sur l'Océan, appartiennent à d'autres, tels que ceux de *perlon* et de *rouget,* ou des noms de la Méditerranée, mais d'un sens générique, tels que ceux de *galline,* de *rondelle* et de *coucou.* Peut-être même celui d'*organo,* qu'il dit lui être donné sur l'Adriatique, et celui de *morrude,* qu'il prétend le désigner à Montpellier, n'ont-ils pas une acception aussi précise qu'il semble l'annoncer. Le premier du moins désigne la lyre dans plusieurs des ports de l'Italie. Quoi qu'il en soit, M. Risso décrit celui dont nous allons parler sous le nom d'*orghe,* qu'il porte, dit-il, à Nice, et Brünnich, qui le décrit aussi très-bien, se demande si ce n'est pas la *brigotte* ou la *cabotte* des Marseillais. Peut-être est-ce en effet la *cabotte* de Duhamel. Mais qui éclaircira jamais les confusions sans nombre de la nomenclature populaire?

A tous ces noms M. Otto vient encore d'en ajouter un. Son *trigla filaris* n'est bien certainement pas autre chose que l'orghe de M. Risso.

Ce poisson est grêle comme le gurnard. Sa hauteur à la nuque est six fois dans sa longueur. La longueur de sa tête y est quatre fois et demie. La forme de sa tête est à peu près comme celle du rouget commun, et il lui ressemble aussi beaucoup par ses granulations ; mais les lobes de son museau n'ont qu'une seule petite pointe marquante et une plus petite en dedans, cachée sous la peau. A l'angle antérieur supérieur de l'orbite sont trois dentelures. Les pointes du bas de son préopercule, celles de son opercule et de son épaule, sont moins aiguës et moins saillantes qu'au rouget. La longueur de ses pectorales est quatre fois un quart dans sa longueur totale.

Les épines de la première dorsale sont grêles et plus longues que dans la plupart des espèces. La seconde en rang se prolonge en un filament qui dépasse le tiers de la longueur totale du poisson. La caudale a son bord légèrement arqué et ses deux angles un peu saillans en pointe, comme dans la plupart des espèces voisines.

Les écailles sont petites, deux fois plus longues que larges, et lisses au toucher. A la loupe on y voit de très-fines stries concentriques au bord. L'éventail de la racine n'a que quatre ou cinq rayons et des crénelures à proportion.

Celles de la ligne latérale sont très-différentes des autres ; deux fois plus hautes que longues (leur hauteur fait près du quart de celle du corps), elles ont au milieu un léger sinus rentrant, et sont fortement striées en éventail sur leurs bords. Il y en a soixante-dix de chaque côté. Entre deux d'entre elles il y a toujours deux petites écailles ordinaires, placées l'une au-dessus de l'autre ; et l'on peut voir dans cette disposition quelque chose d'analogue aux plis et aux petites lames que nous avons décrites dans nos deux premières espèces. Celles qui garnissent la fossette des nageoires dorsales n'ont qu'une crête simple, terminée en arrière par une petite pointe peu saillante. Il y en a vingt-sept de chaque côté.

B. 7; D. 10 — 18; C. 11; P. 11, et 3 libres; V. 1/5.

Nous n'avons observé ce poisson que dans la liqueur : mais, d'après un dessin de M. Risso, nous voyons qu'il est rougeâtre en dessus, blanc en dessous, et que sa ligne latérale forme une bande argentée; que sa caudale est rouge vers son bord, plus brune vers sa pointe; ses pectorales, d'un gris bleuâtre à leur face extérieure, et ses autres nageoires, transparentes, à rayons rougeâtres ou orangés. M. Risso dit cependant dans son texte que ses pectorales sont rouges et semées de taches jaunes et bleues.

Rondelet dit que ses ventrales sont blanches et son palais jaune. Cette dernière circonstance est confirmée par M. Risso, qui ajoute que les yeux sont d'un rubis nacré.

La morrude a le foie court, mais assez épais : ses deux lobes sont presque égaux; ils cachent entre eux l'estomac, qui est petit et pointu. Le pylore a huit cœcums, divisés en deux paquets égaux. L'intestin fait deux replis, dont le premier est assez près de la pointe postérieure de l'estomac.

La vessie natatoire est grande, à parois minces, argentées; elle est ovale, un peu déprimée en avant. M. Risso nous a envoyé un individu pêché à Nice, dont la vessie est de même forme; mais elle paraît avoir des parois plus épaisses et à fibres plus lâches.

Le squelette de cette morrude a douze vertèbres abdominales et vingt-trois caudales.

L'espèce demeure petite; elle ne passe guère huit pouces. Elle paraît au mois de Mars sur les côtes de Provence et de Ligurie. Sa chair est ferme, comme celle du rouget.

Selon Rondelet, son cri, quand on la tire de l'eau, est *cou*, et c'est ce qui l'a déterminé à la regarder comme le *cuculus* des anciens.

Notre individu, pêché à Naples au mois de Juin par M. Savigny, avait ses ovaires remplis d'œufs très-gros. C'est donc vers cette époque que fraie cette espèce.

Le Trigle rude, *ou* Cavillone.

(*Trigla aspera,* Viviani.[1])

Rondelet, qui a si bien connu les poissons de la Méditerranée, en représente un (p. 296) sous le nom de *mullus
asper,* qu'il dit s'appeler à Montpellier *cavillone,* de *caville,*
mot languedocien équivalant à *cheville,* et qui se distingue
des autres espèces par des écailles bien plus grandes, imbriquées, obliques et âpres à leurs bords. Sa figure est bonne;
mais le dessinateur a oublié un des rayons libres, placés
sous sa pectorale, ce qui a engagé M. de Lacépède à placer
ce trigle dans une section particulière, qui aurait les rayons
en nombre moindre de trois; mais il y en a trois en effet, et
même aucun trigle proprement dit n'en a ni plus ni moins
à notre connaissance. Aucun auteur n'a décrit d'ailleurs le
trigle rude depuis Rondelet, et c'est M. Viviani, savant
professeur d'histoire naturelle en l'université de Gênes, qui
nous a le premier rendus attentifs à son existence.

Depuis lors M. Savigny nous en a apporté de Naples,
et M. Leach nous en a donné qu'il avait reçus de Malte.

M. Risso vient seulement de l'insérer dans sa deuxième
édition (p. 396).

Sa taille ne va guère au-delà de quatre pouces, son museau est
presque aussi court, et son profil presque aussi vertical que dans
le trigle rayé ou rouget camard; mais l'intervalle de ses yeux est plus
concave. L'échancrure entre les lobes de son museau est peu profonde : la troisième dent de chaque lobe est saillante et pointue, et
plus en dehors il y en a qui ressemblent à de petits cils plus qu'à

---

1. *Mullus asper,* Rondelet, p. 296; *Trigle cavillone,* Lacépède, t. III, p. 366;
Risso, 2.ᵉ édit., p. 396.

des dents. Les granulations de la tête sont fines et serrées, mais grêles et pointues, presque comme les dents que nous appelons en velours. Il y a deux épines à l'angle supérieur antérieur de l'orbite, et une au postérieur; mais immédiatement derrière celle-ci est une échancrure transversale et profonde, qui à elle seule distinguerait cette espèce des précédentes. Il y a ensuite une épine à chaque tempe. Celle du bas du préopercule est petite et non précédée d'une arête. L'opercule en a une très-aiguë; mais peu alongée. Le surscapulaire en a une très-pointue, et son bord interne est finement mais très-sensiblement dentelé. L'huméral est velouté comme la tête, et terminé par une épine très-aiguë et assez longue. Les épines qui garnissent la fossette dorsale sont tranchantes, crochues et pointues, comme dans la lyre. Il y en a vingt-cinq de chaque côté, dont les deux ou trois premières ont seules la crête dentelée. Les écailles sont plus grandes qu'à aucun autre trigle, obliques, plus larges que longues, fortement dentelées ou ciliées au bord externe, tronquées à la racine, et divisées en sept crénelures alternativement plus larges et plus étroites. On n'en compte que soixante sur une ligne longitudinale, et treize ou quatorze sur une verticale, à l'endroit des pectorales. La ligne latérale ne se distingue que par de légères élevures non contiguës sur les écailles qui lui appartiennent.

La première dorsale a neuf épines assez grêles, dont les deux premières ont le bord antérieur dentelé en scie : la deuxième et la troisième sont les plus longues, et égalent à peu près le corps en hauteur. La longueur des pectorales est comprise trois fois et un tiers dans la longueur totale; elles dépassent un peu les ventrales. Le dessinateur de Rondelet ayant représenté la caudale un peu ramassée, M. de Lacépède l'a crue de forme lancéolée; mais elle a, comme dans toutes les autres espèces, son bord légèrement concave, et les deux angles un peu proéminens.

D. 9—16; A. 15; C. 11; P. 11 et 3; V. 1/5.

Ce joli petit poisson est d'un beau rouge; et c'est ce qui a déterminé Rondelet à en faire un mulle.

Le lobe gauche du foie est fort gros, et d'un volume au moins

4.   8

triple du lobe droit. L'estomac est petit, sa branche montante est aussi grande et presque aussi longue que l'œsophage. Le pylore est entouré de six cœcums, dépassant en arrière la pointe de l'estomac.

L'intestin fait deux replis égaux, son diamètre est médiocre.

Les ovaires, au mois de Novembre, sont vides.

La vessie est de moyenne grandeur, ovale, pointue en arrière. Sur le haut de sa face inférieure elle porte un petit sillon ; mais elle n'est ni divisée ni bifurquée.

Les reins sont petits antérieurement, et très-gros près de l'anus.

Le squelette a onze vertèbres abdominales et dix-neuf caudales.

L'oubli où l'ont laissé tous les autres ichtyologistes prouve qu'il n'est ni très-utile ni très-remarqué.

———

De quelques Trigles étrangers, voisins de la Cavillone.

La CAVILLONE PAPILLON.

(*Trigla papilio*, nob.)

Feu Péron avait rapporté de son voyage dans la mer des Indes un petit trigle assez semblable pour les formes à la cavillone, mais remarquable par la tache noire, entourée d'un iris blanc, qui distingue sa première dorsale.

Sa tête est exactement celle de la cavillone, et a la même incision derrière l'orbite ; mais l'épine claviculaire est plus courte. Les écailles du corps sont petites et d'une forme singulière, terminées à leur bout extérieur par deux petites pointes, échancrées au milieu de chaque côté, élargies en arrière, et crénelées de quatre ou cinq crénelures. Les épines tranchantes qui bordent la fossette du dos sont aussi fortes à proportion que dans la lyre : il y en a de chaque côté vingt-deux, dont les trois premières sont moins hautes et crénelées. La ligne latérale n'est pas moins bien armée que le dos : ses écailles, plus larges que longues, carénées, ont le bord dentelé de chaque côté de deux petites dents, et la crête relevée d'une épine comprimée, dirigée en arrière, sous laquelle en sort obliquement une ou quelquefois deux plus petites. On en compte de chaque côté cinquante-cinq. Sous leurs carènes est le canal des tubes de la ligne. La pectorale est comprise trois fois et demie dans la longueur du corps; elle dépasse très-peu les ventrales. La première dorsale est arrondie, parce que ses troisième, quatrième et cinquième rayons sont les plus longs, et que les autres diminuent lentement : elle est d'un tiers moins haute que le corps; ses rayons sont comprimés, pointus : les quatre premiers sont remarquables parce que leur tiers inférieur est plus gros, et que leur partie supérieure fait un angle avec cette base renflée, comme si elle était un peu brisée. Les deux premiers sont en outre sensiblement dentelés en scie.

D. 9 — 14 ; A. 14 ; C. 11 ; P. 11 et 3 ; V. 1/5.

Ce poisson a près de cinq pouces. Dans la liqueur il paraît en dessus d'un gris-brun pâle, en dessous d'un blanc jaunâtre. La première dorsale a vers son bord, entre son quatrième et son septième rayon, une large tache réniforme noire, entourée d'un bord blanc. Les pectorales ont la face externe d'un blanc bleuâtre, et l'interne noire. On voit sur le tiers antérieur de la caudale une bande muqueuse blanchâtre.

Ce *trigla papilio* a le lobe gauche du foie assez gros et presque situé dans la ligne moyenne. Le lobe droit est petit, alongé, placé dans le haut de l'abdomen. L'estomac est ovale. Sa branche montante, qui va au pylore, est aussi grosse que l'œsophage, et presque aussi longue; elle monte entre les lobes du foie. Il y a sept cœcums, réunis en deux paquets; celui de gauche en a quatre, un peu plus courts que ceux de droite.

L'intestin descend jusqu'auprès de l'anus ; il remonte jusqu'au pylore, où il se replie pour se rendre droit à l'anus. La vessie natatoire est assez grande et très-faiblement échancrée à sa partie antérieure : ses deux muscles sont assez gros, épais.

Les reins sont médiocres, et la vessie urinaire est assez grande.

La CAVILLONE PHALÈNE.

(*Trigla phalæna*, nob.)

Le même voyage a procuré un poisson très-semblable
au précédent, et qui

a de même une tache ocellée à la première dorsale, mais de forme
ronde, et une armure pareille à la ligne latérale, mais où les épines
de la fossette du dos sont beaucoup plus basses, et à peine saillantes,
les rayons de la première dorsale grêles, simples et à peu près droits,
et dont surtout les écailles sont trois fois plus grandes, en rhombe
un peu arrondi par les bords, à pointe double, sans échancrures
latérales ni crénelures à la base.

D. 9 — 15; A. 14; C. 11; P. 11 et 3; V. 1/5.

Dans la liqueur il paraît d'un brun noirâtre en dessus, blanchâtre
en dessous. Ses pectorales, comprises trois fois et deux tiers dans la
longueur totale, sont à l'extérieur brunes, avec des raies transverses
grises; à l'intérieur elles sont noires.

Les intestins du *trigla phalæna* ressemblent à ceux des précédens, mais je ne lui vois que six cœcums, divisés en deux paquets
égaux. Sa vessie natatoire est de la grosseur d'un pois, ronde, sans
échancrure, et ses muscles latéraux sont assez forts.

La CAVILLONE SPHINX.

(*Trigla sphinx*, nob.)

Cette tache ocellée se reproduit dans un troisième poisson, toujours du même voyage, et qui semble intermédiaire
entre les deux précédens.

Ses rayons sont grêles et comprimés comme dans le second, et
cependant un peu plus forts, plus longs et plus arqués. L'armure
du dos est aussi forte que dans le premier, et les écailles sont d'une

grandeur intermédiaire, mais à peu près de la forme de celles du second.

D. 9 — 14; A. 14; C. 11; P. 11 et 3; V. 1/5.

Ce poisson n'a que quatre pouces et demi. Dans la liqueur il paraît gris-brun en dessus, blanchâtre en dessous : sur le brun sont des taches nuageuses, éparses, irrégulières, d'un brun plus foncé. La première dorsale a entre son quatrième et son sixième rayon une tache ronde noirâtre, entourée d'un cercle blanc, ombré encore en arrière d'un peu de noir. Les pectorales sont brunes, variées de brun plus clair.

Son foie est plus gros que dans le précédent : son estomac un peu plus grand, avec huit appendices cœcales au pylore, quatre de chaque côté, celles de gauche les plus longues.

L'intestin fait les mêmes replis que dans le *trigla papilio.*

La vessie natatoire est excessivement petite; elle a tout au plus deux lignes de long et une de large; elle est assez profondément divisée antérieurement : les deux lobes sont droits et pointus.

CHAPITRE II.

Des Prionotes, ou Trigles à grandes pectorales et à palatins garnis de dents en velours.

L'Amérique produit des poissons semblables, presque sur tous les points, à nos trigles proprement dits, et surtout à notre perlon (*trigla hirundo*), qu'ils surpassent cependant par la longueur de leurs pectorales, ainsi que par le nombre des rayons de ces nageoires, qui va à treize, quoique leurs filets libres soient, comme dans nos trigles d'Europe, au nombre de trois. Ils se distinguent, dans tout le grand genre des trigles, par les dents en velours, qui forment une bande sur chacun de leurs palatins.

M. de Lacépède, d'après une indication inexacte de Linnæus, a formé de l'une de leurs espèces un genre particulier, qu'il a nommé *prionote* ou *dos en scie,* parce qu'il supposait qu'elle avait quelques épines libres entre ses deux dorsales; et nous avons conservé ce nom pour ne pas sans cesse altérer la nomenclature, quoique nous ayons vérifié que ces épines font partie de la première nageoire et s'y lient par la même membrane qui en réunit les autres rayons, ainsi que chacun aurait pu s'en assurer par la seule figure qui ait été citée comme représentant le prionote, celle de Brown (Histoire naturelle de la Jamaïque, pl. 47), figure où l'on ne voit aucune trace de ces rayons libres.

Nous possédons aujourd'hui non-seulement l'espèce représentée par Brown, qui est le *trigla punctata* de Bloch, et celle que Linnæus avait mal à propos confondue avec elle sous le nom de *trigla evolans,* et qui doit être le *trigla lineata* de Mitchill ; mais nous en avons encore deux autres, dont l'une nous paraît le *trigla carolina* de Linnæus et le *trigla palmipes* de Mitchill, et dont l'autre est nouvelle.

Ainsi ce sous-genre se compose maintenant de quatre espèces, toutes des côtes du Nouveau-Monde sur l'Atlantique.

Le PRIONOTE STRIÉ.

(*Prionotus strigatus*, nob.; *Trigla lineata*, Mitch.; *Trigla evolans*, Linn.?)

Nous parlerons d'abord de la plus grande et de celle qui du moins a obtenu dans ces derniers temps une description et une figure suffisamment caractéristiques.

C'est le *trigla lineata* de M. Mitchill (Poissons de New-York, pl. 4, fig. 4), bien différent du *trigla lineata* de Bloch, qui est notre *rouget camard* de Paris.

Nous en avons reçu trois échantillons par les soins de M. Milbert, dont un a plus de dix-sept pouces. M. Mitchill annonce que l'espèce parvient communément à cette taille.

Sa tête est fort semblable à celle de nos trigles rougets (*trigla pini*) et perlons (*trigla hirundo*) ; elle tient surtout de cette dernière par la largeur et le peu de concavité de l'intervalle des yeux. Toutes les pièces de sa tête ont des rayons serrés, formés de granelures bien marquées et rudes. La joue n'a pas les parties lisses qu'on voit dans le perlon, et il y a surtout au second et au troisième sous-orbitaire des centres d'irradiation que le perlon n'a pas. Les lobes antérieurs du museau sont très-obtus, à peine séparés par une échancrure, et leurs crénelures ne sont guère plus grandes que les granulations qui couvrent toute la tête. On en compte dix ou douze de chaque côté. Il n'y a qu'une épine peu marquée à l'angle antérieur de l'orbite. Une échancrure arrondie et peu profonde entoure son angle postérieur. On ne voit pas d'épines particulières au museau ni à la tempe; mais celle du bas du préopercule est forte: l'arête horizontale qui la précède se marque peu sur la joue. L'os de l'épaule a la sienne plus courte qu'au perlon, et est presque lisse. On n'y voit que deux ou trois lignes de granulations le long de son arête. Les dents palatines sont sur une bande étroite.

La pectorale, plus grande que dans aucun des trigles proprement dits, n'est comprise que deux fois et trois quarts dans la longueur totale; elle dépasse les ventrales d'un bon tiers.

La première dorsale a trois rangs de granulations pointues à son premier rayon. Les deux suivans en ont chacun deux, savoir: le deuxième du côté droit, le troisième du gauche. Les autres sont lisses, sauf quelques vestiges de crénelures sur le devant du huitième et du neuvième. C'est le second de ces rayons qui s'élève le plus, et cependant il n'a que les deux tiers de la hauteur du corps, les autres s'abaissent au point qu'on a peine à voir le dixième; mais aucun n'est entièrement libre. Le premier rayon de la deuxième nageoire a aussi quelques crénelures au-devant de sa base.

B. 7; D. 10 — 12; A. 11; C. 11; P. 13, et 3 libres; V. 1/5.

La fossette dorsale est très-peu creuse, et ses bords n'ont point d'épines, mais seulement de légères élevures mousses, couvertes d'une peau molle. Les écailles sont petites, lisses, plus larges que longues: leur racine n'a que quatre ou cinq crénelures, et leur éventail que cinq ou six rayons.

La ligne latérale n'a point d'écailles particulières, et ne se marque que par une raie brune, qui suit toute la longueur du poisson, à commencer du haut de la fente des ouïes. Une autre raie brune, qui commence à l'épine claviculaire, suit également cette longueur, et forme en quelque sorte une deuxième ligne latérale.

Ce poisson est brun en dessus, blanchâtre en dessous: tous les côtés de sa tête sont semés de points et de petites lignes d'un brun foncé. Les écailles de son dos ont chacune un point blanchâtre et une ou deux lignes brunes: ces lignes ou ces points bruns se continuent, en s'affaiblissant, sur les écailles des flancs.

La pectorale est, à l'extérieur, d'un gris brunâtre, traversé d'un grand nombre de raies étroites d'un brun foncé, dont quelques-unes se joignent diversement à leurs voisines. En dedans elle est noirâtre, avec une large bande blanche le long de son bord supérieur.

La première dorsale est blanchâtre, avec une tache noire entre le quatrième et le sixième rayon; la seconde est grise, et il y a des points brunâtres sur ses rayons : la caudale est brune; les ventrales et l'anale blanchâtres.

Il paraît, d'après M. Mitchill, que dans le vivant le brun des taches et des lignes se change quelquefois en rougeâtre, que la caudale et l'anale sont rougeâtres, et qu'il y a sur le blanc des parties inférieures des teintes roses et jaunâtres.

Le squelette du *trigla strigata* n'a que dix vertèbres abdominales et quinze caudales. Ce sont les abdominales antérieures qui sont aplaties en dessous : les postérieures sont comprimées. Pour tout le reste ce squelette ressemble à ceux des espèces d'Europe, et surtout au perlon.

S'il fallait absolument deviner quelle espèce Linnæus avait sous les yeux quand il a décrit son *trigla evolans*, je me déciderais pour celle-ci, parce qu'elle répond particulièrement à ce qu'il dit de la dentelure des petites épines de l'arrière de la dorsale, et parce que la brièveté de ces épines a pu le tromper plus aisément; d'ailleurs ses nombres s'accordent mieux que pour l'espèce suivante [1] : mais la

---

1. Voici son article (*Syst. nat.*, 12.ᵉ édit., t. I, p. 498) :
Trigla digitis ternis, mucronibus tribus serratis pinnis dorsalibus interpositis. (B. 9 [1]; D. 8 [2] — 11 [3]; P. 13; V. 6; A. 11; C. 13.[4]) *Caput radiato-cœlatum; rostrum emarginatum; pinnæ pectorales nigræ, longitudine dimidii corporis sed latiores inter primam dorsalem anteriorem et posteriorem quasi rudimenta trium spinarum serrata. Spina prima et secunda in priore, et prima in posteriore pinna dorsali antico latere scabra sunt. Cauda bifida.*

1. Il n'y en a que sept, comme dans tous les autres trigles.
2. Il ne compte pas les petites épines, qu'il croit libres.
3. Il aurait dû écrire 12.
4. Il compte une paire de rayons courts à laquelle nous n'avons pas d'égard.

citation de Brown nous paraît plutôt devoir être rapportée à notre troisième espèce.

Le Prionote de la Caroline.

(*Prionotus carolinus*, nob.; *Trigla carolina*, L.? *Trigla palmipes*, Mitch.?)

Nous avons reçu de New-York par M. Milbert, et de la Caroline par M. Bosc, un trigle très-semblable au précédent par toutes ses proportions, par la granulation de la tête et la forme du museau,

mais où l'intervalle des yeux est plus étroit et plus concave (au moins autant que dans le rouget), où les échancrures de l'angle supérieur-postérieur des orbites se joignent l'une à l'autre par un sillon qui traverse le crâne, et où l'on voit une petite épine avant cette échancrure, et une autre au milieu du bord interne de l'os surscapulaire. La bande de dents palatines est plus courte que dans les trois autres espèces. Les dernières épines de la première nageoire dorsale sont moins raccourcies que dans l'espèce précédente : il n'y a de crénelures qu'aux deux premières, et un rang seulement : la troisième est lisse ; mais on en retrouve au premier rayon de la deuxième dorsale. Les rayons libres sous les pectorales ont leur membrane un peu élargie vers le bout, en forme de spatule.

D. 10 — 13 ; A. 12 ; C. 11 ; P. 14 et 3 ; V. 1/5.

Son corps n'a ni points ni lignes, mais des taches nuageuses mal marquées.

Sa première dorsale est grise, avec trois lignes blanches obliques, et une tache noire et ronde entre la quatrième et la cinquième épine, qui, bordée de deux de ces lignes blanches, est vraiment ocellée. La seconde dorsale a aussi des lignes obliques blanches sur un fond plus brun. La pectorale paraît alternativement plus ou moins foncée par larges bandes : son bord supérieur est blanc du côté interne. L'anale est grise et a une bande blanche sur sa base. La caudale paraît brune.

Les mâles se distinguent des femelles par des épines plus saillantes derrière l'orbite et à l'os surscapulaire.

Le squelette de cette espèce a vingt-six vertèbres, dont dix abdominales. C'est la septième vertèbre abdominale qui est le plus aplatie en dessous : les suivantes sont comprimées.

Ce que Linnæus dit de son *trigla carolina,* convient assez à cette espèce, qui d'ailleurs vient du même pays, pour que l'on puisse croire que c'est elle qu'il a eue en vue.[1]

Quant au *trigla carolina* de Bloch (pl. 352), c'est l'espèce suivante.

J'ai lieu de penser que c'est l'espèce actuelle que M. Mitchill (p. 431, et pl. 4, fig. 5) nomme *trigla palmipes.* Sa figure y répond bien, ainsi que la terminaison élargie des rayons libres; mais il lui donne seize rayons à l'anale, ce que je soupçonne ne pas être exact, attendu que dans tous les autres trigles l'anale a un rayon de moins que la dorsale. Dans tous les cas c'est une espèce très-voisine. L'auteur décrit ses couleurs comme il suit :

Dos brun, mêlé de rougeâtre, d'ocreux et de jaunâtre; dessous du corps blanc, surtout derrière les rayons libres et les nageoires : derrière l'anus le blanchâtre se mêle de jaunâtre et de rougeâtre; les rayons libres d'un beau jaune; la face externe des pectorales irrégulièrement jaune et brun pourpre; l'interne bleu-pâle et obscure;

---

1. Voici son article (*Mantiss., alter. suppl. anim.,* p. 528):

Trigla digitis tribus; pinnæ dorsalis parte priore aculeolata. (D. 10 — 13; A. 12; C. 10; P. 15; V. 6.) *Habitat in Carolinæ mari.* A. D. Garden, *Piscis missus digito longior, squamis minutissimis omnibus. Caput caracteribus seu arteriis; linea lateralis simplex, fere lævis; cauda emarginata; radii pinnæ dorsalis prioris spinosi; primo antice longitudinaliter aculeato.*

le bord inférieur blanc; les ventrales blanches, à rayons jaunes en dessus; les dorsales brunes, mêlées de jaune; la caudale brune, sur-tout vers l'extrémité, avec des lignes jaunâtres entre les rayons; l'anale d'un jaune clair.

D. 9 — 14; A. 16; C. 15; P. 14; V. 6.

Le PRIONOTE PONCTUÉ.

(Prionotus punctatus, nob.; *Trigla punctata et carolina*, Bl.)

Il y a une troisième espèce, qui se tient plus au sud que les précédentes, aux Antilles et tout le long de la côte du Brésil, et jusque près de l'embouchure de la Plata, car nous en avons des individus de tous ces différens points. C'est celle que Bloch a représentée planche 352, et qu'il a crue la même que la précédente. C'est aussi, autant que l'on en peut juger d'après une figure grossière, celle de Brown (*Jamaic.*, pl. 47), que Linnæus croit identique avec son *trigla evolans,* et quelque contraire que la différence du coloris puisse paraître à mon opinion, je suis convaincu que c'est encore celle que Bloch a donnée (pl. 353) sous le nom de *trigla punctata,* d'après un croquis de Plumier. Il n'y a enfin aucune raison de douter que ce ne soit le *rubio-volador* ou *rouget-volant* de Parra (pl. 38).

Cette espèce se distingue aisément et promptement des deux précédentes par deux petites épines pointues qu'elle a de chaque côté du museau : l'une immédiatement en dehors de la crénelure des lobes; l'autre plus en arrière et presque au-dessus de l'angle de la bouche. Les centres d'irradiation de tous les os de sa tête sont les mêmes; mais les stries sur les os sont beaucoup plus fines, plus nombreuses; les points saillans qui les composent, plus menus, plus serrés, paraissent beaucoup moins, et ne forment pas une âpreté ni une rudesse telles que les leurs : ces stries ressemblent tout-à-fait au travail d'un ciseleur, et c'est à elles que se rapporterait particulièrement bien l'expression de *caput cœlatum*, que Linnæus emploie pour les espèces précédentes. L'intervalle des yeux est concave, comme dans le *trigla carolina;* mais les échancrures de derrière l'orbite ne s'y unissent pas par un sillon aussi marqué : chacune d'elles est précédée par une pointe; il y en a deux à l'angle antérieur, suivies d'une ou deux dentelures. On voit aussi une pointe ou petite crête, terminée par une épine, sur la tempe, au bord externe du mastoïdien, à la racine interne de la grande pointe de l'occiput, au bord du pariétal. Il y a de plus une pointe sur l'arête du bas du préopercule, avant son épine ordinaire; enfin, on voit cette épine, les deux de l'opercule, et celles du surscapulaire et du claviculaire : cette dernière avance autant que celle de l'opercule, et l'os n'a que deux lignes de points sur son arête pour toute scabrosité. Les pointes ou épines que nous venons de décrire se relèvent plus ou moins, selon les individus, mais jamais autant que dans l'espèce qui va suivre. La bande de dents palatines est plus large à proportion que dans notre première espèce, et plus longue que dans la seconde. Les premières épines des dorsales n'ont ni scabrosité ni dentelures; on y distingue à peine une fine et légère ponctuation.

Pour tout le reste notre espèce actuelle offre à peu près la même conformation que les deux précédentes; elle n'a aussi sur les côtés de la fosse dorsale que de légères élevures obtuses : sa ligne latérale n'est point armée.

D. 10 — 12; A. 11; C. 11; P. 13 et 3; V. 1/5.

Le rouge que, d'après les croquis de Plumier, on s'est cru autorisé à donner à ce poisson, est trop vif, ou du moins ce n'est pas sa couleur dans les temps ordinaires. D'après le récit d'un des aides-naturalistes du Muséum, M. Louis Kiener, qui en a pris beaucoup sur la côte du Brésil, le dos était brunâtre, le ventre argenté, les pectorales d'un beau bleu, les dorsales grises, tachetées de bleu. Parra dit le sien cendré dessus, orangé dessous; mais il faut ajouter à ces indications abrégées quelques détails, que nous fournit surtout un individu arrivé presque frais de la Martinique par les soins de

M. Achard. Le dessus est gris-brun, varié de taches nuageuses plus ou moins grandes, et qui paraissent roussâtres. Les flancs ont une teinte orangée, et le ventre est blanchâtre. Il y a des teintes jaunes sous la gorge et autour des bases des nageoires pectorales et ventrales. Les ventrales mêmes et les doigts libres sont jaunes. Une tache noire occupe, sur la première dorsale, le haut de l'intervalle entre le quatrième et le sixième rayon. De petites taches sont semées sur le reste de cette nageoire. Il y en a aussi sur la seconde dorsale et sur la caudale, qui y forment des lignes transverses : elles suivent en effet les rayons ; mais dans quelques individus il y en a de plus sur la membrane qui alternent avec celles des rayons. Ces taches, dans notre individu le mieux conservé, paraissent roussâtres. Les pectorales ont aussi des taches brunes ou noires, qui tantôt forment des séries transversales, tantôt s'élargissent assez pour se confondre en bandes ou en marbrures. Leur bord postérieur et inférieur est d'un beau bleu.

L'espèce atteint un pied de longueur.

Son squelette a onze vertèbres abdominales et quinze caudales. Les dernières abdominales sont comprimées verticalement, et leurs apophyses transverses descendent au lieu de s'élargir en disque. De la quatrième à la septième elles sont aplaties en dessous.

Ce trigle est commun au Brésil, et il est singulier que Margrave n'en ait point parlé. L'observateur que nous avons déjà cité nous assure qu'il se tient non loin de la côte par bandes de plus de cent, s'élevant au-dessus des eaux par des espèces de sauts, plutôt que par un véritable vol ; sauts assez forts cependant pour qu'ils se prennent dans les haubans des navires. Sa chair, ajoute-t-il, est excellente ; cependant M. Plée nous dit qu'à la Martinique on ne le mange point. Les colons de cette île lui donnent le nom de *poule*, par opposition à celui de *coq*, par lequel ils désignent le *dactyloptère ;* noms qui, sans doute, tiennent tous les deux au souvenir qu'avaient gardé les colons de ceux de *coq de mer,* de *galline,* de *gallinette,* que portent tant de triglès sur les côtes de l'Europe. Les Espagnols de Porto-Rico le nomment *angelito* (petit ange) : c'est le petit poisson volant (*the smaller flying trigla*) de Brown, et Sloane (*Jam.,* t. II, p. 288) le décrit assez bien sous les noms de *milvus cirrhatus* et de *gurnet;* mais parmi les cinq ou six poissons volans dont parle Hughes dans son Histoire naturelle de la Barbade, on ne peut distinguer lequel est celui-ci.

Le foie du prionote ponctué est médiocrement gros, et profondément divisé en deux lobes, dont le gauche est beaucoup plus volumineux que le droit. La vésicule du fiel qui s'y attache est ronde, petite; son canal cholédoque est assez long : il se rend dans le duodénum auprès du pylore.

L'œsophage est long et assez gros. Au-dessous du cardia, à gauche, il y a un étranglement considérable, après quoi on voit l'estomac, qui est une poche petite, à peu près cylindrique. La branche montante est presque aussi longue et aussi grosse que l'œsophage. Le pylore est très-étroit et entouré de six cœcums assez longs. L'intestin qui suit le pylore a ses parois excessivement fines; elles se renforcent un peu plus loin : cet intestin descend jusqu'un peu au-delà de l'estomac; il remonte alors vers le diaphragme, passe au-dessus du duodénum, et se replie sur le pylore, d'où il se rend à l'anus, en augmentant beaucoup de volume.

La vessie natatoire est assez grande et très-profondément divisée en deux lobes, qui communiquent entre eux, par un trou assez petit, aux deux tiers postérieurs de la longueur de la vessie. Chaque lobe a un muscle propre latéral, composé de fibres transverses.

Les reins sont petits antérieurement. Au-delà de la vessie natatoire ils se renflent beaucoup et versent l'urine dans une grande vessie à parois très-minces, et située, comme à l'ordinaire, entre l'extrémité postérieure des laitances ou des ovaires, qui dans notre individu n'étaient pas du tout développées.

Le PRIONOTE CHAUSSETRAPE.

(*Prionotus tribulus*, nob.)

Notre quatrième espèce vient des États-Unis, comme les deux premières; elle nous a été envoyée en quantité de New-York par M. Milbert, et nous en avons aussi reçu un individu de la Caroline par M. L'Herminier : c'est à la précédente qu'elle ressemble le mieux;

mais on la distingue tout de suite parce qu'elle a une épine de plus sur la ligne horizontale, qui va du museau à l'épine du préopercule, et cette épine, qui du reste est fort petite, est au centre d'irradiation du grand sous-orbitaire. Une distinction encore plus sensible, mais susceptible de plus ou de moins, c'est que toutes les épines de la tête, surtout celles de l'arrière de l'orbite et de la pointe du surscapulaire, sont plus relevées que dans l'espèce précédente, aiguës et comprimées comme des pointes de sabre. Celles du préopercule et du claviculaire sont aussi bien plus larges et plus aiguës. Les mâles surtout ont ces caractères très-prononcés, et il en fait les trigles les mieux pourvus d'armes offensives. C'est dans cette espèce que la bande des dents palatines est la plus étroite. La pectorale égale presque la moitié de la longueur du corps.

D. 10 — 13; A. 12; C. 11; P. 13, et 3 libres; V. 1/5.

Dans la liqueur ce poisson paraît brun dessus, blanchâtre dessous. La première nageoire est grise, variée de blanc, et a une tache noire entre le quatrième et le sixième rayon. La seconde paraît grisâtre, et il n'y a que deux taches noirâtres sur sa base; l'une du cinquième au septième rayon, l'autre du dixième au douzième. La caudale est brune, les pectorales noirâtres, plus foncées du côté interne, où leur bord supérieur est blanc. Il est possible cependant que ces diverses teintes soient différentes dans le frais.

Nous n'avons pas d'individus de cette espèce de plus de sept ou huit pouces.

Son squelette a onze vertèbres abdominales et quinze caudales : les sept premières de l'abdomen sont plus ou moins aplaties en dessous.

La vessie aérienne du *trigla carolina* ressemble à celle du *strigata*; mais elle est encore plus profondément divisée, et ses lobes sont arqués en croissant.

Celle, au contraire, du *trigla tribulus* est à peine divisée à ses deux pointes; ses lobes sont ovales, et les muscles qui leur sont propres sont petits. L'estomac de cette espèce est grand, mince, sans plis. Je n'ai pu compter les cœcums du pylore.

On trouve dans le *Liber Mentzelii* (p. 103), sous le nom de *pira meivy*, qui appartient aussi au dactyloptère, une figure de *prionote*, que nous ne pouvons rapporter à aucune de nos espèces.

Le dos en est vert-pâle, avec des taches d'un vert plus foncé. Il y a aussi des points vert-foncé sur la première dorsale, et des lignes en travers sur la caudale : la pectorale en a de noires, longues entre les premiers rayons, et plusieurs rondes vers le bord interne.

CHAPITRE III.

Des Malarmats, ou Trigles cuirassés (Péristédion, Lacép.)

Le *malarmat* est nommé ainsi à Marseille et à Gênes; mais, comme le dit Rondelet, c'est par antiphrase, car il est le mieux armé de tous les poissons de nos mers. Des plaques osseuses garnissent son corps d'une armure défensive, comme autrefois les hommes d'armes étaient revêtus de toute part de pièces de fer mobiles, et les deux fourches longues et pointues de son museau lui donnent en même temps des armes offensives redoutables. A la suite d'une grosse tête, son corps octogone s'alonge en pointe vers la queue. La longueur totale, y compris les fourches, comprend sept fois la hauteur à la nuque, et la longueur particulière de la tête comprend près de deux fois et demie cette hauteur, en sorte qu'elle est elle-même trois fois moins un tiers dans la longueur totale. Cette tête ressemble à celle des trigles; elle rappelle surtout celle de la lyre, au point que Rondelet a appelé le malarmat *lyra altera.*

Toutefois le museau est plus aplati et plus alongé, la joue moins haute, la crête horizontale qui la traverse plus longue et plus saillante : les deux productions du premier sous-orbitaire qui forment la fourche du museau égalent chacune en longueur la moitié du reste de la tête; elles ne sont pas dentelées. Le premier sous-orbitaire s'avance pour les former, tellement qu'il n'occupe qu'une petite partie de la joue, et qu'il y est remplacé par le préopercule, qui s'élargit à cet effet dans le bas, et par le deuxième sous-orbitaire,

qui occupe presque tout le bord inférieur de l'orbite. Une petite
pointe, relevée un peu en arrière de la proéminence, est le commencement de la crête horizontale qui règne, en devenant de plus
en plus saillante et aiguë, jusqu'à l'angle du préopercule, lequel se
porte en arrière presque jusque sous la pointe de l'opercule; elle
a dans sa partie qui appartient au sous-orbitaire quelques petites
dentelures : sous elle le bord des os se recourbe en dessous, et a
encore quelques sillons en avant. Une crête horizontale, plus petite,
règne sous l'orbite, sur le deuxième sous-orbitaire. Chaque nasal a
une épine relevée, et l'ethmoïde en a une quelquefois fourchue :
les trois forment un triangle sur la partie déclive du museau. Cinq
ou six petites pointes pareilles sont en avant de l'angle antérieur de
l'orbite, sur le frontal antérieur, et une crête surcilière s'étend de là
jusqu'à l'angle postérieur, où il y a aussi quelques points, et jusqu'au
bord postérieur de l'occiput. Dans certains individus cette crête surcilière est elle-même divisée en trois ou quatre dentelures ou petites
pointes. Sur la tempe est une autre petite crête, qui se termine à
l'angle postérieur et latéral de l'occiput. L'opercule est petit, relevé
d'une arête qui se termine à sa pointe. Au-dessus est une autre petite
pointe, et son bord supérieur échancré est rond et complété, comme
dans la plupart des trigles, par une partie membraneuse. Toutes ces
parties sont finement granulées ou chagrinées; mais les granulations
ne sont pas disposées en rayons ni en lignes.

Le diamètre horizontal de l'orbite fait presque le tiers de la longueur de la tête, y compris les fourches. Sa position est vers le bord
supérieur de la face latérale de la tête et dans l'angle que le crâne
forme avec le museau. L'intervalle des yeux est un peu concave.

La bouche s'ouvre en demi-cercle sous la base des fourches. La
mâchoire supérieure est plus avancée que l'inférieure : ni l'une ni
l'autre n'a de dents, et il n'y en a aucunes non plus au vomer, aux
palatins, ni à la langue ; seulement les pharyngiens sont un peu
âpres. Les mâchoires et la membrane des branchies sont lisses, sans
écailles ni scabrosités, excepté à l'angle postérieur de la mâchoire
inférieure, où il y a une pièce osseuse, âpre et relevée de deux crêtes.
Sous la mâchoire inférieure pendent plusieurs barbillons charnus

et branchus : le plus considérable est le plus extérieur; placé dans un angle que la lèvre fait avec la branche de la mâchoire inférieure, il égale cette branche même, se termine en pointe, et a plusieurs filamens adhérens à sa longueur. Plus en dedans, à l'extrémité antérieure de chaque branche de la mâchoire inférieure, en est un autre, qui consiste en un groupe de filamens, et qui est suivi de quatre groupes semblables, adhérens le long de la branche.

Les ouïes sont bien fendues; leur membrane a sept rayons. Le bord postérieur de leurs ouvertures, la pointe de la poitrine entre elles et la base de la pectorale, sont revêtus d'une peau molle et lisse. Le dessous du tronc jusqu'à l'anus est cuirassé, au contraire, de deux boucliers osseux, formés chacun de deux pièces, unies par une suture longitudinale, et relevées latéralement d'une arête qui se continue avec celles du rang inférieur d'écailles, en sorte que ces boucliers peuvent être regardés comme les premières écailles de ce rang. Trois autres rangs, de chaque côté, complètent l'armure du poisson, depuis la tête et l'épaule jusqu'au bout de la queue, en sorte que son corps représente une longue pyramide octogone, dont la queue fait la pointe. Les écailles, de substance osseuse et âpres à leur surface, ont le contour à peu près rhomboïdal; mais dont la grande diagonale est en travers; elles s'engrènent par leurs angles latéraux, sont carénées dans leur milieu, et ont leur carène relevée d'une crête, terminée par une pointe aiguë, dirigée en arrière, ce qui fait, tout le long du corps, huit rangées très-régulières de ces pointes, quatre de chaque côté. La supérieure se continue avec la crête surcilière; la seconde répond à la pointe de l'opercule; la troisième continue la ligne par laquelle la ventrale s'unit au tronc, et la quatrième, comme nous l'avons dit, commence à la crête latérale des boucliers inférieurs. La seconde de ces séries d'épines tient la place de la ligne latérale, et on chercherait vainement cette ligne ailleurs : elle a trente écailles, et par conséquent trente épines, dont les dix dernières ont aussi sur leur base une petite pointe dirigée en avant. Celle qui est au-dessus et celle qui est au-dessous, règnent, comme elle, jusqu'aux côtés de la caudale; mais la supérieure et l'inférieure ont leurs épines effacées plus tôt; en sorte que la queue

n'est armée, vers la fin, que de trois rangées d'épines de chaque
côté : les trois dernières sont plus longues et plus couchées contre
la nageoire, que celles qui les précèdent.

La première dorsale a sept rayons; elle est contiguë à la seconde,
qui en a dix-huit, et elle ne s'en distingue que par la brièveté de
son septième rayon, et par une solution de continuité de la membrane, qui même ne descend pas jusqu'à sa base dans plusieurs individus; en sorte qu'il n'y a vraiment alors qu'une dorsale. Ses épines
sont grêles et flexibles, et dans le plus grand nombre des individus
les plus longues ne dépassent les rayons de la seconde que d'un
quart, et n'égalent pas le corps en hauteur; mais dans quelques-
uns, peut-être les mâles, ils s'alongent en filets, dont le troisième,
le quatrième et le cinquième égalent le tiers de la longueur totale.
La pectorale est médiocre et ne fait guère que le sixième de la
longueur totale; elle n'a sous elle que deux rayons libres, dont le
premier l'égale en longueur. Les ventrales sont un peu plus courtes,
et adhèrent au tronc par presque tout leur bord interne; mais elles
ne sont nullement unies aux pectorales, comme le dit Linnæus.[1]
L'anus est à peu près au milieu de la longueur totale. L'anale répond
à la seconde dorsale par la longueur, la hauteur et le nombre des
rayons. L'espace placé entre ces deux nageoires et la caudale est peu
considérable, et la caudale elle-même est petite, et a son bord taillé
un peu en croissant, comme à peu près dans tous les trigles.

B. 7; D. 7—18 ou 19; A. 18; C. 11; P. 12 et 2; V. 1/5.

Ce poisson, comme beaucoup de trigles, est en dessus et à la tête
d'un beau rouge, qui prend sur les flancs une teinte dorée, et devient sous le ventre d'un blanc plus ou moins argenté. Les dorsales
et la caudale sont rouges, les pectorales brunes ou violâtres, les
ventrales et l'anale blanchâtres.

Le malarmat a le foie petit, très-profondément divisé en deux
lobes, dont le gauche est un peu plus grand et plus épais que le
droit. La vésicule du fiel est oblongue, assez grande, eu égard au

---

1. *Pinnæ ventrales pectoralibus annexæ.*

volume du foie. Le canal cholédoque est long, gros, et il s'ouvre dans le duodénum assez loin du pylore.

L'œsophage est court et très-large : il est plissé, ainsi que l'estomac, qui est la continuation de cet œsophage, sans qu'on aperçoive presque l'étranglement qui marque le cardia. Celui qui indique la place du pylore est au contraire très-fort.

Le pylore est entouré de sept appendices cœcales extrêmement courtes.

L'intestin qui suit est assez gros, et descend jusqu'auprès de l'anus, où il se replie et se porte un peu en avant vers le diaphragme : il se replie de nouveau, et il remonte jusqu'auprès du pylore, où il fait un troisième repli, pour se porter directement à l'anus. A compter du premier repli, son diamètre est un peu diminué, et ses parois sont très-minces.

La rate est fort petite et située auprès de la vésicule du fiel, entre l'estomac et le duodénum.

Les laitances de l'individu pris à Naples au mois de Mai, par M. Savigny, étaient fort petites.

La vessie natatoire est assez grande, de forme ovale, plus rétrécie en avant, simple et sans lobes ni échancrure. Les membranes sont d'une finesse extrême : l'interne est argentée ; mais elle se divise promptement en petites paillettes argentées.

Les reins sont petits, un peu renflés vers la tête ; ils ne dépassent pas les deux tiers de l'abdomen. Les uretères sont assez longs, et ils se rendent dans la vessie urinaire, qui est d'une forme singulière ; elle est longue et étroite, et elle se replie en suivant les contours du second repli de l'intestin sur lequel elle s'appuie.

L'estomac était rempli de petits crustacés.

L'extérieur du malarmat nous a déjà appris que sa tête osseuse est composée, pour l'essentiel, comme dans les trigles[1]. En l'examinant dans le squelette, on trouve qu'indépendamment des différences que nous avons mentionnées dans les proportions des sous-

---

1. Il y a une figure de la tête osseuse du malarmat, vue en dessus, dans les Tables ichtyotomiques de M. Rosenthal (pl. 17, fig. 4.).

orbitaires, l'ethmoïde est un peu plus remonté sur le museau, de forme presque rectangulaire, et que les os propres du nez se réunissent sous lui et forment un autre rectangle, qui ne laisse pas paraître le vomer au-dehors. Le disque du bassin est attaché aux os claviculaires, non-seulement par sa pointe antérieure, mais par ses angles latéraux, et par conséquent plus solidement que dans les trigles : il est aussi large que long, et son milieu est presque entièrement évidé.

Il y a dix vertèbres à l'abdomen et vingt-trois à la queue. Celles de l'abdomen ne sont point aplaties, mais un peu canaliculées en dessous. Les côtes sont simples et de force médiocre; leur brièveté est la même que dans les trigles.

La figure que Rondelet (pl. 299) donne du malarmat, est encore une des meilleures qu'il y ait, sauf le nombre trop petit des rayons de la deuxième dorsale.

Salvien (fol. 192) divise en deux la première dorsale, et marque mal les ventrales.

Bélon (p. 209) et Duhamel (sect. V, pl. 9, fig. 2) ne distinguent pas les deux dorsales.

Bloch (pl. 349) multiplie beaucoup trop les épines et les rayons de la seconde dorsale, dont il marque vingt-six, tandis qu'il ne doit y en avoir vingt-six qu'en comptant les deux. Il répète cependant ce nombre dans son texte, ce qui me fait croire que sa figure a été fabriquée sur un individu mutilé et sur des textes mal compris; ce qui n'a pas empêché que son erreur n'ait été copiée par plusieurs naturalistes qui avaient toutes les occasions possibles de la corriger; mais leur autorité ne doit point prévaloir contre un fait si facile à vérifier.

Duhamel et M. Risso, à peu près les seuls auteurs qui aient parlé des mœurs de ce poisson, disent qu'il se tient dans les profondeurs, et n'approche des bords que dans le temps du frai, savoir vers l'équinoxe. Il nage avec vélocité, et brise souvent contre les rochers les proéminences de son museau; il vit solitaire, et se nourrit surtout de méduses, de béroës et d'autres mollusques ou zoophytes gélatineux.

L'espèce habite toutes les parties occidentales de la Méditerranée, et y est commune sur toutes les côtes.

Nous avons déjà vu les noms qu'elle porte en Provence et en Ligurie. A Iviça on l'appelle *armado;* à Rome, *forchato* et *pesce-forca,* et on lui donne aussi en commun avec la lyre, et probablement avec d'autres trigles, le nom de *pesce-capone.*

Elle est rare dans l'Adriatique; ni Bélon ni Willughby ne l'ont vue à Venise, mais M. de Martens[1] l'y a observée, et nous dit qu'elle y est nommée par les pêcheurs *anzoletto della madonna* et *anzoletto di mar.*

Je ne trouve aucun témoin qui rapporte en avoir vu ou pris dans l'Océan. C'est par une de ces inadvertances qui lui sont trop ordinaires, que Bonnaterre[2] lui assigne cette demeure, contre l'assertion expresse de tous les auteurs qu'il copiait.

Si on en a placé dans la mer des Moluques, c'est sur la foi d'une figure de Renard, intitulée *ikan-paring* (2.ᵉ part., pl. 14, fig. 67), qui, toute grossière qu'elle est, semble, en effet, par la tête, devoir appartenir à un poisson de ce genre; mais, outre que le corps n'y montre ni écailles ni épines, la seule indication que l'original était long de huit pieds sept pouces, aurait dû faire sentir que ce ne pouvait être notre espèce d'Europe.

---

1. Voyage à Venise, t. II, p. 431. — 2. Encyclop. méth. (ichtyologie), p. 145.

La même figure avait été gravée auparavant dans Valentyn (*Ost-Ind.*, t. III, p. 363, n.° 55), sous le nom malais
d'*ikan-seithan-merah*, que l'auteur traduit *poisson-diable-
rouge*, et l'on y avait marqué les écailles et les épines qui
lui manquent dans la copie de Renard ; mais on y dit que
sa taille est de trois pieds, ce qui surpasserait toujours de
beaucoup celle du malarmat de la Méditerranée.

Nous trouvons aussi dans le recueil manuscrit de Corneille de Vlaming (n.ᵒˢ 165 et 166) des figures encore plus
reconnaissables d'un malarmat muni de tous ses caractères
et de couleur rouge de vermillon, mais dont les fourches
sont bien plus courtes que dans le nôtre, et tout au plus
comme dans la lyre. Ce poisson y est nommé *esturgeon de
Banda;* ce qui semble encore annoncer une grande taille.
Ainsi l'on doit croire qu'il y a dans la mer des Indes une
espèce de ce genre différente de la nôtre ; mais nous ne
pouvons en rien dire de plus, car aucun des voyageurs
dont nous connaissons les collections, ni Commerson, ni
Péron, ni Sonnerat, ni les compagnons de M. Freycinet
et de M. Duperrey, ni même les voyageurs hollandais et
M. Duvaucel, n'en ont apporté ou envoyé en Europe.

Il est singulier que les anciens n'aient pas parlé d'une
manière distincte d'un poisson si remarquable et si commun dans la Méditerranée : ce ne peut être, comme le
veut Rondelet, le *poisson cornu*, indiqué par Pline[1] ; car
il lui donne des cornes d'un pied et demi de longueur, et
quand il faudrait écrire un demi-pied, ce serait encore le
sextuple de leur vraie longueur dans le malarmat. Ce pois-

---

1. Pline, l. IX, c. 43 : *Attollit e mari sesquipedanea fere cornua quæ ab his nomen traxit;* et l. XXXII, c. 11 : *Cornutæ, gladii, serræ.*

son cornu est bien plutôt le *céphaloptère*, et si Rondelet a pensé autrement, c'est qu'il ne connaissait pas cette grande raie.

On a voulu faire une espèce particulière, soit de trigle, soit de malarmat[1], du *trigla chabrontera* d'Osbeck, et l'on a cru la distinguer, parce qu'elle ne serait pas renfermée dans une gaîne octogone; mais c'est là tout le contraire de ce que dit Osbeck.

Corpus durum, rubrum, quadrisulcatum, utrinque articulatum; hami quatuor ordinum parallelorum utrinque, unus horum in uno articulo vel squama durissima.

Rien ne s'applique mieux que ces paroles aux huit séries d'écailles dures, carénées et épineuses qui revêtent le malarmat.

Tout le reste de l'article est également applicable[2], hors un seul point, dont l'inexactitude est probablement l'effet d'un manque de mémoire, lors de la rédaction définitive[3];

---

1. *Trigla, Hispanorum chabrontera;* Osbeck, *Frag. icht. hisp., in Nov. act. nat. cur.*, t. IV, p. 201; *Trigle chabrontère*, Bonnaterre, Planches de l'Encycl. méth., p. 145; *Péristédion chabrontère*, Lacépède, t. III, p. 373; *Trigla hamata*, Bloch, édit. de Schn., p. 16.

2. *Membr. br. oss.*, 7; *pinna dorsi rad.*, 26; *laminæ ventrales duæ a pectore ad anum; pinn. pect. oss.*, 11; *ventr.*, 6; *ani*, 20; *caud. bifurcata; omnes pinnæ præter caudæ longissimæ, rubræ, a sulcis exeuntes. Caput depressum; rostrum plagioplateum, bipartitum; inter rostrum et oculos tres aculei minores in triangulo siti præter alios hamos et aculeos capitis.*

3. C'est sa dernière phrase : *Hami tres supra et tres infra caudam.* Il aurait dû écrire, et il avait probablement écrit dans ses notes : *Hami tres utrinque ad caudam;* mais, voulant ensuite expliquer l'*utrinque*, il aura mis dans le sens vertical ce qui a lieu effectivement dans le sens horizontal. Ce mémoire d'Osbeck, que plus d'un naturaliste a cité sans l'avoir lu, est de 1770, et postérieur de dix-neuf ans aux observations qui en avaient fourni la matière, et qui dataient de 1751, ainsi qu'on peut le voir dans le commencement de la relation de son voyage à la Chine; et quand Osbeck le rédigea, il n'avait encore que la neuvième édition du *Systema naturæ*, où les espèces des poissons ne sont pas caractérisées. Avant d'établir des

ainsi on ne peut douter que ce ne soit encore là une espèce factice. Je ne trouve, du reste, ce nom de *chabrontera* ni dans les dictionnaires ni dans les naturalistes espagnols.

---

espèces sur de pareils documens, on devrait toujours considérer les circonstances où se trouvait l'auteur dont on les emprunte. Il est vrai qu'alors on ne pourrait pas les multiplier aussi légèrement.

CHAPITRE IV.

Des Dactyloptères et des Céphalacanthes.

DES DACTYLOPTÈRES,

Vulgairement rougets-volans, arondes *ou* hirondelles
de mer.

Ces poissons, si célèbres parmi les navigateurs, et dont
tant de relations font l'histoire, ont été généralement placés
dans le genre des trigles ; mais ils en diffèrent beaucoup
plus que les trois sous-genres dont nous venons de parler
ne diffèrent entre eux : c'est même à peine si l'on pourrait
leur trouver d'autre caractère commun que l'étendue du
casque qui garantit leur tête ; encore ce casque a-t-il une
tout autre forme : il est long et large, mais plat et peu
élevé. Le museau est court et sans proéminences. Le sous-
orbitaire ne couvre pas toute la joue, et s'articule d'une
manière mobile avec le préopercule ; en sorte que celui-ci
peut s'écarter plus que dans les trigles, et que le poisson
peut profiter pour sa défense d'une énorme épine qui arme
l'angle inférieur de cet os. L'opercule, au contraire, n'est
pas épineux. Les dents des dactyloptères sont en petits
pavés, et ils n'en ont qu'aux mâchoires seulement, et non
au vomer ni aux palatins. Leurs ouïes s'ouvrent peu, et il
n'y a que six rayons dans leur membrane. Il n'y en a que
quatre mous dans les ventrales ; circonstance très-rare parmi
les acanthoptérygiens. Les pectorales n'ont point de rayons
libres ; mais elles se divisent profondément en deux parties,

une antérieure, de longueur médiocre et de peu de rayons, et une postérieure, presque aussi longue que le corps, et dont les rayons se dédoublent; ce qui en porte le nombre à près de trente. Lorsque cette partie s'étend, elle devient aussi large que longue, et c'est au moyen de la grande surface qu'elle présente, que le poisson peut s'élever dans l'air et s'y soutenir quelques instans.

Les dactyloptères sont revêtus partout d'écailles dures, au milieu desquelles on aurait peine à discerner une ligne latérale. Quelques-uns des premiers rayons de leur dorsale antérieure sont libres; la postérieure, ainsi que l'anale, en ont moins que dans les trigles.

Ces différentes considérations nous déterminent à séparer les dactyloptères des autres trigles d'une manière plus tranchée que nous n'avons distingué ceux-ci entre eux.

Le nom de dactyloptère leur a été donné par M. de Lacépède, et désigne la composition de leurs ailes, soutenues par une partie des rayons de leurs pectorales, c'est-à-dire de leurs doigts.

Nous en connaissons deux espèces, dont l'une, qui habite la Méditerranée, a été décrite depuis long-temps; l'autre, native de la mer des Indes, est distinguée aujourd'hui pour la première fois, bien que divers auteurs en aient parlé; mais on l'avait toujours confondue avec la précédente.

Nous en rejetons trois que l'on aurait pu introduire dans ce genre, et dont l'une y a été effectivement déjà placée. La première, nommée par Walbaum *trigla tentabunda*[1], n'est établie que sur une figure de Klein[2], faite sur

____

1. Walbaum, *Arted. renov.*, t. III, p. 362, note. — 2. *Miss. IV*, pl. 14, fig. 1.

un individu ramolli de l'espèce commune, et où Walbaum avait pris une épine courbée pour un tentacule.

Une autre, appelée par Bloch *trigla fasciata*[1], repose aussi sur une figure de Klein[2], que l'on a copiée en la falsifiant, et qui ne représentait qu'un jeune dactyloptère commun desséché.

Enfin, la troisième, qui est le *trigla alata* de Gmelin, ou le *dactyloptère japonais* de M. de Lacépède, est un trigle ordinaire, et nous avons vu ci-dessus que c'est pour avoir mal compris un texte, à la vérité assez mal rédigé, de Houttuyn, qu'on a cru devoir en faire un dactyloptère.

Le DACTYLOPTÈRE COMMUN, ARONDE,
ou HIRONDELLE DE MER DE LA MÉDITERRANÉE.

(*Trigla volitans;* Linn.)

Ce poisson était trop remarquable, soit par la faculté qu'il a reçue à un degré égal ou supérieur à celui de tous les autres poissons volans, de s'élever au-dessus des eaux, soit même par sa conformation, pour qu'il n'en ait pas été question, à toutes les époques, dans les livres où il est parlé d'objets d'histoire naturelle.

Le nom d'*aronde* ou d'*hirondelle*, qu'il porte encore sur les côtes de la Méditerranée en commun avec l'*exocet*, lui avait déjà été donné par les Grecs et par les Romains. Il ne nous paraît pas même que chez les anciens il l'ait partagé avec cet autre poisson, et nous sommes par conséquent bien éloignés de l'opinion de Salvien et de Bélon, qui ont voulu voir l'hirondelle exclusivement dans l'exocet.

A la vérité, ce qu'Aristote dit de l'hirondelle n'est pas

---

1. Bloch, *Syst.*, p. 16, et pl. 3, fig. 1. — 2. *Miss. IV*, pl. 14, fig. 2.

encore bien décisif[1]. Il parle de son vol élevé, et lui attribue un bruit; mais il semble expliquer ce bruit par le choc des nageoires contre l'air, ce qui peut s'entendre également bien des deux poissons.

Mais lorsque Oppien[2] range l'hirondelle avec les scorpions, les dragons, et les autres poissons dont les épines faisaient des blessures mortelles; lorsque Ælien[3] répète la même chose, ils n'ont pu vouloir parler de l'exocet, qui n'a point d'épines; c'est le dactyloptère et les terribles épines de son préopercule qu'ils avaient en vue.

Un témoignage tout aussi décisif est celui de Speusippe dans Athénée[4], qui dit que le coucou, l'hirondelle et le trigle se ressemblent. On ne peut l'appliquer à l'exocet, qui ressemble bien plutôt à une sardine ou à un muge, et qui a même reçu de quelques auteurs le nom de *muge volant*.

Le dactyloptère est très-connu dans la Méditerranée. Tous les auteurs qui ont décrit les poissons de cette mer en ont parlé en détail. Bélon, Salvien, Rondelet, en ont donné des figures, sinon parfaitement exactes, du moins très-reconnaissables et même fort bonnes pour leur temps.

On le nomme à Marseille *landole*[5] et *rondole*[6]; à Montpellier, *aronde, arondelle* et *rate-penade*, c'est-à-dire chauve-souris[7]; à Rome, *nibio*[8] et *pesce-rondine*[9], nom qu'on lui donne aussi en Sardaigne[10]; dans l'Adriatique, *rondela* et *rondola*[11]; à Nice, *gallina*[12]; en Espagne, *volador*[13]; en Sicile et à Malte, *galinedda* et *pesce-falcone*.[14]

---

1. *Hist. an.*, l. IV, c. 9. — 2. *Hal.*, l. II, v. 457 à 461. — 3. Ælien, *Hist. an.*, l. II, c. 5. — 4. L. VII, p. m. 324. — 5. Bélon, p. 195. — 6. Rondelet, p. 285. — 7. *Idem, ibid., rate-penade, rat empenné.* — 8. Bélon, p. 195. — 9. Salvien, fol. 184. — 10. Cetti, t. III, p. 194. — 11. Rondelet, p. 284. — 12. Risso, p. 201. — 13. Rondelet, p. 285. — 14. Willughby, p. 283; Rafinesque, *Indice*, p. 28.

Je ne vois pas qu'on l'ait trouvé communément sur nos côtes de l'Océan. Cornide ne le nomme point parmi les poissons de Gallice, ni Pennant parmi ceux de la Grande-Bretagne. Duhamel n'en parle point, et plus au nord il en est encore moins question.

Cependant il se retrouve sur les côtes d'Amérique et dans leurs parties les plus chaudes. Du moins la comparaison la plus scrupuleuse ne m'a fourni aucun moyen de distinguer de nos arondes de la Méditerranée celles que nous avons reçues de la Martinique par M. Plée, et des divers points de la côte du Brésil par MM. Delalande, Auguste Saint-Hilaire, et par les expéditions de MM. Freycinet et Duperrey.

Le grand courant appelé *gulf-stream* l'emporte fort avant vers le nord. M. Mitchill l'a fait graver dans ses Poissons de New-York sous le nom étrange de *six rayed polyneme,* mais sans en parler dans son texte. Il en va jusqu'à Terre-Neuve, d'où M. de la Pilaye nous en a rapporté de beaux échantillons, encore parfaitement semblables à ceux de la Méditerranée.

Nos colons de la Martinique l'appellent *coq.* C'est le *morcielago* de la Havane, très-bien représenté et décrit par Parra (pl. 14, p. 25), et le *pirabébé* et le *miivipira* des Brésiliens, dont Margrave donne déjà une bonne figure (p. 162), accompagnée d'une description fort exacte. Mais on ne devine pas trop pourquoi quelques modernes[1] ont été chercher ce nom brésilien de *pira bébé* (poisson volant) pour le donner à un poisson français, et cela en

---

1. Daubenton et Haüy, Encyclopédie méthodique, Dictionnaire d'ichtyologie, p. 3o3; Bonnaterre, Planches de l'Encyclopédie méthodique, p. 147, suivis par M. de Lacépède, t. III, p. 326.

l'estropiant encore en celui de *pirapède,* qui ne signifie rien. *Pirabébé* ne paraît pas même avoir été d'un usage général du temps de Margrave. On trouve la figure de cette espèce dans le *Liber principis* (t. II, p. 3go) sous le nom de *mücapira,* et dans le *Liber Mentzelii* sous celui de *pirameivi.*

L'arme offensive la plus puissante qui ait été donnée au dactyloptère, c'est la longue épine de son préopercule, qu'il peut rendre presque perpendiculaire à son corps. Pointue, forte et dentelée comme elle est, elle doit produire des blessures très-dangereuses, et il n'est point étonnant qu'un poëte tel qu'Oppien les appelle mortelles.

Néanmoins c'est principalement sur la rapidité avec laquelle il s'élance au-dessus des eaux qu'il paraît faire reposer sa défense.

Rien n'est plus célèbre dans toutes les relations des navigateurs que l'histoire de ces poissons volans; de l'ardeur avec laquelle ils sont poursuivis par les bonites et les dorades; des efforts qu'ils font pour leur échapper, en s'élevant dans les airs; du nouveau danger qui les attend dans cet autre élément de la part des frégates et des albatrosses, et de l'obligation où les met le desséchement de leurs pectorales de se rejeter promptement dans l'élément liquide.

Le dactyloptère a, comme les trigles, le corps rond, alongé, diminuant vers la queue, et la tête parallélépipède; mais elle est plus plate et plus alongée à proportion que celle d'aucun trigle.

Le diamètre de son corps derrière les pectorales est cinq fois et demie dans sa longueur; sa tête, à prendre du museau aux ouïes, y est quatre fois et deux tiers. La hauteur de la tête ne fait que les trois cinquièmes de sa longueur, et elle est encore un peu plus large

4.   12

que haute. Si on prend la longueur de la tête jusqu'au bord de
l'occipital, elle fait plus du quart de la longueur totale, et si on
la mesure jusqu'aux pointes des surscapulaires, elle n'y est comprise
que deux fois et demie.

La physionomie de ce poisson est fort différente de celle des
trigles, bien que la composition de sa tête soit à peu près la même;
cela tient à ce que le parallélépipède en est bien moins élevé à proportion de sa longueur et de sa largeur, et surtout à ce que le
museau en est très-court, et tombe presque verticalement.

Les sous-orbitaires, au lieu de se porter en avant pour former
une proéminence plate et échancrée, entourent le museau et se
rapprochent l'un de l'autre sous l'ethmoïde, de façon à former avec
lui l'apparence d'un museau de lièvre. Tout le dessus du crâne est
plat. Les yeux, fort écartés l'un de l'autre, se dirigent en dehors, et
le crâne devient entre eux un peu concave, en sorte que le bord
antérieur de l'orbite forme une légère convexité. Il n'y a pas d'épines
sur son contour. Le sous-orbitaire, près de quatre fois plus long
que haut, a en arrière de l'œil une large échancrure, qui laisse,
entre lui et le limbe du préopercule, une partie de la joue couverte
seulement d'écailles. Tout son bord inférieur est crénelé, et a vers
son angle postérieur quatre ou cinq fortes dentelures en scie : cet
angle postérieur et inférieur s'unit au préopercule au moyen d'un
second sous-orbitaire, fort petit, et qui se trouve ainsi placé au-
dessous de la partie écailleuse de la joue.

Le limbe du préopercule a la forme d'une équerre, et c'est dans
l'angle rentrant de cette équerre qu'aboutit le petit sous-orbitaire
dont nous venons de parler. L'angle saillant se prolonge en une
grande et forte épine, dont la pointe se porte en arrière jusque
sous le bord postérieur de la base des pectorales. Sa face externe a
une arête finement dentelée en scie. L'opercule est petit, arrondi,
flexible, et couvert d'écailles comme la joue. Le sous-opercule et
l'interopercule disparaissent presque dans la membrane.

Les surscapulaires s'unissent au crâne par suture, comme dans
tous les trigles; mais dans le dactyloptère ils prennent un dévelop-
pement énorme, et se portent en arrière, chacun de son côté, plus

loin que la base des pectorales, laissant ainsi entre eux, sur la nuque, une grande échancrure demi-circulaire, dans le milieu de laquelle est en partie implantée la première dorsale. Chaque sur-scapulaire est relevé d'une arète, et se termine en une pointe aiguë.

Toutes ces parties sont chagrinées par des points concaves serrés, mais sans former de lignes ni de rayons.

Le scapulaire et l'huméral ne se montrent point. Une peau lisse les recouvre.

L'ouverture des ouïes est petite, verticale, se termine sous la base antérieure de la pectorale, et est loin par conséquent de se rapprocher de celle de l'autre côté, comme dans les trois sous-genres précédens. Elle a proprement six rayons; mais on n'en sent avec le doigt que trois dans la partie lisse et mobile de sa membrane. Le quatrième, qui est tout droit, est dans la partie de la peau par où cette membrane s'unit à la gorge, et les deux autres sont cachés par la peau même de la gorge et par les écailles dont elle est garnie.

La bouche est petite; elle s'ouvre immédiatement sous le museau par une courbe à peu près parabolique. La mâchoire inférieure est un peu plus reculée que l'autre. Toutes les deux ont leurs lèvres légèrement charnues, sans écailles : le maxillaire n'en a pas non plus; il en manque également sous l'intervalle des branches de la mâchoire inférieure et autour de la base de la pectorale, ainsi qu'à un petit cercle autour de celle de la ventrale; mais tout le reste du corps, à compter de la gorge, en est couvert dessus et dessous.

On ne voit de dents qu'aux mâchoires, en forme de très-petits pavés, sur une bande plus large dans le milieu, où il y en a quatre ou cinq rangs, et qui se rétrécit vers les angles de la bouche. Le palais est entièrement lisse : la langue se réduit à une convexité lisse et étroite, un peu charnue, du plancher de la bouche; mais les pharyngiens sont armés de dents en cardes.

La première dorsale se compose de sept rayons épineux, mais à pointes flexibles et non poignantes : les deux premières sont à peu près libres, n'ayant un peu de membrane que tout près de leur base. Quand la dorsale s'abaisse, ils se courbent, l'un un peu plus à droite, l'autre un peu plus à gauche : leur hauteur est à peu près des deux tiers de celle du corps : les cinq suivans sont compris dans une membrane qui diminue en arrière en s'arrondissant.

Entre cette première dorsale et la seconde est une petite épine ou crête triangulaire, pointue et fixe, qui est une proéminence de l'interosseux placé au-dessous; puis vient la deuxième dorsale, un peu plus haute que la première, à huit rayons articulés, mais non branchus, excepté le sixième et le septième, qui sont fourchus. Ces deux nageoires occupent à peu près des espaces égaux en longueur, et qui font ensemble plus des deux tiers de la longueur totale. Il n'y a guère que la première dont on puisse dire qu'elle est implantée dans une espèce de sillon du dos, encore ce sillon n'est-il point garni d'écailles pointues, comme dans la plupart des trigles.

L'anale n'a que six rayons, qui répondent aux six derniers de la seconde dorsale; le cinquième seul est fourchu.

Entre ces deux nageoires et la caudale est un espace qui fait plus du cinquième de la longueur du poisson.

La caudale en fait un peu plus du sixième; elle a son bord postérieur un peu concave. En ne prenant que les rayons qui vont jusques à ce bord, elle n'en a que neuf; mais on en trouve encore trois ou quatre dessus et dessous, qui vont en diminuant. De chaque côté de sa base sont deux longues écailles pointues à carènes crénelées, qui terminent deux séries dont nous parlerons bientôt.

Ce qui caractérise éminemment le dactyloptère, ce sont ses pectorales : elles sont portées sur une base ou espèce de bras charnu, gros, court et sans écailles, et se divisent en deux parties; une antérieure, qui est proprement la nageoire, et se compose de six rayons articulés assez forts, dont les extrémités dépassent un peu la membrane, et dont la longueur est comprise quatre fois et demie dans celle du poisson; la seconde partie, ou postérieure, qui est proprement l'aile, se compose de vingt-neuf ou trente rayons : le premier est de moitié plus court que ceux de la première partie; le second les égale : ils vont ensuite en s'alongeant jusqu'au septième et au huitième, qui ont presque en longueur les deux tiers de celle du poisson. Cela dure à peu près ainsi jusqu'au dix-neuvième, ensuite ils diminuent assez rapidement de manière que les cinq ou six derniers sont extrêmement courts, et que leurs pointes sortent de la membrane vers la base postérieure de l'aile comme des filamens. La membrane qui unit tous ces rayons est très-extensible, et quand elle est tendue, l'aile est aussi large que longue. Ces rayons sont simples. Je n'y vois pas même d'articulations, si ce n'est vers leur extrémité. Leur partie extérieure est très-flexible et presque sans consistance : leur grand nombre résulte du dédoublement des rayons ordinaires, qui, ainsi que nous l'avons vu dans l'introduction à cet ouvrage, sont toujours divisibles en deux filets. On s'aperçoit aisément, en examinant leurs bases, que dans l'aile du dactyloptère ce ne sont que des moitiés de rayons, et cette circonstance se marque aussi en ce qu'ils sont alternativement plus ou moins saillans en dessous, et que le plus saillant est toujours coloré en blanc, tandis que l'autre n'a que la couleur du fond.

Les ventrales sortent entre les bases des pectorales, et sont étroites et pointues, composées d'une épine et de quatre rayons mous seulement; elles égalent en longueur la partie antérieure de la pectorale. Leur second rayon mou est le plus long. Leur bord interne n'adhère point au tronc.

L'anus est précisément au milieu de tout le poisson.

Les écailles du dactyloptère sont dures, crénelées à leur bord, et élargies à chacun des angles de leur base : celles du dos et des flancs sont relevées chacune d'une arête longitudinale finement crénelée, et les arêtes, disposées très-régulièrement, se joignent pour former des crêtes tranchantes, qui règnent en ligne droite sur la longueur du poisson, et dont les mitoyennes s'étendent jusqu'à sa caudale. Il y en a sur le devant du tronc environ dix-huit ou dix-neuf. Les douze ou treize plus élevées finissent successivement de manière que le dessus de la queue n'a que des écailles sans arêtes : les quatre suivantes se continuent sur les côtés de la queue jusqu'à la caudale, mais de manière que des quatre la supérieure et l'inférieure prennent des crêtes plus fortes à mesure qu'elles se portent en arrière, en sorte que le bout de la queue est à peu près quadrangulaire. Ces deux séries, plus saillantes, se terminent par une écaille plus longue du triple, à crête plus relevée, qui forme, comme nous l'avons déjà dit, de chaque côté de la caudale une double arête. Au-dessous de la dernière de ces longues lignes en est encore une incomplète, qui a aussi quelques fortes crêtes sur une partie de ses écailles, mais qui ne va ni jusqu'à la pectorale, ni jusqu'à la caudale. Entre elles, le ventre et tout le dessous du corps n'ont que des écailles plates et sans arêtes, mais dures, irrégulièrement striées en longueur, et déchirées ou dentelées vers leur pointe. On peut compter soixante-cinq écailles sur une ligne, depuis l'ouïe jusqu'à la caudale, et trente-trois ou trente-quatre sur le demi-cercle, depuis la dorsale jusque sous la ligne mitoyenne du ventre. Ces écailles ne laissent pas que de former au poisson une cotte de mailles assez puissante.

Le dos du dactyloptère est brun-clair, marbré ou tacheté de brun plus foncé : la couleur est plus claire vers la tête, et les marbrures y sont plus sensibles. Les côtés de la tête et du corps sont d'un rouge-clair glacé d'argent, le dessous d'un rose pâle. Ses grandes pectorales sont en dessous d'un noirâtre qui devient cendré vers la base; un rayon sur deux coupe ce noir d'une ligne d'un blanc rosé. En dessus elles sont noires, avec des taches bleues disposées diversement, selon les individus, tantôt semées comme des gouttes plus ou moins larges, tantôt s'unissant vers les bords en lignes ou en bandes transversales, et vers la base en lignes longitudinales entre les rayons; vers le bord interne ce sont des taches blanchâtres plus nombreuses, mais plus nuageuses. La petite pectorale est brune, tachetée aussi de bleuâtre. La ventrale et l'anale sont rose comme le ventre. La première dorsale est grise, avec des taches nuageuses brunes; la seconde est transparente, et ses rayons ont chacun quatre ou cinq anneaux bruns. La caudale a aussi des bandes, au nombre de quatre ou cinq, irrégulières, et formées par des suites de taches : sur les rayons leur couleur est d'un brun roux.

La longueur la plus ordinaire du dactyloptère est d'un pied. Un individu venu tout nouvellement de Sicile, et d'après lequel nous avons décrit les couleurs, était long de quinze pouces. M. Ajasson vient d'en offrir un plus grand encore au Cabinet du Roi : il a dix-neuf pouces de long, et ses ailes, étendues, ont deux pieds d'envergure.

L'œsophage du dactyloptère commun est long et étroit : il se renfle à la hauteur des ventrales pour former l'estomac, qui est situé dans le côté droit, comprimé, à parois peu épaisses : il n'y a pas de plis à l'intérieur.

Le pylore s'ouvre plus en avant que le cardia; il est entouré de plus de trente cœcums grêles, plus courts que l'estomac, et disposés en deux paquets, à peu près égaux, de chaque côté de ce viscère.

L'intestin est long, replié six fois sur lui-même, à parois très-minces, et d'un diamètre égal dans toute sa longueur.

La rate est très-petite, arrondie, et située auprès du cinquième repli de l'intestin.

La vessie aérienne est petite, placée entre les pectorales, profondément divisée en deux lobes arrondis, un de chaque côté de l'épine, entouré chacun sur sa moitié extérieure postérieure d'un muscle puissant, composé de fibres transverses. Chaque lobe envoie en avant une production oblongue, qui se loge sous le crâne, dans une cavité recouverte par les occipitaux supérieurs. Les parois de cette production sont beaucoup plus minces et plus argentées que celles du lobe.

Les reins, placés comme à l'ordinaire sur la vessie, sont assez gros; chacun est renflé vers la tête, et ce lobe est logé dans une cavité creusée sous le crâne à côté de celle de la vessie. Le rein devient ensuite très-mince, et s'appuie sur le lobe de la vessie natatoire. Quand le rein l'a dépassé, il se dilate de nouveau, et se réunit à celui du côté opposé sous la colonne vertébrale, pour former un lobe très-grêle et de peu de longueur. Les reins donnent directement dans la vessie urinaire, qui est grande, et qui a des parois très-minces.

J'ai trouvé dans l'estomac des débris de petits crustacés.

La tête osseuse du dactyloptère, qui semble différer si énormément des autres poissons, et même des trigles communs, ne montre cependant que les mêmes os, aux mêmes places, et servant aux mêmes usages.

Elle est déprimée et élargie dans toute sa longueur, de manière à représenter un disque presque rectangulaire, dont le côté antérieur serait courbé en angle obtus, et les angles postérieurs prolongés en

longues pointes. A sa face supérieure, l'ethmoïde, les frontaux antérieurs, principaux et postérieurs, l'interpariétal, les pariétaux, les
mastoïdiens, les rochéens, les occipitaux externes et les immenses
surscapulaires de l'épaule, forment une sorte de compartiment ou
de pavé à surface âpre, mais plate, ou plutôt légèrement concave.

Le très-large ethmoïde et les deux frontaux antérieurs forment
la première rangée, échancrée de chaque côté pour les narines. Les
frontaux antérieurs se divisent chacun en deux pièces ; mais l'une
des deux ne se montre pas à la surface.

Deux grands frontaux hexagones forment la seconde ; ils atteignent le bord supérieur de l'orbite par une petite partie du leur,
en arrière de laquelle est un petit frontal postérieur.

La troisième rangée est faite de l'interpariétal au milieu, des pariétaux à ses côtés et des mastoïdiens aux bords ; ceux-ci sont larges
et hexagones.

Une quatrième rangée est formée par les occipitaux externes et les
surscapulaires, et entre cette rangée et la précédente il y a de chaque
côté deux os ovales, dont l'un plus grand que l'autre, qui représentent les rochers.

L'interpariétal, qui en dessus ne se montre que fort en avant du
bord postérieur, atteint ce bord en dessous, en passant sous les
occipitaux externes.

Le crâne forme en dessous une saillie longitudinale, de deux tiers
plus étroite que son disque supérieur, à laquelle participent, à la face
inférieure, en avant, le vomer et les deux frontaux antérieurs, puis
le sphénoïde ; à ses côtés, en arrière, les grandes ailes, puis l'occipital inférieur, et le long de ses côtés, les occipitaux latéraux, qui
se continuent chacun avec une arête saillante du surscapulaire.

Dans l'orbite le sphénoïde a deux lames, qui remontent pour
s'unir aux ailes orbitaires, lesquelles s'unissent en arrière aux grandes
ailes.

Le plafond de l'orbite est formé par ces ailes orbitaires et par les
trois frontaux.

Entre l'ethmoïde et le vomer est un grand espace vide, qui unit
les deux narines osseuses et communique dans le crâne.

Les lames montantes du sphénoïde laissent en avant une partie non ossifiée dans l'espace interorbitaire.

La hauteur du crâne n'est pas le tiers de la largeur du disque supérieur, et la largeur de ce disque n'est que moitié de sa longueur.

Le reste du squelette offre encore plusieurs particularités dignes de remarque. L'occiput se continue à un tube comprimé, sans division, qui tient la place des premières vertèbres, et va jusque vis-à-vis la base de la première dorsale. Il ne vient à sa suite que cinq vertèbres abdominales, toutes très-comprimées verticalement, dont les deux antérieures sont un peu élargies en dessous, et y sont creusées d'une concavité. Il y a quatorze vertèbres caudales, aussi toutes très-comprimées, plus hautes que larges. Ces vertèbres, tant abdominales que caudales, ont chacune, vers le haut de chaque côté, une apophyse transverse montante, et vers le bas une descendante, toutes comprimées et pointues. Dans les abdominales, c'est l'inférieure qui porte la côte. Les interosseux, très-comprimés aussi, et non en forme de poignard, s'unissent par suture, un en avant et l'autre en arrière de chaque apophyse épineuse, et ils s'unissent de la même manière entre eux, en sorte que l'épine a plus de solidité que dans aucun autre poisson, ce qui rappelle un des caractères de celle du dos et des lombes des oiseaux.

Les pièces analogues au carpe s'alongent plus que dans les autres trigles. Les os que l'on a comparés à l'avant-bras laissent un grand vide entre eux et l'huméral. La forme des os du bassin est aussi très-compliquée : leur disque est très-creux en dessous, caréné en dessus ; ils n'adhèrent pas comme d'ordinaire par leur pointe à la suture des huméraux, mais ils tiennent par une apophyse assez longue à l'os huméral de leur côté, et ont chacun en arrière une petite apophyse dirigée en avant. Une tige osseuse, se rendant d'une extrémité à l'autre dans la ligne moyenne, partage en deux l'ouverture de leur concavité inférieure.

Le Dactyloptère tacheté de la mer des Indes.

(*Dactylopterus orientalis*, nob.[1])

Tant que l'on n'a eu que des figures grossières des dactyloptères de la mer des Indes, telles que les donnent Valentyn ou Renard, on a pu les croire identiques avec celui de la mer Méditerranée, et un premier coup d'œil, jeté avec légèreté sur celui que nous allons décrire, aurait pu confirmer cette opinion; mais une comparaison directe et suivie nous a prouvé que l'espèce en est fort différente.

Son caractère le plus sensible consiste en ce que le casque osseux de sa tête est échancré en arrière bien plus profondément, et jusqu'audessus de l'angle supérieur du préopercule, en sorte que d'avant en arrière, et dans la ligne mitoyenne, son crâne, à largeur égale, n'a guère plus de moitié de la longueur de l'espèce commune.

Son premier rayon dorsal s'avance jusque dans l'angle de cette échancrure, en sorte qu'il répond aussi au dessus de l'angle supérieur du préopercule; tandis que dans l'espèce commune il répond à peine à la base postérieure de la pectorale.

Ce rayon est aussi beaucoup plus long; il a près du triple de la hauteur du corps à cet endroit. Une membrane étroite garnit sa base. Un long espace libre le sépare du deuxième rayon, qui est à peu près à la place qu'il occupe dans le dactyloptère ordinaire et fort court : le troisième grandit de nouveau, et commence proprement la nageoire.

Ce dactyloptère des Indes a en outre l'ethmoïde plus avancé, ce qui empêche les sous-orbitaires de se joindre l'un à l'autre sous son bord inférieur, et ce qui lui rend le museau un peu plus saillant. Le bord inférieur de son sous-orbitaire n'a pas de dents en scie; ses surscapulaires sont plus arrondis vers leur pointe : toutes ses écailles sont aussi plus arrondies vers le bout. Une seule des séries de crêtes

---

1. *Cyanopter*, Commerson, manuscrits ; *Moore-godoo*, Russel, p. 161.

qui vont vers la queue, l'inférieure, en a de plus fortes que les autres, et même celles qui excèdent la mesure commune de cette série sont plus saillantes et plus larges que celles qui jouent le même rôle dans l'espèce commune.

Les ventrales sont un peu plus étroites et un peu plus en arrière, et les ailes nous ont paru encore un peu plus longues; mais leur partie antérieure en est moins profondément séparée. Du reste ces deux poissons se ressemblent extrêmement.

D. 7 — 8; A. 6; C. 11; P. 6 — 23; V. 1/4.

Nos individus des Indes, dans la liqueur, nous paraissent gris-brun doré dessus, plus blanchâtres dessous; mais nous savons par M. Dussumier que dans le frais c'est le rouge-brun et le noirâtre qui dominent. Leurs grandes nageoires sont semées de taches brunes plus larges, et d'autres taches, blanchâtres ou bleuâtres, plus petites que dans l'espèce de nos mers. L'un de ces individus a vers la pointe de chaque écaille une petite tache d'un brun-roux foncé; un autre en a de grandes noirâtres, nuageuses, éparses sur le dos. Il y en a deux qui n'en ont aucunes.

Les viscères du dactyloptère oriental sont assez semblables à ceux du commun. Cependant on ne lui compte que dix-neuf appendices cœcales, dont dix sont à la gauche de l'estomac.

La vessie aérienne est plus grande; elle est de même divisée en deux lobes, dont chacun a sur la face dorsale un énorme muscle qui le recouvre.

Nous avons surtout reçu ce poisson de l'Isle-de-France; Péron, MM. Quoy et Gaymard, et M. Dussumier, l'en ont apporté. Il est aussi venu de Waigiou, par la dernière expédition autour du monde. Commerson en avait déjà laissé une figure d'une exactitude singulière, où il n'avait mis d'autre étiquette que le mot *cyanoptère;* mais M. de Lacépède n'y a point donné d'attention, et ne l'a point fait graver.

C'est le *moore-godoo* de Vizagapatam, que M. Russel

a donné planche 161, le croyant le *trigla volitans* de Linnæus, ou notre dactyloptère commun. Sa figure est très-bonne, sauf le premier rayon libre du dos, qui est représenté trop court.

L'auteur dit que la tête et le dos sont d'un rouge foncé, avec des taches rondes d'un vert obscur; les flancs d'un rouge plus pâle; le ventre blanc; les nageoires pectorales, dorsales et caudales tachetées aussi d'un vert foncé; les ventrales et l'anale pâles.

La taille ordinaire de l'espèce est de onze pouces.

Elle n'est pas commune sur la côte d'Orixa.

Il faut qu'elle ne le soit pas non plus sur celle de Coromandel, car M. Leschenault ne l'y a pas recueillie.

C'est, selon nous, cette espèce qu'ont donnée, mais grossièrement, Valentyn (fig. 35) et Renard (part. I, pl. 10, fig. 66). Valentyn la nomme *ikan terbang warna ræpanja* ou poisson volant très-tacheté. Renard l'appelle *terbang boudjou.* Les couleurs dont il l'enlumine sont trop vives; mais son original, que nous avons retrouvé dans le Recueil de Corneille de Vlaming, paraît plus naturel.

Il a le corps violâtre, tacheté de vert; les ailes jaunes, et vertes vers le bout, tachetées et piquetées partout de brun et de noirâtre.

Le poisson y est nommé *boudjou terpang* et *vliegende zee-aap* (singe de mer volant).

Quant aux figures 186 (pl. 35) et 205 (pl. 41) de Renard, 506 de Valentyn, colorées en blanchâtre, et intitulées *vliegende zee-uyl* (chouettes de mer), elles sont aussi copiées de Vlaming, et je ne doute point qu'elles n'annoncent encore l'existence dans la mer des Indes de quelque dactyloptère inconnu.

DES CÉPHALACANTHES (*Cephalacanthus*, Lac.),

Et de l'espèce unique de ce genre.

(*Cephalacanthus spinarella*, Lac.; *Gasterosteus spinarella*, L.[1])

Le *céphalacanthe*, car on n'en connaît qu'un, est un des plus petits et des plus singuliers poissons de la mer. Dans sa taille, d'un à deux pouces, il présente presque la même tête et le même corps que le dactyloptère; mais il n'en a pas les longues pectorales, et ne peut, comme lui, s'élever dans les airs. Il n'a pas non plus les rayons libres des trigles ordinaires. C'est, si l'on veut, un dactyloptère sans ailes ou un trigle sans rayons libres.

Il est originaire de Surinam, et non pas des Indes, comme on l'a dit jusqu'à présent, sur la foi de Linnæus, qui ne l'avait vu que dans le Cabinet du roi de Suède. Il est vrai qu'il aurait été difficile de le contredire, car il a seul parlé de ce poisson d'une manière distincte. Hermann, à la vérité, le décrit aussi dans ses Observations posthumes (p. 3o6), sous le nom de *pisciculus habitu et capite triglæ*, mais sans en indiquer ni la patrie ni l'identité avec le poisson de Linnæus; en sorte qu'il a fallu que nous vissions son individu pour en constater la synonymie.

La figure que Linnæus en donne suffisait du moins pour prouver qu'il avait bien fait de l'ériger d'abord en un genre particulier, sous le nom de *pungitius*, et pour empêcher que l'on ne se laissât induire par son exemple à en faire

---

1. *Pungitius pusillus*, Linn., *Mus. Ad. Fr.*, p. 74, pl. 32, fig. 5; *Gasterosteus spinarella*, Linn., *Syst. nat.*, 12.ᵉ édit., et Gmelin et Bloch Schn.; *Céphalacanthe spinarelle*, Lacépède, t. III, p. 32[illegible].

une épinoche, puisque cette figure n'offre ni épines libres en avant de la dorsale, ni grandes épines à la place des ventrales : on n'aurait pas eu alors besoin de créer le nouveau nom de *céphalacanthe,* sous lequel M. de Lacépède le désigne.

Sa tête a tous ses os disposés comme dans le dactyloptère, et formant ensemble une cuirasse en parallélépipède moins haut que large, mais plus long; seulement sa face supérieure n'est pas concave, mais plutôt légèrement convexe, même entre les yeux. Les quatre pointes formées par les surscapulaires et par les angles des préopercules sont beaucoup plus longues à proportion que dans le dactyloptère, égalent même le reste de la tête en longueur, et se portent presque aussi loin en arrière que les pectorales, qui, à la vérité, sont assez petites. Les bords de ces quatre grandes épines sont finement dentelés en scie, et leur surface, ainsi que celle de tous les os de la tête, est poreuse ou granulée. Le devant du museau est même presque caverneux. Le grand sous-orbitaire, échancré en arrière, comme dans le dactyloptère, laisse également une partie de la joue sans cuirasse, et s'unit de même à l'angle du préopercule par un petit os particulier et dentelé; mais le bord montant du préopercule a dans le haut une petite pointe qui manque au dactyloptère. L'opercule est petit, sans épines; l'orifice branchial assez étroit, et sa membrane munie seulement de trois rayons grêles. La bouche s'ouvre sous le rebord du museau, et n'a à chaque mâchoire qu'une rangée de très-petites dents. Les pectorales ne font guère plus du cinquième de la longueur totale. Une profonde échancrure les divise en deux parties : une supérieure, dont les rayons sont séparés jusqu'à leur base et de couleur jaune (j'ai pu en compter huit de tels); une inférieure, qui m'a paru avoir aussi huit ou dix rayons blanchâtres, réunis par une membrane noirâtre très-ténue. La première dorsale a six rayons très-grêles, distincts presque jusqu'à la base; la seconde m'en a paru avoir huit ou neuf, l'anale six ou sept, et la caudale dix : mais je n'oserais répondre de ces nombres, difficiles à bien compter sur un poisson si menu. Les ventrales, cela du

moins est sûr, en ont six, dont un épineux : leur longueur est la
même que celle des pectorales, sous lesquelles elles sont exactement
placées. La caudale est coupée carrément : sur sa base sont de chaque côté deux longues écailles, comme dans le dactyloptère, et
tout le corps est couvert d'écailles carénées, dont il y a environ
dix-huit rangées à l'endroit des pectorales.

La couleur de ce petit poisson est sur le dos d'un brun olivâtre
ou verdâtre, sur les flancs et sous le ventre d'un doré tirant sur la
couleur du laiton. Les pectorales, comme je l'ai dit, ont du noir
vers le bout de leur partie inférieure; les ventrales sont blanches,
les autres nageoires brunes. Deux individus, de dix-huit lignes de
longueur, ont le brun du dos uniforme ; dans un troisième, long
de près de deux pouces et demi, il y a sur la tête et sur le brun du
dessus du corps de larges bandes d'un brun plus foncé, au nombre
de sept ou huit : tous les trois ont un demi-cercle de couleur vive
d'argent autour de l'œil, en dessous; une ligne semblable au bord
montant du préopercule, et une à chacune des quatre grandes épines
qui prolongent la tête en arrière.

Le foie du céphalacanthe est gros, et remplit presque tout l'hypocondre gauche : le lobe droit du foie est petit; l'œsophage est assez
long, et se prolonge en un estomac médiocre, pointu en arrière.
Auprès du cardia est la branche montante, qui est grosse et épaisse.
Le pylore est entouré d'une quantité innombrable de cœcums fins
et serrés l'un contre l'autre tout autour de l'intestin. Celui-ci est
d'un diamètre petit, mais égal dans toute sa longueur : il se replie
cinq fois sur lui-même avant de se rendre à l'anus. Il n'y a pas de
vessie natatoire.

CHAPITRE V.

Des Chabots et Chaboisseaux (*Cottus*, Linn.).

Après avoir fait connaître, dans les quatre chapitres précédens, tous les poissons que Linnæus comprenait sous son grand genre *trigla*, nous allons tracer l'histoire de ceux qu'il réunissait sous son genre *cottus.*

Ce genre avait pour type primitif un petit acanthoptérygien de nos rivières, à tête large, à deux dorsales, à préopercules épineux, et l'on y avait rangé, à mesure de leur découverte, plusieurs poissons de mer qui répondent plus ou moins à ces premiers caractères. Les cottes en général se reconnaissent donc à une tête large, déprimée, cuirassée et diversement armée d'épines ou de tubercules, et à deux nageoires dorsales distinctes ou du moins trèspeu unies. Ce dernier trait les sépare des scorpènes, qui leur ressemblent par leur tête armée et cuirassée, mais dont la plupart l'ont d'ailleurs comprimée latéralement et non horizontalement déprimée.

On a distingué nouvellement des cottes proprement dits, les *platycéphales*[1], dont la tête est encore plus déprimée que la leur, et autrement cuirassée, dont le corps est écailleux, et dont les ventrales, larges et développées, sont attachées plus en arrière que les pectorales ; et les *agonus, phalangistes* ou *aspidophores,* dont le corps entier est enveloppé de pièces osseuses et anguleuses.[2]

---

1. *Cottus insidiator,* Linn.; *Cottus madagascariensis,* Lacép.; *Cottus scaber,* Linn.
2. *Cottus cataphractus,* Linn.; *Cottus japonicus,* Linn.; *Cottus monopterygius,* Linn.

Les *batrachus,* dont quelques-uns avaient aussi été placés parmi les cottes[1], en ont été séparés avec encore plus de raison; car leur tête, quoique aplatie, n'est pas cuirassée; leurs ventrales sont en avant de leurs pectorales, et n'ont que deux rayons mous, et leurs intestins, ainsi que toute leur structure, montrent qu'ils appartiennent à une autre famille.

Au moyen de ces distinctions, les cottes proprement dits ne comprennent plus que des poissons vraiment semblables à notre chabot de rivière par leur forme large en avant, mince vers la queue; par leur tête déprimée; par leur préopercule armé d'épines; par les rayons de leurs ventrales, au nombre de quatre ou de trois seulement. Ils ont tous des dents au-devant du vomer, mais non aux palatins; six rayons à leur membrane branchiale, un estomac en sac obtus, des appendices cœcales en petit nombre (de quatre à huit), la membrane des vésicules séminales et des ovaires teinte en noir; ils manquent de vessie natatoire.

Nous devons avertir que dans l'énumération que nous allons en donner nous ne comprendrons pas le *cottus indicus* de Linnæus[2], ni le *cottus massiliensis* de Forskal et de Gmelin[3], ni le *cottus australis* de John White[4], ni le *cottus hemilepidotus* de Tilesius[5], qui sont des scorpènes ou qui s'en rapprochent plus que des cottes; ni le *cottus hispidus* ou *acadianus* de Schneider, qui doit faire un petit sous-genre intermédiaire entre les scorpènes et les cottes; ni le *cottus chætodon* de Schneider, ou *cottus*

---

1. *Cottus grunniens*, Linn. — 2. *Mus. Ad. Freder.*, t. II, p. 66. — 3. Forskal, p. 24. — 4. Voyage à la Nouvelle-Galles du sud, p. 266. — 5. Mémoires de l'Académie de Pétersbourg, t. III, p. 262, pl. 11 et 12.

glaber de Schœpf[1], qui est un *batrachus;* ni le cotte noir de Commerson[2], qui est un périophtalme ou une éléotris. Nous y ramenons au contraire le *synanceia cervus* de Tilesius[3], qui est un vrai cotte proprement dit, avec tous les caractères du sous-genre.

Nous devons avertir aussi que le *cottus anostomus* de Pallas (*Zoogr. ross.*, t. III, p. 128, n.º 101) n'est pas autre chose que l'uranoscope vulgaire. Nous en faisons la remarque, parce que l'auteur a oublié d'en joindre la synonymie à son article, et que son éditeur, M. Tilesius, n'a suppléé à son oubli par aucune note.

Le Chabot de rivière.

(*Cottus gobio*, Linn.; Bl., pl. 39.)

Notre chabot de rivière est un petit poisson de quatre à cinq pouces de longueur,

dont la partie la plus large, qui est la tête, égale presque le tiers de la longueur totale. Cette tête est aussi large que longue, mais d'un tiers moins haute que large. La plus grande hauteur du corps est sous la première dorsale et fait le cinquième de sa longueur; ensuite il diminue jusqu'à la caudale, près de laquelle il n'a plus en diamètre qu'un douzième de la longueur.

La tête est arrondie en avant; la bouche est fendue à son bord antérieur; ses deux mâchoires n'avancent pas plus l'une que l'autre; les yeux sont à la face supérieure, dirigés cependant un peu de côté, et un peu plus près du museau que de la nuque : ils sont petits; leur diamètre longitudinal ne fait pas le cinquième de la longueur de la tête; leur distance égale deux fois ce diamètre dans la femelle; mais le mâle les a un peu plus rapprochés : il n'y a point

---

1. Écrits de la Société des naturalistes de Berlin, t. VIII, p. 146. — 2. Lacépède, t. III, p. 250. — 3. Mémoires de l'Académie de Pétersbourg, t. III, p. 268, pl. 13.

d'aiguillons aux orbites ni à la tempe. Une peau molle et nue enveloppe la tête comme le corps. Le sous-orbitaire ne se montre point au travers, bien qu'il s'articule avec le préopercule et cuirasse ainsi le haut de la joue : le préopercule lui-même ne se fait remarquer que par une épine recourbée en dessus, dont son angle est armé, et sous laquelle il y a une très-petite dent cachée par la peau. L'opercule osseux finit en pointe plate et peu acérée; l'ouverture des ouïes est médiocrement fendue, parce que la membrane se fixe au tronc à la hauteur du bas de la pectorale : le poisson, en la gonflant, fait encore paraître sa tête plus large qu'elle ne l'est ordinairement, et il soulève ainsi son préopercule, de manière à pouvoir blesser avec son épine : aussi a-t-il recours à ce gonflement lorsqu'il est en danger. Malgré l'assertion précise d'Artedi et de Bloch[1], quelques modernes, qui ont copié une faute d'impression de ce dernier[2], ne donnent que quatre rayons à la membrane branchiostège du chabot; mais elle en a bien certainement six, très-faciles à compter.

Chaque mâchoire a une large bande de dents en fin velours, et il y en a une étroite, en forme de chevron très-évasé, en avant du vomer; mais les palatins n'en ont aucune. La langue, très-large, très-courte, fixe, est également lisse et sans dents; les tubercules des arceaux des branchies et les pharyngiens en ont en velours.

La pectorale est très-large, arrondie, et a treize ou quatorze rayons, dont les six ou sept supérieurs sont branchus à leur extrémité, et les autres simples, mais articulés. Sa longueur fait presque le quart de la longueur totale.

Les ventrales sortent un peu plus en arrière que le bord inférieur des pectorales, et ne vont pas aussi loin en arrière. Leur épine est grossie et alongée par son enveloppe membraneuse, et, ce qui est remarquable, elles n'ont que trois rayons mous.

La première dorsale commence au-dessus de la base des pecto-

---

1. Bloch, 2.ᵉ part., p. 11, au bas; Gmelin, p. 1211; Lacépède, t. III, p. 253.

2. Bloch dit dans son texte qu'il y a six rayons; mais dans le tableau des nombres, en tête de l'article, on a imprimé B. IV au lieu de B. VI.

rales ; elle est trois fois plus basse que le corps, et a de six à huit et quelquefois neuf rayons, tous très-flexibles, quoique non articulés. Sa membrane, bien que très-abaissée en arrière, l'unit cependant assez sensiblement à la seconde.

La seconde, un peu plus haute et bien plus longue, a dix-sept ou dix-huit rayons, dont le dernier fourchu, tous flexibles et articulés, mais dont quelques-uns seulement sont rameux.

L'anale ne commence pas tout-à-fait aussi avant et ne va pas tout-à-fait aussi loin ; elle a treize rayons, dont le dernier est fourchu et pourrait en faire compter quatorze : tous sont flexibles et articulés, mais la plupart ne se divisent point en branches.

La caudale est arrondie et n'a que onze rayons entiers, dont les deux extrêmes sans branches : comme à l'ordinaire, il y en a quelques petits en dessus et en dessous de sa base. Sa longueur fait le sixième de la longueur totale.

Nulle part il n'y a d'écailles visibles. La ligne latérale ne se marque que par une suite de petites élevures ; elle occupe le tiers de la hauteur et demeure à peu près droite. Les jeunes individus ont beaucoup de pores très-sensibles au-dessus de la ligne latérale et aux côtés de l'abdomen.

L'anus est un peu plus avant que le milieu, et ses bords forment un bourrelet assez saillant.

Les teintes, toujours grises ou brunes, du chabot varient en intensité et en égalité. En général les mâles sont plus foncés.

Les jeunes individus des environs de Paris, que nos pêcheurs nomment *chapsots*, sont d'un gris roussâtre tout marbré de grandes taches nuageuses et irrégulières noirâtres ; le dessous est blanchâtre.

Nous en avons d'Alsace d'un gris cendré, où les nuages bruns forment des espèces de bandes transversales.

Il y en a aussi de semblables du lac de Genève. Quelques-uns de ceux de ce lac ont des points plutôt que des taches. Dans ceux que nous avons du lac Majeur, les marbrures s'étendent plus que dans les nôtres.

Il en est du Rhône qui ont le dessus du corps d'un brun uniforme, le dessous d'un gris blanchâtre.

Il y a généralement des lignes transverses de points ou de petites taches brunes sur les nageoires. L'anale et les ventrales n'en ont pas toujours ; la première dorsale a un liséré blanc ou rose excessivement étroit. L'iris des yeux est rouge.

Le chabot a le foie rougeâtre, assez gros, occupant tout l'hypocondre gauche ; la vésicule du fiel est grande, ovale, située à droite. L'estomac est en sac arrondi, assez grand ; le pylore a quatre cœcums assez longs : l'intestin fait deux replis avant de se rendre à l'anus. Les ovaires sont divisés en lobes, et quand les œufs sont près d'être pondus, ils sont très-gros, et augmentent encore la difformité du poisson par l'énorme grosseur de l'abdomen.

Les sacs de ces ovaires sont teints en noir, et les vésicules séminales le sont également, quand elles ne sont pas très-remplies.

Il n'y a point de vessie natatoire.

Le squelette a trente-deux vertèbres à son épine ; dix abdominales et vingt-deux caudales.

Le nom français *chabot*, le languedocien *tête d'aze* (d'âne), l'anglais *bull-head* (tête de taureau), l'allemand *kaulkopf, kaulquappe* (tête en boule, lote en boule), l'italien *capo-grosso*, le russe *buitchok* (petit bœuf) ou *chirokolobka* (tête large), viennent de la largeur de sa tête. A Paris, les pêcheurs, au lieu de *chabot*, disent *chapsot*; sur le Rhône on le nomme *séchot* et quelquefois *sorcier*: il se nomme encore en Lombardie *bota* et *botina* ou *botella*.

Le nom de *cottus*, que l'on applique maintenant à ce genre, d'après Artedi, a été employé par Gaza pour traduire le βοίτος ou κοίτος d'Aristote (qu'il avait apparemment lu κόττος), petit poisson d'eau douce qui se tient sous les pierres, et que l'on fait sortir en frappant ces pierres, *comme s'ils entendaient et si le bruit leur faisait mal à*

la tête (ὡς ἀκκὅὅντα καὶ καρηβαρὅὅντα ὑπὸ τὅ ψόφὅ); passage qui
pourrait en effet se rapporter à notre chabot commun; car
ce séjour est tellement le sien, qu'à Genève les enfans du
peuple, qui bien sûrement n'ont pas lu Aristote, vont dans
l'Arve et sur les bords du Rhône soulever les pierres, et
prendre avec une fourchette les chabots qu'ils y trouvent.

Le chabot paraît habiter sans exception les eaux douces
de toute l'Europe, depuis l'Italie jusqu'en Suède, surtout
celles qui sont claires et qui coulent sur des fonds de sable
ou de pierre : toutes les Faunes sont unanimes à cet égard.
Pallas le nomme parmi les poissons de Sibérie et même
parmi ceux du lac Baïkal. Fabricius l'a décrit en Groënland; mais peut-être serait-il nécessaire de voir ensemble
et de comparer des individus venus de ces contrées si
éloignées les unes des autres, pour s'assurer qu'ils n'offrent
point quelques différences échappées à des observateurs
isolés.

Ce poisson, selon divers auteurs, fraie en Mars et en
Avril; dans la Seine, c'est en Mai, Juin et Juillet. Plusieurs
observateurs lui attribuent l'habitude de déposer son frai
sous une pierre ou dans un trou qu'il creuse pour cela,
et de l'y garder jusqu'à ce qu'il soit éclos avec beaucoup de
courage et de constance [1]; Fabricius dit même que c'est
le mâle qui remplit ce devoir, et assure que cet instinct
est commun aux autres cottes et aux lumps [2]; mais les pêcheurs de nos environs n'en ont aucune connaissance.
Peut-être a-t-on voulu parler du *gobius niger,* qui, selon
les observations positives d'Olivi, prend en effet ce soin de

---

1. Marsigli, *Dan.*, t. IV, p. 73; Linnæus, *Syst. nat.*, douzième édition, t. I.ᵉʳ,
1.ʳᵉ part., p. 452. — 2. *Faun. groenl.*, p. 160.

sa progéniture, et est probablement le *phycis* dont les anciens ont parlé comme du seul poisson qui sût faire un nid.[1]

Le chabot nage avec la rapidité d'un trait, ce qui s'explique très-bien par la grandeur de ses pectorales et par sa forme rétrécie en arrière. Sa nourriture principale consiste en insectes, en larves de libellules, etc.

C'est après le goujeon le poisson que l'anguille aime le plus ; et comme son prix est moindre, on s'en sert de préférence comme d'appât pour amorcer les lignes de fond.

Sa chair devient rouge en cuisant ; elle est agréable et saine, surtout lorsqu'il est pris sur des fonds pierreux et dans des eaux pures. Ainsi il fournit, comme le dit M. Risso, un mets délicieux aux habitans des montagnes ; sa petitesse seule empêche qu'il ne soit recherché des riches.

Pallas assure cependant qu'en Russie personne ne le mange, mais que les gens du peuple le portent suspendu au cou comme une amulette, dans l'idée qu'il les préserve de la fièvre tierce.[2]

Le petit Chabot de Russie.

(*Cottus minutus,* Pall.[3])

Nous avons examiné avec soin le chabot que Pallas a décrit sous le nom de *cottus minutus,* et qui nous a été confié par M. Lichtenstein. Sa ressemblance avec l'espèce commune de nos eaux douces est telle, que nous n'oserions l'en distinguer.

---

1. Aristote, *Hist. anim.*, l. VIII, c. 5o. — 2. Pallas, *Zoogr. ross.*, t. III, p. 126. — 3. *Zoogr. ross.*, t. III, p. 145, n.° 109, pl. 20, fig. 5 et 6.

Il a la même tête, la même épine crochue au préopercule, les mêmes marbrures de différens bruns sur le corps, les mêmes points bruns sur les nageoires, et à peu près le même nombre de rayons.

D. 9[1] — 17 ; A. 13 ; C. 13 , etc.

Peut-être son museau est-il un peu moins obtus, et les épines d'au-dessus de ses narines un peu plus longues ; mais, pour assurer que ce sont là des différences constantes, il faudrait les avoir retrouvées dans des individus plus nombreux.

La longueur de celui que nous avons observé est de trois pouces.

Il avait été donné à Pallas par Merk comme provenant de la mer d'Ochotzk ; mais rien ne prouve qu'il ne vînt pas de quelqu'une des rivières qui s'y jettent.

———

DES CHABOTS DE MER, OU CHABOISSEAUX,

Vulgairement aussi scorpion de mer, crapaud de mer, diable de mer, tétard, father-lasher *des Anglais* (COTTUS SCORPIUS, Linn.), *et des deux espèces confondues sous ces noms* (COTTUS SCORPIUS, nob., *et* COTTUS BUBALIS, Euphrasen).

Les poissons de nos côtes maritimes qui ressemblent le plus au chabot de rivière, sont armés d'épines plus nombreuses et plus dangereuses, ce qui, joint à la laideur que leur donnent leur grosse tête, leur large gueule et les teintes peu agréables de leur peau, leur a valu toute sorte de noms odieux. On leur a transféré celui de *scorpion,* qui appartenait originairement à la rascasse. Celui de *crapaud* tient à leur couleur, à leur nudité et à leur grande

———

1. Pallas dit sept ; mais il n'est pas difficile d'en compter neuf sur son individu.

bouche. On les nomme *diables,* parce qu'ils sont laids et méchans. Les Anglais sont allés jusqu'à les appeler *father-lasher* (qui frappe son père), comme si des traits si hideux devaient être l'annonce de tous les vices.

On nous assure qu'ils partagent sur quelques-unes de nos côtes le nom de *boi de roc* avec la petite vive, et qu'ils ne sont guère moins redoutés. Sur la basse Seine, où ils remontent quelquefois aussi haut que la marée, on les appelle *caramassons.*

J'ai dit que le nom de *scorpion de mer* n'appartenait pas originairement aux chaboisseaux, et en effet ce nom, pris des anciens, ne peut appartenir à des poissons étrangers à la Méditerranée. Nous n'en avons jamais reçu de cette mer, et ils ne sont indiqués par aucun des auteurs qui en ont décrit les poissons. Ce n'est pas, comme le croit Pennant, la scorpène de Bélon, qui est une rascasse. Cetti, le seul Italien dont Bloch réclame le témoignage, n'a parlé aussi que d'une rascasse[1]. A la vérité, Aldrovande[2] a donné une figure grossière qu'à la rigueur on pourrait croire d'un de nos chaboisseaux; mais il ne dit pas d'où il l'avait reçue, et l'on sait qu'il a représenté plusieurs poissons du Nord.

Au contraire, tous les auteurs du Nord ont parlé de ces poissons; il semble même qu'ils deviennent chez eux plus abondans et plus grands. On en voit dans toute la mer Baltique, et M. Noël nous en a rapporté du cap Nord en Laponie. Cependant ils sont aussi fort communs sur nos côtes, soit dans la Manche, soit dans le golfe de Gascogne. Mais il est essentiel de faire observer qu'il en existe deux espèces, que presque tous les naturalistes ont confondues,

---

1. *Hist. nat. sard.,* t. III, p. 106. — 2. *Pisc.* 202.

parce qu'elles vivent dans les mêmes parages et qu'elles ne diffèrent que par quelques détails dans les proportions des épines et les nombres des rayons.

Celle qui paraît la plus commune a les épines du préopercule moins longues, au nombre de trois seulement, et quatorze ou quinze rayons à la seconde dorsale. C'est elle qu'a représentée Bloch (pl. 40). Elle est surtout très-bien rendue par Klein (*Miss. IV*, pl. 13, fig. 2). L'autre espèce, qui nous paraît le *cottus bubalis* d'Euphrasen[1], a quatre épines au préopercule, dont la première très-longue, et douze, ou tout au plus, mais rarement, treize rayons à la seconde dorsale. C'est celle qu'ont décrite et représentée Schonevelde, dans son Ichtyologie du Holstein (p. 67, pl. 6), et Tonning, dans les Mémoires de Drontheim (t. II, p. 345, pl. 13 et 14).

Nous nous sommes assurés que leurs différences ne tiennent point au sexe, comme on aurait pu le soupçonner; nous avons des mâles et des femelles de l'une et de l'autre espèce.

Au surplus, leur histoire est à peu près la même. Ce sont des animaux très-voraces, qui nagent avec une grande rapidité et dont les habitudes sont assez solitaires. Ils quittent le fond au printemps et viennent se loger dans quelques creux de rochers, où, abrités par les varechs, ils jouissent à chaque marée du retour périodique des eaux, qui leur apportent une nourriture nouvelle. Vers l'équinoxe d'automne ils retournent dans les eaux profondes, qui font leur séjour d'hiver[2]. On ne les mange

---

1. Nouv. Mémoires de l'Académie de Stockholm, t. VII, p. 65, pl. 3, fig. 2 et 3.
2. Nous tirons ce détail d'un mémoire envoyé par feu Noël de la Morinière à M. de Lacépède.

point, sans doute parce que leur chair est aussi médiocre que peu abondante, et peut-être aussi parce que leur figure et les noms qu'on leur donne inspirent quelque répugnance. Cependant les pauvres en Danemarck ne les dédaignent point, et en Norvége leur foie, comme celui de beaucoup d'autres poissons, sert à faire de l'huile.

L'épine de leur préopercule est une arme perfide, et fait des piqûres très-douloureuses, que l'on prétend même empoisonnées; mais leur danger ne vient probablement, comme dans les piqûres de la vive, que de la profondeur à laquelle cet aiguillon mince et pointu peut pénétrer. Les pêcheurs ont coutume d'y appliquer le foie même du poisson, et Noël de la Morinière nous assure en avoir éprouvé de bons effets.

Il y a d'étranges assertions sur la taille à laquelle ces poissons, qui, chez nous et en Angleterre, ne passent pas huit ou dix pouces, parviendraient dans le Nord. M. de Lacépède parle de six pieds, et le traducteur français de Bloch de deux brasses, ce qui, à le prendre à la lettre, ferait dix pieds. Comme ni Schonevelde, ni Linnæus, ni Othon Fabricius, ni même Tonning de Drontheim[1], n'ont rien dit de semblable, j'ai cherché la source de ces exagérations, et je n'ai pu remonter qu'à un passage de Pontoppidan[2], où il est dit que l'*ulk* ou *marulk* des Norvégiens, ou le scorpion de mer, est de deux sortes, et qu'il y en a une grande espèce qui a quelquefois quatre pieds de long; mais comme il ajoute qu'elle est rouge, couverte de petites écailles, et qu'elle n'a qu'une nageoire sur le

---

1. Mémoires de la Société de Drontheim, t. II (1763), pl. 13 et 14.
2. *Hist. nat. of Norway*, t. II, p. 160.

dos, il est bien évident qu'il n'a voulu parler que de la grande sébaste du Nord, appelée par Linnæus *perca marina*, que nous décrirons ailleurs. De ces quatre pieds qu'il lui attribue, Bloch a fait deux aunes (*ellen*), parce que l'aune allemande n'a en général que deux pieds. Son traducteur a mis *brasses* pour *aunes*, et voilà comment un poisson de quelques pouces est crû subitement jusqu'à une longueur de dix pieds.

L'ichtyologie, n'ayant jamais été traitée avec un peu de critique, est pleine de semblables bévues.

Bloch s'est bien aperçu ensuite que ce *marulk* n'est pas le chaboisseau; il le dit formellement dans son article de la scorpène truie; mais sa remarque n'a servi qu'à transporter aussi à cette scorpène ce qu'il avait dit de la taille du chaboisseau et même à l'exagérer encore, comme nous le verrons à l'article des scorpènes.

Ces chaboisseaux vivent très-longtemps hors de l'eau, et sont du nombre des poissons que l'on a nommés *grogneurs, coqs-bruyans* ou *coqs-de-mer* (*knorr-hahn, see-murre*), parce qu'ils font entendre un bruit quand on les prend ou qu'on les presse dans la main, et même, à ce que dit Klein, parce qu'ils répètent ce bruit à l'approche des tempêtes; mais cette dernière circonstance, rapportée d'après l'opinion populaire des marins de Dantzig, est fort contestée par Bloch.

D'après l'observation d'Edwards[1], l'espèce commune pond au mois de Janvier, et donne des œufs rouges de la grosseur d'un grain de navette.

---

1. *Glanures,* pl. 284.

Le Chaboisseau de mer commun.

(*Cottus scorpius*, Bl., pl. 40.)

Nous décrirons d'abord l'espèce commune, celle du chaboisseau à courtes épines.

Sa forme est en grand la même que celle du chabot de rivière ; une grosse tête, qu'il peut élargir beaucoup en écartant ses opercules et en renflant sa membrane des ouïes, et un corps qui diminue par degrés jusqu'à la caudale.

Sa hauteur, à la nuque, est cinq fois dans sa longueur ; la largeur de sa tête à cet endroit, lorsque les branchies sont resserrées, n'excède pas beaucoup cette hauteur ; mais il peut écarter ses opercules et ses préopercules de manière à donner à sa tête une largeur presque double de l'ordinaire, et alors il rappelle beaucoup la forme de la baudroie. Sa gueule est fendue jusque sous l'œil, et sa large ouverture s'agrandit encore par la protractilité de la mâchoire supérieure, qui alors dépasse un peu l'autre. Les yeux sont grands, un peu plus rapprochés du museau que de la nuque ; leur intervalle est concave et n'égale pas leur diamètre. La tête, le corps et les nageoires sont revêtus d'une peau molle et lâche, au travers de laquelle les pointes des aiguillons se font quelquefois jour. Au-devant de l'intervalle des orbites sont d'abord deux très-petites épines verticales, qui appartiennent chacune au nasal de son côté. Sur le bord supérieur de l'orbite, en arrière, est un petit tubercule plus ou moins pointu, d'où part une ligne légèrement saillante, qui sépare de chaque côté le dessus du crâne de la tempe, et se termine à la nuque par un autre tubercule : l'intervalle de ces deux lignes serait à peu près carré, s'il ne se rétrécissait un peu en arrière. Le premier sous-orbitaire est sous l'orbite, plus long que large ; le second, encore plus étroit, traverse obliquement le haut et l'arrière de la joue pour aller joindre le préopercule ; mais ni l'un ni l'autre ne se montrent au travers de la peau par aucune épine ou dentelure, et on ne les sent qu'au doigt : le bord montant du préo-

percule est plus court que son bord inférieur, lequel va un peu
en descendant en avant. Son arête produit une forte épine dirigée
en arrière et un peu vers le haut, dont la longueur fait à peu près
le cinquième de celle de la tête; sous elle en est une plus petite,
et l'extrémité antérieure du bord inférieur en a une dirigée vers le
bas et en avant. L'opercule se termine par une épine aiguë; le sous-
opercule, attaché au bord antérieur de l'opercule, sous son articulation, par une espèce de pédicule, se dilate dans le bas et y produit deux épines, l'une dirigée en arrière et l'autre vers le bas.
L'os scapulaire et le claviculaire ont aussi chacun une épine dirigée en arrière, mais il n'y en a point au surscapulaire.

Les pectorales sont très-larges, coupées obliquement, arrondies
à leur extrémité, qui est plus voisine du bord supérieur. Elles
ont dix-sept rayons, tous articulés, mais simples et sans branches.
Les six ou sept premiers sont plus minces; les dix ou onze autres,
plus gros, vont en diminuant de longueur jusqu'au plus inférieur,
qui est aussi le plus court; la membrane est un peu échancrée
entre leurs pointes. La poitrine, entre les deux pectorales, est
large et plate; les ventrales s'y attachent un peu plus en arrière que
le bord inférieur des pectorales, qu'elles sont loin d'égaler en longueur. Elles sont étroites, et leur épine est si intimement unie à
leur premier rayon mou, qu'elles paraissent n'avoir que trois rayons.

La première dorsale répond au dessus de toute la longueur de la
pectorale; elle est moitié moins haute que le corps, et sa longueur
est double de sa hauteur. Elle a tantôt huit, tantôt neuf rayons
flexibles, peu poignans, à peu près égaux, excepté les deux derniers, qui diminuent. Sa membrane finit juste au pied du premier
rayon de la seconde : celle-ci, un peu plus haute et plus longue
que la première, a tantôt quatorze, tantôt quinze rayons, mais
jamais moins, tous simples et sans branches, bien qu'articulés,
flexibles et peu inégaux. L'anale en a onze ou douze à peu près
pareils. Elle commence sous le cinquième rayon de la seconde
dorsale; sa membrane va un peu plus loin en arrière, mais non
pas ses rayons. L'espace nu derrière ces nageoires fait à peu près
le onzième du total; la caudale en fait le sixième. Elle a douze rayons

entiers et quelques-uns incomplets, dont les huit du milieu sont fourchus à leur extrémité.

D. 8 ou 9 — 14 ou 15; A. 11 ou 12; C. 12; P. 17; V. 1/3.

La peau, dans l'état ordinaire, est partout lisse et sans écailles; mais le dessus de la tête a beaucoup de petits points saillans. La ligne latérale se marque par une suite d'élevures rhomboïdales, creuses au milieu, qui vont à peu près en ligne droite du haut de l'épaule au milieu de la base de la caudale, sans se prolonger sur cette nageoire.

Un phénomène singulier, c'est que l'on trouve des individus de cette espèce qui ont, éparses sur le corps, principalement au-dessus de la ligne verticale et aux côtés de la queue, de petites écailles rondes, plates, dont le bord postérieur est divisé en quatre ou cinq épines un peu crochues, très-séparées et très-pointues. Les circonstances dans lesquelles ces écailles se manifestent, ne sont pas bien connues. M. Tilesius, ou plutôt Steller[1], dit les avoir observées sur deux femelles, et les croit une marque du sexe; mais nous sommes certains de les avoir trouvées aussi sur des mâles, tandis que des femelles n'en avaient pas.

Le fond de la couleur de ce poisson est tantôt gris-roussâtre, tantôt gris-verdâtre sur le dos; blanchâtre ou jaunâtre sous le ventre. De grandes et petites marbrures brunes ou noirâtres, mêlées de taches et de points de la même couleur et quelquefois aussi de points blanchâtres, varient diversement le brun de la tête, du dos et des flancs; des taches et des points bruns diversifient aussi le gris des nageoires et y forment des espèces de bandes irrégulières plus ou moins obliques, plus ou moins serrées; les ventrales en ont moins que les autres, et quelquefois, au lieu de points bruns, elles en ont de blancs mats. Il y a en général un cercle de points bruns autour de l'œil, et quelques bandes en travers des mâchoires.

Nos plus grands individus n'ont que huit à neuf pouces.

Le foie du *cottus scorpius* est gros, formé d'un seul lobe, situé

---

1. Mémoires de l'Académie de Pétersbourg, t. **IV** (pour 1811), p. 273.

tout entier dans le côté gauche. Il est épais, triangulaire, de couleur rougeâtre. Son angle droit s'avance sous l'œsophage et donne attache à la vésicule, qui est petite, ovale et placée à droite de l'œsophage sur le pylore.

L'œsophage est large, très-court, et il se dilate en un large sac, arrondi en arrière, qui est l'estomac. Ses parois sont épaisses et grossièrement ridées à l'intérieur.

La branche montante, qui aboutit au pylore, est assez grosse, à parois fort épaisses. Il y a huit cœcums au pylore.

L'intestin fait deux replis courts avant de se rendre à l'anus. La rate est brune, fort petite et cachée entre les appendices cœcales.

Les laitances sont peu volumineuses; mais elles sont remarquables par leur couleur, noire comme de l'encre.

Les ovaires sont médiocres et également noirs. Les œufs sont extrêmement petits.

Il n'y a pas de vessie natatoire.

Les reins sont alongés depuis la tête jusqu'à l'anus; ils se détachent très-facilement, parce qu'il n'y a pas d'enfoncemens entre les côtes dans lesquels ils puissent entrer.

La vessie urinaire est simple, grande, et forme un assez grand sac, qui remonte vers le diaphragme entre les ovaires.

Nous avons trouvé dans l'estomac différens crustacés, tels que le *cancer pagurus*, le *cancer crangon*, etc.

Le squelette a trente-quatre ou trente-cinq vertèbres; douze ou treize abdominales et vingt-deux caudales, dont tous les corps, à compter du milieu de abdomen, sont comprimés latéralement et un peu plus hauts que longs. Les côtes sont grêles et assez courtes; les os du carpe larges, plats, et de forme à peu près carrée.

Le Chaboisseau de mer a longues épines.

(*Cottus bubalis*, Euphrasen.)

L'autre chaboisseau de nos côtes, celui qui a les épines plus longues, comparé soigneusement avec le premier, offre les différences suivantes :

L'intervalle des yeux est plus étroit et plus concave. Les deux crêtes du crâne sont plus rapprochées; l'espace qu'elles renferment est deux fois plus long que large : elles sont plus relevées, ont immédiatement derrière l'orbite de fines dentelures, sur le milieu de leur longueur une petite dent, et se terminent par une pointe tranchante et aiguë. La grande épine du préopercule fait le tiers et non le cinquième de la longueur de la tête. Il y en a une petite au milieu du bord inférieur de cet os, qui manque au chaboisseau commun. L'épine de l'opercule est âpre, celle de l'épaule a de petites dentelures fines et aiguës, qui se répètent sur les tubercules qui composent la ligne latérale, de manière qu'on en voit quatre ou cinq sur les premiers, et ensuite deux ou trois sur les autres. A la queue on n'en sent plus. Il n'y a que douze rayons à la deuxième dorsale, neuf à l'anale, dix à la caudale et seize aux pectorales. Les ventrales en ont de même quatre, qui sont réduits à trois par l'intime adhésion de l'épine au premier rayon mou.

D. 8 — 12; A. 9; C. 10; P. 16; V. 1/3.

Nous ne savons pas s'il y a quelquefois, comme dans le chaboisseau commun, des écailles épineuses éparses sur le corps. Nos individus n'en offrent aucunes.

Il ne paraît pas que les couleurs soient très-différentes de celles du précédent. Des individus rapportés frais de Granville par MM. Audouin et Milne Edwards, nous ont offert de grandes marbrures brunes sur le dos, et des teintes aurores et rosées sur le ventre.

Notre plus grand individu n'a que cinq pouces et demi. La plupart des autres n'en ont que trois ou quatre; mais il paraît que ceux de Tonning et de Schonevelde étaient un peu plus grands.

Les viscères du *cottus bubalis* diffèrent à peine de ceux du *scorpius*. Le foie est un peu plus arrondi, et les huit cœcums sont plus courts.

Cette espèce remarquable habite toutes nos côtes de l'Océan : nous l'avons vue et dessinée à Fécamp. M. Lamouroux nous en a envoyé un individu de Caen, et M. d'Orbigny un grand nombre de la Rochelle.

4.   16

On voit par Schonevelde, par Tonning et par Euphrasen, qu'elle habite aussi la mer du Nord et le Categat.[1]

---

1. Voici l'article d'Euphrasen à son sujet (Euphrasen, Nouveaux Mémoires de
l'Académie de Stockholm, t. VII, 1786, p. 65):

Cottus bubalis.

Capite spinoso scabroque bicorni.

*Corpus cotti scorpionis minus, compressiusculum a capite ad caudam sensim atte-
nuatum nudum, supra fuscum, subtus album.*

*Caput corpore latius, depressum, scabrum, spinosum, spinis plurimis, quarum duo
minores frontales ante oculos ad nares linea elevata distinctœ; duo nuchales magni-
tudine prœcedentium versus basin pinnœ dorsalis sitœ, ad oculos linea elevata, scabra,
decurrentes; laterales utrinque sex. In margine ossiculi anterioris quatuor, quarum
prima inferior acuta, deflexa; secunda, tertia intermediœ minores erectœ; quarta
superior maxima, subulata, cornu instar longitudine operculorum. In margine ossiculi
posterioris duo, quarum prima anterior acuta, antrorsum deflexa; secunda posterior
minor, retrorsum deflexa ab apice ossiculi posterioris ad basin linea elevata, scabra.*

Maxillœ œquales; superior duplicata.

Dentes plurimi setacei in maxillis palatoque.

Oculi verticales approximati rotundati, superciliis elevatis.

Lingua brevissima, lata, edentula.

Dorsum convexum, subdipterygium fuscum, maculis pallidis.

Latera convexa, albo fuscoque variegata.

Linea lateralis tuberculata, scabra, dorso parallela.

Abdomen convexiusculum album punctis rarioribus, lacteis adspersum.

Membrana branchiostega sexradiata.

*Pinnœ dorsales duo, membrana concurrentes; anterior radiis octo, posterior radiis
tredecim.*

Pectorales rotundatœ, albo nigroque variegatœ; radiis quindecim.

Ventrales subpectoralibus lineares nigro maculatœ; radiis quatuor.

Pinna analis albida, nigro maculata; radiis octo.

Caudalis rotundata, albo nigroque variegata; radiis decem.

Habitat in Oceano occidentali, in Kirkesund Bahusiœ.

Le Chaboisseau a quatre tubercules des mers septentrionales.

(*Cottus quadricornis,* Linn.[1])

Les auteurs du Nord, particulièrement Artedi[2], ont fait connaître un cotte de la mer Baltique, qu'ils nomment *cottus quadricornis,* et qui, bien qu'assez semblable à notre chaboisseau commun, en diffère par des caractères manifestement spécifiques, et principalement par quatre grosses tubérosités en forme de champignon à surface âpre et comme cariée, qui remplacent les quatre épines que le chaboisseau a sur le crâne.

D'ailleurs la tête de ce chaboisseau du Nord est plus large. Son crâne est plus large que long, il n'est point séparé des tempes par des crêtes : son premier sous-orbitaire est bien plus caverneux : il y a souvent sur le deuxième un petit aiguillon. L'angle du préopercule a trois épines, toutes les trois très-fortes, et dont les deux supérieures sont divisées et comme rompues à leur extrémité ; la première est plus longue et se recourbe un peu en dehors. L'épine de l'opercule et celle de l'os surscapulaire se recourbent également un peu ; cette dernière est grosse, et comme tronquée et divisée à sa pointe. Les écailles de la ligne latérale sont grosses, osseuses, coupées en rectangle , avec deux impressions concaves, l'une au-dessus de l'autre. Les écailles, ou tubercules accidentels, sont rondes, un peu relevées au milieu, et finement granulées en rayons ; mais elles n'ont pas de crochets. Il y en a une rangée au-dessus de la ligne latérale, et quelques-unes sont éparses au-dessous. Du reste, tout est pareil dans les deux espèces, à quelques légères diffé-

---

1. Bloch, pl. 108. (Copié dans l'Encyclopédie méthodique, planches d'ichtyologie, n.° 148.)

2. Artedi, *Spec.,* p. 84 à 86.

rences près dans les nombres des rayons, qui d'ailleurs sont assez variables dans ce genre.

D. 7 — 14; A. 15; C. 11; P. 17; V. 1/3.

Le foie du *cottus quadricornis* forme une grosse masse située en travers sous l'œsophage, qui descend un peu plus à gauche qu'à droite. Il est convexe en dessous, concave en dessus; ses bords amincis recouvrent un peu l'estomac et le pylore. La vésicule du fiel est petite, et cachée entre le foie et le duodénum.

L'œsophage est long et gros; il se prolonge, sans se rétrécir, jusqu'aux deux tiers de la cavité abdominale. L'estomac remonte ensuite jusque sur le bord postérieur du foie. Le pylore est marqué par un très-fort étranglement, entouré de six appendices cœcales, courtes et peu grosses. L'intestin fait ensuite deux replis; ses tuniques sont minces jusqu'au rectum, qui les a fortes et épaisses, et dont la veloutée est ridée longitudinalement.

La rate est grosse, ovale, aplatie, et située sur la branche montante de l'estomac.

Les ovaires étaient remplis d'œufs assez gros, nombreux, et ils occupaient presque la moitié postérieure de l'abdomen.

Il n'y a pas de vessie aérienne.

Les reins sont renflés et gros sous la tête et jusques entre les muscles propres de l'œsophage. Au-delà de ces muscles ils ne forment plus qu'un simple filet étroit de chaque côté de l'épine jusqu'auprès de l'anus, où ils se réunissent en un seul, qui débouche presque directement dans la fourche de la vessie urinaire. Cette vessie est grande; la corne droite est beaucoup plus grande et a ses parois bien plus minces que la corne gauche.

Pallas avertit dans ses Glanures [1] que les tubérosités qui doivent caractériser cette espèce n'existent pas toujours, et d'après des observations plus précises, il assure, dans sa Zoographie russe [2], que les jeunes individus, jusqu'à neuf

1. *Spic. zool.*, t. VIII, p. 25. — 2. P. 127.

pouces, n'en ont point encore, qu'il leur en vient ensuite
deux, et que les adultes seuls en ont quatre; mais il parle
de pouces anglais. Nous les voyons parfaitement développées dans un individu de huit pouces français du Muséum
royal des Pays-Bas.

Ce poisson a été regardé long-temps comme propre à la
mer Baltique, où il se prend aux embouchures des fleuves;
mais Pallas nous apprend qu'il se trouve abondamment
dans le lac Baïkal et dans toutes les rivières qui s'y jettent,
ainsi que dans le Iéniseï, jusqu'à la mer Glaciale, et qu'il
n'est pas moins fréquent dans les anses et les golfes du
Kamchatka et aux embouchures des rivières de cette
presqu'île.

Il atteint dix à douze pouces. Ses habitudes ressemblent
à celles du chaboisseau ordinaire, et l'on en fait tout aussi
peu de cas comme aliment.

————

Des Chaboisseaux étrangers.

On a vu que le chabot de rivière et le chaboisseau à
quatre tubercules s'étendent jusqu'au fond de la Sibérie.
Pallas[1] dit que l'on trouve également un chaboisseau tout
semblable au commun de l'Atlantique (*cottus scorpius*),
dans la Baltique, dans la mer Blanche et dans la mer Glaciale; mais il décrit ensuite sous le même nom un poisson
du Kamchatka fort différent, et son éditeur, M. Tilesius,
en ajoute, comme synonyme, à sa description, un autre,
encore plus différent, s'il est possible (son *cottus hemile-*

———

1. *Zoogr. rossic.*, t. III, p. 131.

pidotus); ce qui aurait pu produire une confusion presque inextricable, si d'heureuses circonstances n'avaient mis à notre disposition et l'individu de Pallas et celui de M. Tilesius, ce qui nous a rendu facile d'établir leurs caractères. Il y a d'ailleurs dans les deux Océans plusieurs autres espèces de chabots, faciles à caractériser; mais, jusqu'à présent, c'est dans les climats septentrionaux qu'on les a découverts, et il ne nous en est arrivé aucuns des parages de la zone torride.

Le GRAND CHABOISSEAU DU KAMCHATKA.

(*Cottus jaok*, nob.; *Cottus scorpius*, Pall.)

M. Lichtenstein a bien voulu nous confier l'individu qui a servi de sujet à Pallas pour la description de ce grand cotte du Kamchatka, qu'il croit de même espèce que notre *scorpius*[1] : nous l'avons comparé avec soin à nos individus d'Europe, et nous avons trouvé qu'il en a en effet plusieurs caractères, et notamment que les épines de son préopercule sont disposées de la même manière et dans les mêmes proportions; mais ses différences sont nombreuses.

Au lieu de tubercules, il a derrière l'œil, derrière le crâne et à la tempe, quelques légères granulations. Le long de son dos, au-dessus de la ligne latérale, est une rangée d'écailles tout autrement faites que celles qu'on voit quelquefois sur l'espèce d'Europe; elles sont rondes, un peu concaves : leur surface est chagrinée, et leur bord entouré tout autour de petites pointes minces, courtes et relevées, etc.; mais au-dessous de la ligne latérale il y en a quelques-unes de semblables à celles de notre espèce. La première dorsale est plus basse, plus courte, et je n'ai pu y découvrir que sept rayons; Pallas

---

1. *Zoogr. rossic.*, t. III, p. 131.

n'en compte même que six. La seconde en a quinze, et l'anale quatorze.   D. 7 — 15; A. 14.

Sa taille surpasse tout ce que l'on connaît de nos chaboisseaux d'Europe. L'individu que nous avons sous les yeux est long de vingt-un pouces. Pallas ajoute qu'il y en a de deux pieds. Ce grand naturaliste en décrit les couleurs comme il suit :

Le dos roussâtre, semé de petites taches brunes, irrégulières, inégalement serrées, et qui disparaissent par degrés au-dessous de la ligne latérale; le ventre blanchâtre; cinq bandes brunes, transverses, irrégulières sur la pectorale; la dorsale épineuse tachetée de brun, la molle marquée de quatre bandes verticales brunes; la caudale, de trois. Il y en a aussi trois sur l'anale.

Nous avons constaté sur l'individu sec les restes de ces différentes teintes, et nous y avons reconnu, ainsi que Pallas le dit lui-même, que les couleurs de cette espèce diffèrent encore plus que les formes de celles de nos mers.

Ce poisson est très-vivace; on a dit à Pallas qu'il subsiste hors de l'eau pendant deux jours, et même qu'après qu'on lui a enlevé ses entrailles et qu'on l'a suspendu à la fumée pour le sécher, il s'agite encore pendant quelques heures.

Son goût ressemble à celui des gades, et l'on fait avec les têtes d'excellent bouillon, comparable à celui du poulet.

Les noms de l'espèce sont, chez les Kamchadales, *jaok;* chez les Koriakes, *ilaal;* chez les Kouriles, *susiatki* et *keischag.* Les Russes du Kamchatka le nomment *ramscha,* et les Lamutes *takfchi.*

Nous devons faire remarquer ici que Pallas, à la suite de sa description de ce cotte[1], ajoute comme variété l'indica-

___

1. *Zoogr. rossic.*, t. III, p. 132, B.

tion d'un autre poisson, qui est assez différent, ne fût-ce
que par les nombres de ses rayons (D. 8/20; A. 15), et
qui, d'après les rangées d'écailles âpres qu'on lui attribue,
nous paraît appartenir bien plutôt à notre sous-genre des
hémilépidotes, ce qui est d'autant plus singulier, que le
même auteur décrit ensuite l'hémilépidote fort exactement
sous le nom de *cottus trachurus* : c'est probablement le
résultat d'une confusion de notes, telle qu'il ne s'en fait que
trop souvent dans les ouvrages qui ne paraissent qu'après
la mort de leurs auteurs.

M. Tilesius, dans un mémoire sur les poissons de Kamchatka, imprimé parmi ceux de l'Académie de Pétersbourg[1], a inséré, sous le titre de *myoxocephalus Stelleri*
et sans autre explication, une description très-détaillée,
laissée par Steller, qui porte bien sur un chaboisseau, et
sur un chaboisseau à dos souvent tuberculeux; mais,
malgré sa longueur, cette description ne s'étendant presque que sur des caractères génériques ou sur les couleurs,
il est difficile d'en reconnaître l'espèce. Les dimensions
ne s'y trouvent même pas; les nombres seuls des rayons
(D. 8 — 16; A. 13) semblent indiquer ce *jaok*. Steller
croyait son poisson identique avec le chaboisseau d'Europe. Les Russes, selon lui, le nomment *buik*, ou taureau,
ce qui est aussi le nom de notre chaboisseau ordinaire,
et les Kamchadales *jagho,* nom qui revient probablement
à celui de *jaok.*

Steller avait observé des tubercules sur des femelles et
les croyait un attribut de ce sexe, mais cela n'est probablement pas plus exact du *jaok* que du chaboisseau commun.

---

1. T. IV (1811), p. 273.

Le Cotte a tête très-épineuse.

(*Cottus polyacanthocephalus*, Pallas.)

Nous avons aussi examiné par nous-mêmes le poisson qui a été décrit par Pallas sous la dénomination un peu longue de *polyacanthocephalus*[1], et c'est le propre exemplaire de Pallas que nous avons eu sous les yeux, toujours par la complaisance de M. Lichtenstein. Il venait du cap Saint-Élie, sur la côte ouest de l'Amérique, par les 60° de latitude nord, et avait été pris par le capitaine Billings. C'est une espèce particulière, qui se rapproche un peu des caractères assignés au *quadricornis*, mais qui a les opercules mieux armés.

Sur le crâne, au lieu d'un tubercule derrière l'orbite et d'un autre à la crête occipitale, il n'a que des groupes de petites granulations pointues, nombreuses, irrégulièrement disposées en rayons; celui de derrière l'orbite est plus considérable. Un groupe semblable et moins régulier encore occupe le haut de la tempe. L'épine de l'opercule est à peu près comme dans le chaboisseau commun; la première de celles du préopercule est plus grande, et atteint presque aussi loin que celle de l'opercule. Pour tout le reste les proportions de ce poisson sont à peu près les mêmes que celles de notre chaboisseau ordinaire.

D. 10 — 1/14; A. 12; C. 15, et quelques petits; P. 17; V. 4.

Tout le dessus du corps est brun verdâtre, avec de petits points pâles, serrés; sur les flancs les points s'élargissent; en dessous tout paraît blanchâtre. La tête est mêlée de brun et de pâle, comme par nuages. Les nageoires ont des taches nuageuses brunâtres sur un fond blanchâtre, formant des espèces de bandes peu régulières.

La longueur de l'individu est de quatorze pouces. On n'y voit pas d'écailles épineuses.

---

1. *Zoogr. ross.*, p. 133, n.° 104, pl. 23.

4.

Le COTTE A TÊTE PLATE.

(*Cottus platycephalus*, Pall.)

Pallas décrit[1], sous le nom de *platycephalus*, un cotte
dont nous ne pouvons donner d'autre idée que celle qui
résulte de sa description, où quelques traits pourraient
même faire douter que ce soit un véritable cotte.

Sa longueur passe un pied; son ventre est plus gonflé que dans
les autres; sa tête, grande, aplatie horizontalement, et comme écrasée, est aussi large que le corps. La mâchoire supérieure est moins
avancée que l'autre, protractile, à double courbure; l'inférieure est
presque droite et fait seulement un angle très-obtus, qui répond à
une concavité du milieu de la supérieure. Les dents en cardes occupent une bande à chaque mâchoire, un arc au vomer et une ligne
à chaque palatin[2]. Les narines sont tubuleuses; les yeux médiocres,
rapprochés sur le vertex. Au-dessus des mâchoires, près des narines,
sont deux aiguillons convergens; derrière les yeux le vertex est
plan, bordé de chaque côté d'une carène, en avant de laquelle,
près de l'orbite, est un tubercule osseux; et à son arrière, sur la
nuque, des tubercules oblongs, terminés en arrière par un aiguillon court. Le préopercule a deux épines très-fortes, qui partent en
divergeant d'une seule base et se relèvent beaucoup : l'opercule a
une épine cachée dans sa membrane; et il y en a une autre au-dessus
de la fente branchiale, où commence la ligne latérale. Pallas ne
compte que cinq rayons aux ouïes. La queue est mince et ronde;
la ligne latérale droite, s'écartant près de la tête, se rapprochant
du dos, marquée par des traits alongés et fourchus en avant. Entre
elle et la dorsale est une série de verrues rondes, écartées, très-
rudes à leur surface : on en voit de semblables, mais plus petites,

---

1. *Zoogr. ross.*, p. 135, n.° 105.
2. C'est ce que l'on pourrait conclure de cette expression : *Area utrinque lineari;*
mais ce caractère l'éloignerait des cottes.

au-dessous de la ligne, mais seulement aux côtés de la queue. Les pectorales sont épaisses, grandes, en forme d'ailes ou de croissans, et ont quinze rayons, dont les inférieurs sont très-petits. Les ventrales en ont quatre, dont les internes sont les plus longs. La première dorsale, un peu éloignée de la tête, a sept rayons épineux, mais faibles; la deuxième est plus longue et a douze rayons mous. L'anale, qui lui est opposée, en a onze, aussi mous. La caudale est arrondie, et a dix rayons fourchus.

B. 5? D. 7—12; A. 11; C. 10; P. 15; V. 1/3.

M. Pallas en rapporte les couleurs d'après les notes laissées par Steller.

Sa tête est brune; son dos tire un peu sur l'olivâtre, et est varié de points et de petites lignes d'un jaune verdâtre, qui deviennent plus grandes vers les côtés, où le brun disparaît peu à peu. Il y a sous la queue des taches plus grandes. La gorge et le ventre sont d'un blanc jaunâtre. Les dorsales sont variées de brun sur un fond demi-transparent. La caudale est jaunâtre et a des bandes peu marquées d'un brun violâtre. Sur les pectorales sont des bandes alternatives d'un brun violâtre et d'un fauve un peu transparent. L'anale est variée des mêmes couleurs.

Il ajoute quelques détails anatomiques, tirés également des notes de Steller.

Le foie n'a qu'un lobe large et long, mais très-mince, de couleur orangée, où se trouvèrent plusieurs *tænia*. La vésicule du fiel était longue d'un pouce, sur deux lignes et demie de diamètre. On voit huit conduits cystiques, dont cinq vont directement à la vésicule, et trois s'unissent au canal cholédoque, à l'endroit où il pénètre dans la grande appendice du pylore. L'estomac, ample et fort, en forme de sac, long de trois pouces et large de deux, reçoit l'œsophage à gauche, et donne le pylore a droite. Six appendices entourent le pylore, et il y en a trois plus grandes que les trois autres. Les intestins sont disposés en spirale. La rate adhère à l'estomac en arrière, et a la forme d'un noyau de datte. Deux ovaires, longs chacun de deux pouces, vésiculeux intérieurement, s'unissent vers l'anale en un seul canal, etc.

Un autre individu, long de neuf pouces, que Pallas regarde comme un jeune de la même espèce,

était tout brun, presque noirâtre, avec de grandes taches jaunâtres sous le ventre; les pectorales plus fauves, avec des bandes noires; la caudale jaunâtre, avec deux bandes noires; les ventrales noires, tachetées de jaunâtre, ainsi que les dorsales. Les verrues rudes commencent dès la nuque: il y a cinq rayons à la première dorsale, quatorze à la seconde, et douze à l'anale.

D. 5 — 14; A. 12.

Si ces nombres sont exacts, il est bien impossible d'approuver le jugement de l'auteur sur son espèce.

Le GRAND CHABOISSEAU A DIX-HUIT ÉPINES DE L'AMÉRIQUE DU NORD.

(Cottus octodecimspinosus, Mitch.[1])

Willughby a le premier représenté ce poisson, et fort exactement, d'après un individu de la côte de Virginie, que lui avait procuré le célèbre Lister. Bloch et ceux qui l'ont suivi le regardent comme le même que le chaboisseau d'Europe, et ont mêlé l'histoire des deux espèces; mais c'est une erreur, dont nous avons été promptement détrompés, en examinant les individus d'Amérique que M. Milbert nous a procurés.

Ils surpassent d'un tiers nos plus grands échantillons du chaboisseau commun. Les crêtes de leur crâne, placées à la même distance

---

1. Transactions de New-York, t. IV, p. 380; *Cottus scorpius*, Schœpf, Écrits de la Société des naturalistes de Berlin, t. VIII, p. 145; *Scorpius virginianus*, Willughby, tab. X, 15.

que dans l'espèce commune, et encore moins saillantes par elles-
mêmes, ont au contraire des tubercules plus aigus, et en forme
d'épines crochues et comprimées. La grande épine du préopercule
est aussi longue à proportion que dans notre *bubalis;* sa pointe
atteint celle de l'opercule et même quelquefois celle de l'épaule,
ce qu'elle est loin de faire dans l'espèce commune. Cependant il n'y
a pas la petite épine au milieu du bord inférieur qui caractérise le
bubalis. Les épines de la première dorsale ne sont pas flexibles, mais
fortes et poignantes, et la nageoire qu'elles forment est plus élevée à
proportion dans sa partie antérieure.

Les nombres des rayons ne sont pas tout-à-fait les mêmes, surtout pour l'anale.

B. 6; D. 8 ou 9 — 1/15; A. 14; C. 12; P. 18; V. 1/3.

De grandes marbrures brunes ou noirâtres sont répandues sur le
dos de ce poisson, comme dans nos espèces d'Europe. Sa première
dorsale est presque noire, avec quelques taches nuageuses blanchâtres. Les autres nageoires sont blanches, avec des suites de taches
ou même de bandes assez larges, noirâtres. Sur la seconde dorsale
il y en a trois grandes obliques et une petite à la base antérieure,
toutes interrompues par des taches blanches. Celles de l'anale sont
plus mêlées. La caudale en a trois, et sur les pectorales il y en a jusqu'à six. Les ventrales n'ont qu'un peu de noirâtre entre leurs rayons.

Mais ces teintes varient singulièrement selon l'âge, le sexe ou les
saisons. M. de la Pilaye, qui a vu beaucoup de ces poissons à Terre-
Neuve, dit qu'il y en a de marbrés de noir, de blanc et d'orangé;
d'autres où c'est le jaune citron qui domine; d'autres qui paraissent
en entier d'un gris de fer plus ou moins foncé : et nous croyons en
effet apercevoir des restes de ces nuances sur les individus que nous
possédons.

Certains de ces poissons ont sur le dos et sur les flancs de petits
tubercules ronds et charnus comme de petites verrues, que d'autres
n'ont pas, ce qui me confirme dans l'idée que ces verrues sont une
production temporaire ou peut-être accidentelle.

Il y a de ces poissons qui atteignent quinze à dix-huit pouces.

Les viscères du chaboisseau d'Amérique diffèrent beaucoup aussi de ceux des chaboisseaux de nos mers.

Le foie en est grand, peu épais, d'une couleur grise assez foncée, et tout-à-fait situé dans le côté gauche. Une petite pointe s'étend sous l'œsophage. La vésicule du fiel est un peu alongée, mais extrêmement étroite. Le canal cholédoque et les vaisseaux hépato-cystiques sont gros, assez longs, et débouchent dans le duodénum tout auprès du pylore.

L'estomac est un grand sac dilaté et arrondi en arrière. Ses parois sont peu épaisses, et il n'y a de plis qu'auprès de l'ouverture du pylore. Cette ouverture est en dessous et un peu à droite de l'estomac. Le pylore est muni de six appendices cœcales tellement courtes, qu'elles ont l'air de franges; les deux du milieu sont d'une telle brièveté qu'à peine on les distingue. L'intestin fait cinq replis avant de se rendre à l'anus : le diamètre du duodénum est très-grand; l'intestin se rend ensuite jusqu'au rectum, qui est très-dilaté, et qui reçoit l'intestin un peu de côté.

La rate est ovale, assez grosse, très-noire, cachée sur les replis de l'intestin.

Les laitances sont médiocres, noires, comme celles de notre chaboisseau ordinaire.

Il n'y a pas de vessie natatoire. Celle qui reçoit l'urine, est profondément divisée en deux grosses cornes. Les reins sont rougeâtres, semblables à ceux du chaboisseau ordinaire.

On compte trente-six vertèbres au squelette, dont treize abdominales et vingt-trois caudales.

M. Mitchill a décrit cette espèce sous le nom de *cottus octodecimspinosus,* et elle a en effet neuf épines de chaque côté de la tête : une à la narine, une sur l'orbite, une sur la nuque, trois au préopercule, une à l'opercule et deux à l'épaule. L'auteur oublie même dans ce compte celle du sous-opercule. Ce nombre est au reste exactement le même dans notre *cottus scorpius.*

Selon M. Mitchill, on nomme ce cotte à New-York *pig-fish* (poisson-cochon), à cause du bruit qu'il fait quand on le tire de l'eau. Un autre de ses noms est *sculpin*. Schœpf, qui avait parlé de ce poisson, le croyant identique avec notre *scorpius*, dit aussi qu'il se nomme *scolping* et *sea-toad* (crapaud de mer). *Sculpin* et *scolping* sont probablement des corruptions de *scorpion*.

Le Chaboisseau du Groenland.

(*Cottus groenlandicus,* nob.[1])

D'après les nombres des rayons (B. 6; D. 10—17; A. 14; C. 17; P. 17; V. 3) et d'après les grandes épines de son préopercule, on pourrait croire que le cotte du Groënland que Fabricius a nommé *cottus scorpius,* est ce grand cotte des États-Unis; mais cet auteur ne compte que seize épines à sa tête et à son épaule, et ne lui donne sur le crâne que des tubercules obtus et scabres. Toujours ne peut-il être dans aucun cas, comme on l'a dit sur la foi de ce naturaliste, le chaboisseau commun.

Le dos, d'après Fabricius, est d'un brun verdâtre nuageux, quelquefois rougeâtre, rarement rouge; le ventre, dans le mâle, jaune, tacheté de blanc, et dans la femelle, tout blanc. Pour le reste, les descriptions faites par Artedi pour le *cottus quadricornis,* et par Tonning pour le *bubalis,* conviennent, dit l'auteur, à celui du Groënland.

Ce poisson est le plus abondant de tous dans les baies et les golfes de la côte du Groënland. Il se tient de préférence sur les fonds pierreux chargés de grandes algues,

---

1. *Cottus scorpius,* Fabricius, *Faun. groenl.,* p. 156, n.° 113.

se rapproche du rivage en été et s'en éloigne en hiver. C'est un animal très-vorace, qui fait sa proie de tout, poursuivant sans relâche les petits poissons, même ceux de son espèce, et ne négligeant ni les crustacés ni les vers. Très-vif, très-imprudent, il ne s'élève cependant guère vers la surface, si ce n'est quand il poursuit d'autres poissons. Il pond en Décembre et en Janvier, et dépose de nombreux œufs rouges sur les fucus. Les Groënlandais en font leur nourriture journalière et l'aiment beaucoup. Ils le mangent cuit ou séché, rarement cru; mais c'est ainsi qu'ils mangent ses œufs. Il leur sert aussi d'appât pour prendre les goëlands et les lagopèdes. Pour le prendre lui-même, il suffit du moindre objet attaché à l'hameçon.

Ces détails, tirés de Fabricius, ont servi en grande partie à composer l'histoire du chaboisseau d'Europe, telle qu'on la lit dans Bloch et dans ses copistes; mais l'identité des deux espèces se trouvant aujourd'hui plus que douteuse, il convient de la rendre à celle à laquelle elle appartient.

Les Groënlandais nomment ce poisson *kaniok, kanivinak*. Le mâle porte en particulier le nom de *kivake* ou de *milektursok*, et la femelle celui de *nariksok*.

Le PETIT CHABOISSEAU DU GROENLAND.

(*Cottus scorpioides*, Fabr.[1])

Nous trouvons encore dans Fabricius et dans Mitchill l'indication de deux cottes du nord de l'Amérique, qui doivent se rapprocher beaucoup de nos chaboisseaux d'Europe, et qu'il est nécessaire de leur comparer avant de les compter comme des espèces certaines.

---

1. *Cottus scorpioides*, Fabricius, *Faun. groenl.*, p. 157, n.° 114.

Celui de Fabricius, qu'il nomme *scorpioides,* est regardé par lui-même comme synonyme du *cottus quadricornis,* mais avec doute, parce qu'il lui trouvait sur la tête seulement quatre verrues et non des tubercules.

> Les épines de sa tête sont beaucoup plus courtes qu'au *cottus groenlandicus;* il lui manque celles du devant des yeux et celles de l'épaule : sa bouche est moins grande; ses yeux très-rapprochés et presque verticaux; ses pectorales très-larges et très-longues. Le dessus du corps est brun et nuageux; le ventre jaune. Une ligne blanche va des ventrales à l'anus. Le devant des ventrales et le bas des flancs sont tachetés de blanc. Le dessous de la tête, les dorsales, la caudale, ont des taches blanches et brunes; les pectorales et les ventrales sont d'un blanc jaunâtre. La femelle est plus brune et plus unie que le mâle.
>
> D. 10 — 15; A. 12; C. 15; P. 15; V. 3.

Si ces détails et ces nombres sont exacts, il est difficile que ce soit notre *cottus quadricornis.*

L'espèce grandit moins que le *cottus groenlandicus;* elle est plus rare, se tient sur les fonds limoneux, près de l'embouchure des fleuves, et dans les lieux où l'eau est moins salée.

Les Groënlandais la nomment *pokudlek, igarsok* et *akullikitsok.* Ce dernier nom lui est commun avec quelques autres poissons, notamment avec le *blennius punctatus.*

M. Mitchill croit le sien (*cottus Mitchilli*[1]) identique avec notre *cottus scorpius;* mais le peu qu'il en dit n'est pas suffisant pour le caractériser.

---

1. Transactions de New-York, t. IV, p. 381.

L'échantillon n'a que six pouces et est varié en dessus de brun et de blanc, et blanc en dessous. Ses épines sont moins saillantes qu'à l'*octodecimspinosus*. Ses nageoires ont des lignes de points ou de taches.

L'auteur ne donne pas même les nombres des rayons. Peut-être n'est-ce qu'un jeune de la grande espèce à dix-huit épines.

Le CHABOISSEAU BRONZÉ.

(*Cottus æneus*, Mitch.[1])

M. Mitchill en décrit un qui paraît un peu plus distinct, et qu'il nomme *cotte bronzé*. Nous le plaçons ici, mais en faisant remarquer que nous ne l'avons pas vu.

Ses épines du dessus de la tête sont moins distinctes qu'à l'*octodecimspinosus ;* mais le nombre total en est le même. Sa couleur est en dessus d'un brun pâle avec des taches rousses, au-dessous de la ligne latérale d'un jaunâtre bronzé ; le ventre est blanchâtre. La ligne latérale se sent au doigt, et au-dessous d'elle il y a des tubercules rudes. Les dorsales sont d'un brun clair avec des taches foncées, et les ventrales blanches avec les mêmes taches.

B. 6 ; D. 10 — 14 ; A. 10 ; C. 15 ; P. 15 ; V. 4.

Le CHABOISSEAU A BOIS DE CERF.

(*Cottus diceraus*, Pall.[2])

C'est la mer du Kamchatka qui nourrit l'espèce de cotte la plus singulière et la mieux caractérisée par ses longues épines dentées, qui l'ont fait comparer à un cerf.

---

1. *Brazen bullhead*, Mitch., Mém. de New-York, t. IV, p. 380.
2. *Nov. act. petrop.*, 1783, p. 354, pl. 10, fig. 7 ; *Synanceia cerous*, Tilesius, Mémoires de l'Académie de Pétersbourg, t. III, p. 278, pl. 13.

On la prend surtout aux ports de Saint-Pierre et Saint-Paul, et elle avait été décrite, il y a long-temps, par le laborieux Steller, dont les papiers sont demeurés ensevelis dans les archives de l'Académie de Pétersbourg. Elle était même inscrite sous le nom de Steller dans un catalogue manuscrit du Cabinet de Pétersbourg, dont Schneider a inséré quelques extraits dans le Système de Bloch[1]. Pallas en a publié, en 1783, la description, avec une figure médiocre, dans les *Nova acta* de cette année (p. 354), sous le nom de *cottus diceraus;* et M. Tilesius en a donné une autre, avec des figures détaillées et fort exactes, dans le tome III des Mémoires, qui est de 1811 (p. 278).

M. Tilesius fait de ce poisson une synancée et le nomme *synanceia cervus,* s'imaginant qu'il suffit d'avoir la tête difforme pour appartenir à ce genre; mais c'est un véritable *cottus,* dont la ressemblance est même tout-à-fait frappante avec le *cottus bubalis,* car on n'aurait qu'à se représenter celui-ci avec des épines préoperculaires encore plus longues et dentelées, pour se faire une idée assez juste du *cottus diceraus.*

Nous en jugeons d'autant plus sûrement, que M. Tilesius a eu la complaisance de nous envoyer un échantillon de ce poisson rare et singulier, que nous avons déposé au Cabinet du Roi.

Ses proportions sont les mêmes que dans le *cottus bubalis.* Les bords supérieurs de ses orbites, plus relevés, en rendent l'intervalle encore plus concave : après s'être abaissés en arrière, ils se continuent chacun en une arête qui se termine sur la nuque par une crête relevée, tranchante et pointue en arrière. Les deux petites épines nasales sont fort pointues. Le sous-orbitaire est âpre, et

---

1. *Cottus Stelleri, mira specie siluri et loricariœ.* Schn., *Syst.,* p. 63.

produit de son bord inférieur et antérieur deux petites pointes dentelées, qui croisent sur le maxillaire. La grande épine du préopercule égale les deux tiers de la longueur de la tête ; elle est âpre, forte, pointue, et son bord interne est armé de huit aiguillons recourbés vers sa base. Le bord inférieur du préopercule, qui dans cette espèce se trouve presque vertical, a trois épines, comme dans le *bubalis*, mais bien plus fortes ; une à la base externe de la grande ; une au milieu et une tout à son extrémité opposée à la grande épine. Cette dernière est dirigée en bas. L'arête de l'opercule est renflée et âpre ; mais se termine par une pointe courte et mousse. Le sous-opercule au contraire a vers le bas deux pointes plus saillantes que dans le *bubalis*. L'os de l'épaule a aussi une arête ou tubercule fort âpre ; mais celui du claviculaire est petit : ni l'un ni l'autre n'a d'épine proprement dite. La ligne latérale se marque par une suite de tubercules écailleux, saillans et âpres, qui rendent le corps anguleux dans cette direction ; mais le reste de la peau est lisse. Les nageoires sont disposées comme dans les autres cottes, et les deux dorsales bien séparées.

B. 6 ; D. 7 — 14 ou 15 ; A. 10 ; C. 12 ; P. 17 ; V. 1/3.

Le corps et les nageoires sont dans l'état sec d'un brun verdâtre, semé de points serrés, inégaux et en partie nuageux, de couleur noirâtre.

MM. Steller et Tilesius, qui ont vu le poisson frais, le décrivent comme agréablement marbré et ponctué de verdâtre et de rougeâtre sur un fond jaune ; le dos olivâtre, avec des taches d'un blanc jaunâtre, et le dessous blanc. Les nageoires ont tantôt des suites de points, tantôt des lignes continues.

Sa longueur ordinaire est de cinq ou six pouces.

Les Russes du Kamchatka le nomment *buitschok* (petit taureau), comme on nomme en Russie le chabot de rivière : ils l'appellent aussi *rogatka*.

Les Kouriles l'appellent *kcheiljucha*, ce qui signifie *grimace, face difforme*. Les hommes ne le mangent point ;

mais on le donne aux chiens, et on en fait des amas pour leur nourriture d'hiver.

Le Chaboisseau a bois de chevreuil.

(*Cottus pistilliger,* Pall.[1])

Le *cottus pistilliger* de Pallas participe un peu des caractères du *diceraus.* Nous devons aussi à M. Lichtenstein l'avantage d'avoir pu le décrire d'après nature.

La grande épine de l'angle de son préopercule ne dépasse pas l'opercule, et n'a que deux aiguillons au bord supérieur, l'un au milieu, l'autre près de la pointe. Il ne s'en voit aucun à son bord inférieur; mais celui du préopercule a trois fortes pointes dirigées obliquement en avant. Ses yeux sont très-rapprochés, et leur intervalle concave; le museau est un peu plus aigu que dans la plupart des autres. On voit deux petites pointes mousses derrière l'orbite et deux vers l'arrière du crâne. Les épines au-devant des narines sont aiguës. La ligne latérale est marquée par une rangée de tubercules âpres, dont le crâne est aussi très-garni; et il a sur le flanc, au-dessous de cette ligne, de petits filets terminés par une tête plus grosse, et semblables à de petits champignons.

D. 9 — 13; A. 16; C. 13; P. 18; V. 1/3.

Le dessus du corps est brun, avec des points peu marqués d'un brun plus foncé; le dessous est jaunâtre. Sur les nageoires dorsales sont des bandes obliques et irrégulières, brunes; trois sur l'antérieure, quatre sur la postérieure: les pectorales et la caudale ont chacune trois rangées transversales de points bruns. L'anale est toute blanchâtre.

Notre individu est long de cinq pouces.

Il vient du port d'Avatcha. L'espèce s'est trouvée aussi à l'île d'Unalashka, et c'est de ces deux endroits que l'on en avait envoyé des échantillons à Pallas.

---

1. *Zoogr. ross.,* t. III, p. 143, pl. 20, fig. 3 et 4.

Steller ne l'y avait point observée, et elle n'y a pas été vue non plus par M. Tilesius.

Le CHABOISSEAU A LONGUES VENTRALES.

(*Cottus ventralis*, nob.; *Cottus cephaloides*, Gray.)

M. Collée a rapporté au Muséum britannique plusieurs poissons de la mer du Kamchatka, que les conservateurs de ce célèbre établissement ont bien voulu permettre à M. Valenciennes de dessiner et de décrire pour notre ouvrage. Il se trouve dans le nombre deux espèces de chaboisseaux voisines des précédentes. Celle du présent article est surtout très-semblable au *cottus pistilliger*, et a de même

l'épine de son préopercule armée en dessus de deux pointes ou andouillers crochus, l'une près de la base, et l'autre, plus longue, au milieu. Cette épine n'atteint pas le bord de l'opercule. Sous celui du préopercule sont trois pointes, dont les deux premières dirigées en avant, la troisième en arrière. Il y a une petite épine en avant de l'œil, une pointe mousse, ou plutôt une tubérosité, de chaque côté de l'occiput. L'opercule a deux arêtes. La première dorsale, plus haute que la deuxième, et d'un quart seulement moins longue, n'a que des rayons faibles; les ventrales sont fort alongées, et atteignent au premier tiers de l'anale.

D. 9 — 13; A. 17; C. 9; P. 18; V. 1?/3.

La peau est nue et lisse; la ligne latérale est formée comme d'une suite de petits tubes lisses.

Le dos est brun, ponctué de noirâtre; le ventre blanc : quelques taches nuageuses marquent la jonction de ces deux couleurs. Les nageoires tirent sur l'orangé, et ont des points noirâtres sur leurs rayons.

L'individu décrit n'a que trois pouces et demi.

Le CHABOISSEAU PORTE-MASSUE

(*Cottus claviger,* nob.; *Cottus elegans,* Gray)

est une seconde espèce provenant de la même mer et par le même voyageur. Sa physionomie est très-distincte.

Elle a deux épines en avant de chaque orbite, l'arcade surci-lière très-haute, et séparée de celle de l'autre côté par un sillon profond. Tout le dessus de sa tête est chagriné. Son sous-orbitaire s'élargit en avant, et donne deux pointes, qui descendent sur le maxillaire : la partie de cet os articulée au préopercule est large et fort épineuse. Le préopercule donne de son angle une forte épine, dirigée en arrière, qui dépasse même la base de la pectorale, et a sa surface très-âpre, avec deux petites pointes plus fortes. Le bord montant de l'os est ridé et un peu dentelé en scie : il y a trois fortes épines à son bord inférieur; l'antérieure dirigée en avant, la posté-rieure en arrière, la mitoyenne presque droite. L'opercule est large, presque caché, et a le long de l'épine préoperculaire une carène relevée et épineuse : son bord inférieur a deux épines sous celles du préopercule. De l'arrière de l'occiput s'élèvent deux grosses pointes chagrinées, mousses, arrondies en massues, un peu cour-bées et comprimées. Les écailles de la ligne latérale sont relevées chacune d'un tubercule comprimé, à bord dentelé en scie. Les rayons des deux dorsales sont très-grêles; les ventrales sont petites et pointues. D. 6—13; A. 10? C. 11? P. 16; V. 1?/3.

Il y a trois lambeaux cutanés blanchâtres au-dessus de l'anale. La couleur est un brun foncé, disposé par bandes verticales, au nombre de trois ou quatre, sur un fond marbré de blanchâtre. Le ventre est blanc.

L'individu n'a que deux pouces et demi.

Il n'est pas possible de tenir compte dans un ouvrage tel que le nôtre du poisson intitulé dans la Zoographie russe *cottus villosus*, et dont on ne rapporte qu'une notice incomplète laissée par Steller, où il en est parlé en ces termes :

> Il a la taille, la forme et les dimensions du *cottus quadricornis*, et même ses intestins ; mais il répand une odeur désagréable de fumier : ses différences consistent dans une peau molle, lâche, de couleur de sable, couverte de villosités, comme la langue d'un veau. Sur la ligne latérale les villosités sont plus fortes et longues d'une ligne sur deux tiers de ligne de diamètre. Huit appendices cutanées molles, longues de trois lignes, divisées en deux ou trois lanières, adhèrent par intervalles égaux à sa mâchoire inférieure. Son ventre est blanchâtre, et son dos varié et maillé de brun.

Il avait été trouvé près du cap Kronok et de l'embouchure de l'Itscha.

Pallas se demande si ce n'est point le *cottus grunniens* ou notre *batrachus grunniens;* et en effet c'est peut-être là ce que l'on peut en dire de plus vraisemblable. Mais alors comment ressemble-t-il tant au *cottus quadricornis?* et comment un poisson des Indes remonte-t-il jusqu'au Kamchatka ? M. Tilesius prétend l'avoir trouvé une fois, mais n'avoir pu en faire qu'un dessin trop imparfait pour mériter d'être publié. Il faut donc attendre, pour le classer, que de nouveaux observateurs l'aient fait connaître plus exactement.

CHAPITRE VI.

*Des Aspidophores, Phalangistes ou Agonus,
autrement des Cottes à corps anguleux et
cuirassé.*

Plusieurs naturalistes ont eu presque en même temps
l'idée de séparer du grand genre des cottes quelques espèces qui, avec la plupart des caractères des cottes, notamment leurs rayons simples, leur tête déprimée, et six
rayons de leurs ouïes, ont encore une cuirasse formée par
plusieurs suites de grandes pièces osseuses, qui s'étendent
depuis leur nuque jusqu'au bout de leur queue, et font
ainsi de leur corps une pyramide alongée à plusieurs pans,
en sorte qu'à cet égard ils sont aux cottes ce que les malarmats ou péristédions sont aux trigles.

C'est cette subdivision des cottes qui a été désignée en
1801, par Bloch (*Syst.*, édit. de Schn., p. 104), sous le
nom d'*agonus;* en 1802 et 1803, par M. de Lacépède
(t. III, p. 221 et 226), sous ceux d'*aspidophore* et d'*aspidophoroïde,* et qui est indiquée sous celui de *phalan-
giste* dans la Zoographie russe de Pallas, ouvrage imprimé
depuis, mais non encore publié. Elle se justifie d'autant
mieux, que les espèces qui la composent manquent toutes
des dents de l'extrémité du vomer, qui se voient dans tous
les cottes: elles n'ont pas non plus de dents aux palatins.

Nos côtes de l'Océan en possèdent une espèce dont les
ichtyologistes du seizième siècle n'avaient pas parlé, mais
qui a été assez bien décrite et représentée en 1624 par

4.   19

Schonevelde [1], sous le nom de *cataphractus*. Il l'avait observée dans le Nordstrand, l'une de ces îles basses de la côte de Schleswig, et il assure que l'on en prend souvent aux embouchures de l'Elbe et de l'Eider. Depuis Schonevelde, Johnson en a vu sur les côtes d'Angleterre [2], où il est même commun selon Pennant [3]; Linnæus l'a observé dans le Categat [4], Olafsen en Islande [5], Othon Fabricius jusque dans le Groënland [6]. Il y en a quelques-uns dans la Baltique, selon Klein [7] et d'autres naturalistes [8]. Nous en prenons aussi quelquefois dans la Manche; et Brünnich, qui en avait vu dans les cabinets de Marseille, le croyait même de la Méditerranée, ce dont nous avons cependant quelque sujet de douter; car il ne s'est jamais trouvé dans les nombreux envois de poissons que nous avons reçus de cette mer.

On a été long-temps avant d'en connaître une seconde espèce. Ce fut Pallas qui la publia en 1769 dans ses *Spicilegia*, d'après un individu que Steller avait envoyé des îles Kouriles au Cabinet de Pétersbourg. Il la nomma *cottus japonicus*.

Bloch, en 1787, en donna une troisième, qu'il avait reçue de Tranquebar, son *cottus monopterygius* (pl. 178), remarquable parce qu'il n'a qu'une seule dorsale.

Une quatrième, l'*agonus decagonus*, parut dans son *Systema* (pl. 27). Il l'avait aussi reçue des Indes orientales.

Cependant l'infatigable Steller en avait décrit plusieurs

---

1. *Ichtyol.*, p. 31 et pl. 3. — 2. Willughby, p. 212. — 3. *Zool. brit.*, n.° 98. — 4. *Faun. suec.*, n.° 324. — 5. Voyage d'Olafsen et Powelsen, traduction française, t. III, p. 331. — 6. *Faun. groenl.*, p. 155. — 7. *Miss. IV*, p. 42. — 8. Georgii, *Russ.*, t. III, p. 1918.

autres dans cette mer du Kamchatka et du Japon, qui paraît si féconde en poissons de formes singulières; mais les observations de cet homme courageux et habile étaient demeurées enfouies dans les archives de l'Académie de Pétersbourg, et elles y seraient peut-être encore, quoique Pallas en ait profité pour sa Zoographie, si M. Tilesius, parcourant cette mer avec l'amiral Krusenstern, n'y avait retrouvé les mêmes espèces, et n'avait fait entrer des extraits des manuscrits de Steller et de l'ouvrage de Pallas dans l'histoire qu'il a publiée de tout ce genre en 1811[1]. Ce savant voyageur a bien voulu nous adresser pour le Cabinet du Roi une des espèces qu'il a recueillies, et nous en avons reçu deux autres de la complaisance de M. Lichtenstein. Ce sont, avec celle de nos côtes et une du Muséum britannique, les seules qu'il nous ait été possible d'observer en nature; en sorte que pour le reste du genre nous serons obligés de recourir aux observations des trois naturalistes que nous venons de citer, et à celles de Bloch.

L'ASPIDOPHORE D'EUROPE.

(*Aspidophorus europæus*, nob.; *Cottus cataphractus*, Linn., et Bl., pl. 39, fig. 3 et 4; *Aspidophore armé*, Lacép.)

L'aspidophore ou agonus d'Europe a le corps octogone, mince de l'arrière, large et un peu déprimé de l'avant. Sa hauteur, à la nuque, est six fois et demie dans sa longueur, et sa largeur, au même endroit, d'un opercule à l'autre, est double de sa hauteur. La longueur de sa tête est d'un quart moindre que sa largeur. Ses yeux sont plus près du bout du museau que de l'ouïe: ils regardent obliquement de côté; leur diamètre est d'un cinquième de la lon-

---

1. Dans le tome IV des Mémoires de l'Académie des sciences de Pétersbourg.

gueur de la tête, et ils sont écartés l'un de l'autre d'un de leurs
diamètres et demi; leur intervalle est un peu concave : le profil
en avant d'eux fait aussi une courbe concave, au bout de laquelle
le museau se relève et porte quatre petites épines; deux antérieures
obliquement dirigées en avant, et deux postérieures dirigées de
même en arrière. Le sous-orbitaire couvre entièrement la joue; il
a d'abord trois tubercules mousses à son bord inférieur antérieur,
et ensuite vis-à-vis de l'œil une petite crête terminée par une
épine couchée vers l'arrière. Le préopercule continue cette crête,
qui se termine à son angle par une autre épine semblable : c'est
entre ces deux épines préoperculaires que la tête est la plus large.
Le crâne a ses quatre crêtes ordinaires, mais larges, mousses et
peu saillantes : les internes partent des sourcils, les externes de
l'arrière de l'œil; celles de chaque côté se rapprochent en arrière :
les externes finissent par une pointe qui appartient au surscapulaire.
L'orifice antérieur de la narine est tubuleux et placé au côté de
la seconde épine du museau; l'autre est plus petit et tout près de
l'œil. La bouche s'ouvre sous le museau en arc transversal à peine
fendu jusque sous le devant de l'œil : elle est un peu protractile;
ses lèvres sont un peu charnues, et elle a des dents en velours très-
ras, sur une bande de largeur médiocre, à chaque mâchoire; mais
on n'en voit aucunes au palais ni sur la langue, qui est large, plate,
et a peu de liberté. L'opercule est petit, renforcé d'une légère arête
et terminé en pointe peu prononcée. L'ouverture des ouïes est
grande à cause de la largeur de la tête, et, quoique la membrane
ne soit pour ainsi dire nullement échancrée, mais aille transversalement d'une ouïe à l'autre, se fixant presque jusqu'au bord à
l'isthme. Ses rayons sont au nombre de six de chaque côté; toute
sa surface est garnie de petits tentacules charnus en forme de
soies, et il y en a aussi de semblables à l'angle des mâchoires et
le long de l'interopercule : le bout du museau en porte deux, et il
y en a un petit en avant de chaque orbite. La disposition des
écailles carénées qui cuirassent le corps n'est parfaitement octogone
que depuis l'anus jusque derrière la seconde dorsale et l'anale.
Plus en arrière, les deux séries supérieures de carènes et les deux

inférieures se réunissent en une seule; en sorte que la moitié postérieure de la queue est hexagone. Le tronc l'est aussi, parce que
la seconde série de chaque côté disparaît à peu près vis-à-vis l'anus
et qu'il n'y en a plus alors que six. La nuque même n'a que quelques petites écailles comme des pavés : c'est de là que part la série
supérieure. Les écailles qui la composent sont plus larges que longues ; leurs carènes, d'abord arrondies, deviennent ensuite plus
aiguës et un peu pointues en arrière. Il y en a vingt-une de chaque
côté jusque derrière la seconde dorsale, où elles s'unissent en une
seule série mitoyenne de douze écailles hexagones, carénées dans
leur milieu. La ligne latérale est d'abord parallèle à cette première
série ; vis-à-vis l'anus, où la seconde série commence, elle s'in-
fléchit pour régner ensuite en droite ligne jusqu'au bout de la
queue, partageant cette partie du côté en deux moitiés égales. La
seconde série d'écailles, qui ne commence que vis-à-vis l'anus,
en a vingt-six jusqu'à la caudale : ses carènes sont assez aiguës. La
troisième commence derrière la pectorale : jusque vis-à-vis l'anus
ses écailles sont plus larges que longues, et n'ont que des carènes
mousses ; ensuite elles deviennent hexagones et encore assez
mousses, et règnent sous la ligne latérale jusqu'à la caudale. Il y
en a neuf des premières et vingt-cinq des secondes. La quatrième
série commence sous la pectorale, et a aussi jusqu'au côté de l'anus
des écailles plus larges que longues, à carènes mousses, au nombre
de neuf. Aux côtés de l'anale elles deviennent plus étroites : il y
en a douze de telles ; puis ces quatrièmes séries latérales s'unissent
en une seule, composée de neuf écailles hexagones très-peu carénées, qui règnent jusqu'au bout de la queue. Les deux séries inférieures s'écartent l'une de l'autre en avant de l'anus, et entre leurs
six premières écailles il y a derrière les ventrales deux autres petites séries, chacune de cinq écailles plates. En avant des ventrales
il y a quatre de ces écailles plates, formant un carré, sur le côté
duquel, vers la base des pectorales, il y en a de chaque côté quatre
ou cinq petites. La ligne latérale se marque par une chaîne de
petites élevures tubuleuses entre les écailles des deux séries voisines. Toutes ces écailles sont dures, osseuses, légèrement granu-

lées, unies par une peau molle, qui leur laisse assez de liberté pour que le corps puisse se fléchir en tout sens.

Les pectorales de cet agonus sont arrondies, du cinquième de sa longueur totale, et ont quinze rayons articulés, mais non branchus. Les ventrales sortent précisément autant en avant que les pectorales, mais ne vont pas aussi loin en arrière. Elles sont pointues, et ne paraissent avoir que deux rayons, parce que l'épine s'attache intimement au premier rayon mou. La première dorsale commence après les quatrièmes écailles des séries supérieures, sur le tiers postérieur de la pectorale : elle est arrondie, moins haute que la partie du corps placée sous elle, et soutenue par cinq rayons flexibles, quoique non articulés. Sa membrane finit au pied de la seconde, à la douzième écaille. La seconde n'est pas plus haute, mais prend un peu plus d'espace en longueur ; elle finit sur la vingtième écaille, et a sept rayons simples, mais articulés. L'anale lui correspond absolument ; elle a aussi sept rayons et semblables. La portion de queue entre ces deux nageoires et la caudale n'est que trois fois et demie dans la longueur totale, mais sa hauteur y est près de vingt fois. La caudale est arrondie et a onze rayons ; sa longueur est le septième du total.

B. 6 ; D. 5 — 7 ; A. 7 ; C. 11 ; P. 15 ; V. 1/2.

L'aspidophore a le foie médiocre, composé d'un seul lobe, placé dans l'hypocondre gauche. Sa forme est ronde, convexe en dessous et concave en dessus sous l'estomac. La vésicule du fiel est très-petite ; le canal cholédoque est très-court. L'œsophage n'est pas fort long ; il est étroit, et il débouche dans un estomac assez large, déprimé, arrondi, dont les parois sont minces et sans plis en dedans.

Le pylore s'ouvre auprès du cardia, sans qu'il y ait de branche montante à l'estomac. Il y a cinq appendices cœcales.

L'intestin, après s'être contourné plusieurs fois sur lui-même, se rend à l'anus, en conservant un diamètre égal dans toute sa longueur. Ses parois sont très-minces. Je n'ai pas vu de traces de vessie natatoire. Les ovaires étaient pleins d'œufs petits comme de la fine graine de pavot. Ces sacs, rejetés sur l'arrière de l'abdomen, occupent à peine le tiers de sa longueur. L'estomac était rempli de petits crustacés.

A ce que nous avons déjà dit ci-dessus (p. 199) de l'histoire de cette espèce, nous ajouterons qu'elle se nomme en anglais *pogge*, en russe *lisitza* (renard), et dans le Nord *brodamus*; qu'elle se tient dans les lieux sablonneux, et qu'on ne la mange point. Il en existe plusieurs bonnes figures.[1]

Des Aspidophores étrangers.

Les recherches de Steller, de Bloch et de M. Tilesius ont fait connaître sept espèces de poissons, plus ou moins semblables à notre aspidophore d'Europe ; et nous en avons une huitième, due à M. Collée, chirurgien-major de la marine anglaise. Nous allons les décrire dans l'ordre de leur ressemblance, c'est-à-dire que nous commencerons par celles qui ont, comme la nôtre, les deux dorsales contiguës, et surtout par celle que son museau saillant et sa gorge barbue en rapprochent au plus haut degré.

L'ASPIDOPHORE ESTURGEON.

(*Agonus acipenserinus*, Til.; *Phalangistes acipenserinus*, Pall.)

Cette espèce ressemble tellement à l'aspidophore d'Europe, que Steller, éloigné comme il était de tout objet de comparaison, la soupçonnait d'être la même. Elle en diffère cependant par des caractères assez nombreux, et dont quelques-uns sont très-frappans.

---

1. Outre Schonevelde et Bloch (*loc. cit.*), on en a dans Seba (t. III, pl. 28, fig. 6), dans Pennant (pl. 39), dans Donovan (t. III, pl. 16), etc.

Sa tête est moins large; son museau plus mince, plus saillant;
son corps plus alongé : les arêtes de son museau et de son crâne
sont plus prononcées; les crêtes de toutes ses écailles, même du
commencement de ses rangées supérieures, sont aiguës et terminées en pointes crochues : une ou deux pointes se montrent au-
dessus de chaque orbite; ses sous-orbitaires et ses préopercules
sont striés en rayons, et font, à quelques égards, ressembler sa tête
à celle d'un trigle. Je ne vois point de soies à sa membrane branchiostège; mais il y en a un grand nombre de longues et serrées
sous les angles de la bouche et sous le museau, qui fait une plus
grande saillie en avant de la bouche. La poitrine, en avant des
ventrales, est garnie de plaques nombreuses, polygones, striées en
étoile, et non pas seulement de quatre formant un carré. La première dorsale, enfin, a quatre rayons de plus.

B. 6; D. 9—8; A. 8; C. 11; P. 17; V. 1/2.

La teinte générale de ce poisson est un gris-jaunâtre pâle, plus
brun en dessus : des lignes transversales brunâtres, ondulées, se
montrent dans les intervalles des écailles.

Sa longueur ordinaire est de neuf à dix pouces.

Cette description est faite d'après un individu desséché
du cabinet de Pallas, dont nous avons dû la communication à M. Lichtenstein; elle s'accorde avec les figures que
M. Tilesius[1] a publiées et accompagnées d'un extrait de
l'article de M. Pallas[2] sur le même poisson, ainsi qu'avec
l'article lui-même, tel qu'on le trouve dans la Zoographie
russe.[3]

Dans un autre extrait, tiré des papiers de Steller[4], il est
dit que les individus pris dans l'archipel des Kouriles ont
la tête plus déprimée, les orbites plus saillans, les sept pre-

---

1. Mémoires de l'Académie de Pétersbourg, t. IV (1811), pl. 11. — 2. *Ibid.*,
p. 422. — 3. *Zoogr. ross*, p. 110. — 4. Mémoires de l'Académie de Pétersbourg,
t. IV (1811), p. 425.

mières écailles de chaque côté du dos moins proéminentes. Ce pourrait bien être là une espèce encore plus semblable à la nôtre que celle que M. Tilesius a dessinée.

Cette dernière vit plus au nord ; elle est commune autour de l'île d'Unalashka et sur les côtes du Kamchatka. Les Russes de ces contrées la nomment, ainsi que les autres espèces du genre, *lisitza*, c'est-à-dire *renard* ; les habitans des îles Aleutiennes l'appellent *koschadanguisch*. On trouve souvent sur le rivage des individus morts et rejetés par les flots.

Les autres aspidophores à dorsales rapprochées ont la mâchoire inférieure plus avancée que la supérieure ; leur museau ne fait point saillie en avant de leur bouche et ne porte pas d'épines.

On en connaît trois espèces.

L'Aspidophore dodécaèdre.

(*Agonus dodecaedrus*, Til., Acad. de Pétersb., Mém., t. IV, pl. 13 ; *Phalangistes loricatus*, Pall., *Zoogr. ross.*, t. III, p. 114.)

Nous avons aussi pour cette espèce l'avantage de pouvoir consulter, non-seulement les descriptions de Pallas et de M. Tilesius, mais un individu de l'animal lui-même, qui nous a été adressé par ce dernier naturaliste.

Il est plus alongé, moins renflé vers la nuque que notre espèce d'Europe. Sa hauteur, à la nuque, fait le neuvième de sa longueur totale et les trois quarts de sa largeur au même endroit. Sa tête a un peu plus du sixième de la longueur totale ; elle est déprimée : sa largeur, à l'arrière du crâne, est des trois quarts de sa longueur.

4.   20

L'œil occupe le quart de cette longueur et le museau un autre quart. Les deux yeux sont séparés par un espace à peu près égal à leur diamètre ; le museau est déprimé, court, obtus ; la mâchoire supérieure est presque verticale ; l'inférieure se recourbe pour se porter au-devant d'elle : l'épine nasale est à peine visible. Le sous-orbitaire antérieur a à son bord inférieur deux petites épines qui se recourbent en arrière ; celui du grand sous-orbitaire est en ligne droite, et cet os va gagner le haut du préopercule, laissant entre lui et le bord horizontal du préopercule la moitié inférieure de la joue sans protection. Le bord du préopercule est arrondi ; à sa partie supérieure il a une arête terminée par une épine dirigée en arrière : deux dents plus petites, plates, dirigées obliquement en bas et en avant, sont placées au-dessous de l'épine. Le crâne a les quatre arêtes mousses ordinaires, dont les externes se continuent sur les os surscapulaires. L'ouïe est bien ouverte ; la membrane assez échancrée, sans aucunes soies : il y a un assez grand espace entre l'ouïe et la pectorale. Les huit rangées d'écailles et d'arêtes se continuent dans cette espèce jusque très-près de la queue, et la crête de chaque arête se termine par une petite dent. On pourrait donc dire que ce poisson est octogone, comme les autres ; mais la première série fait sur une partie de sa longueur un angle avec la seconde, et la troisième en fait un avec la quatrième. Ce sont ces angles longitu-, dinaux, beaucoup plus obtus que les autres, qui ont pu justifier jusqu'à un certain point l'épithète de *dodécaèdre*, que M. Tilesius a jugé à propos de substituer à celle de *loricatus*, que Pallas avait donnée à cette espèce. Il est vrai que cette dernière n'exprime qu'un caractère commun à tout le genre. Le nombre des écailles de la première rangée est de quarante. Ce n'est qu'à la trente-cinquième qu'elle s'unit à celle de l'autre côté, et que la queue devient hexagone. La ligne latérale se marque entre la troisième et la quatrième rangée par une série particulière, composée de petites écailles ovales, relevées chacune d'une petite arête. La poitrine et l'espace entre l'ouïe et la pectorale sont garnis de petites écailles polygones, irrégulières, bombées dans leur milieu. La longueur des pectorales est du cinquième du total ; les ventrales sont de moitié plus courtes. La première dorsale commence à la neuvième écaille, sur le milieu de la pectorale; la seconde à la vingt-deuxième. L'anale prend beaucoup plus d'espace en avant et en arrière que cette deuxième dorsale.

$$B.\ 6;\ D.\ 11-7;\ A.\ 15;\ C.\ 11;\ P.\ 15;\ V.\ 1/2.$$

Ce poisson paraît en dessus d'un brun jaunâtre, plus pâle en dessous. On voit sur sa pectorale quatre ou cinq suites transversales de points bruns : des taches brunâtres forment une suite le long du milieu de ses dorsales, dont le bord est aussi teint de brun. La caudale a des points bruns, comme la pectorale.

Cette espèce arrive d'ordinaire à une longueur de sept pouces. Elle est fort commune dans les mers orientales. Les Russes l'appellent, comme les autres, *lisitza,* et les Kamchadales *kulna.*

*L'*Aspidophore a museau étroit.

(*Agonus rostratus,* Til., Acad. de Pétersb., Mém., t. IV, pl. 14; *Phalangistes fusiformis, id. in* Pall. Zoogr. ross., t. III, p. 116.)

M. Tilesius nomme cet aspidophore *agonus rostratus,* non parce qu'il aurait un bec, mais parce que sa tête et son museau se rétrécissent plus que dans les autres.

Son corps est aussi plus alongé que dans l'espèce d'Europe, et sa queue surtout est très-mince. C'est entre les pectorales qu'il est le plus gros; en sorte qu'il a un peu la forme d'un fuseau. Sa bouche est fendue obliquement sur le bout du museau, et il s'en faut bien qu'elle aille jusque sous l'œil. Son profil est rectiligne; son crâne plat; ses yeux saillans en dessus. Il n'y a point d'épines à son orbite; mais son préopercule en a trois assez fortes à son bord montant, et il y en a deux au bord inférieur du grand sous-orbitaire.

Ce poisson est octogone au tronc et hexagone à la queue, à peu près de la même manière que l'espèce d'Europe : mais ses écailles sont plus nombreuses : il y en a au moins quarante à chaque rangée supérieure, depuis la nuque jusqu'à l'endroit où elles se réunissent, et les nombres des autres rangées sont à proportion. Les supérieures ont des arêtes assez aiguës ; celles des inférieures sont mousses. Les deux rangées qui garnissent l'abdomen sont réunies par une membrane susceptible d'extension, et qui se dilate sans doute lorsque les ovaires se gonflent. La poitrine est garnie de nombreuses écailles polygones, comme dans l'aspidophore esturgeon et dans le dodécaèdre. Il n'y a point de soies sous la membrane branchiostège. Les pectorales sont plus longues et les dorsales plus en arrière que dans les deux précédens ; les rayons inférieurs des pectorales sont plus gros que les autres : l'anale, qui est aussi plus longue que la seconde dorsale, commence sous le milieu de la première.

B. 6 ; D. 8 — 8 ; A. 13 ; C. 10 ; P. 14 ; V. 1/2.

Cette espèce surpasse les deux précédentes par la taille. M. Tilesius, qui en a rencontré beaucoup d'individus près de l'île de Sagalien et dans le golfe d'Aniva, en représente un de dix pouces. Steller et Merk en avaient envoyé précédemment quelques-uns des îles Kouriles au Cabinet de Pétersbourg ; mais ni ces observateurs ni Pallas n'en avaient laissé de description, en sorte que c'est à M. Tilesius seul que le public en doit la connaissance.

L'ASPIDOPHORE LISSE.

(*Agonus lævigatus*, Til.[1] ; *Syngnathus segaliensis, idem.*[2])

On ne connaît aussi cette espèce que par deux articles que M. Tilesius a publiés à son sujet dans les Mémoires

----

1. Mémoires de l'Académie de Pétersbourg, t. IV, p. 436. — 2. Mémoires de la Société impériale des naturalistes de Moscou, t. II, p. 216, pl. 14.

de la Société des naturalistes de Moscou et dans ceux de l'Académie dé Pétersbourg.

Elle ressemble beaucoup à l'aspidophore à museau étroit; mais sa queue est moins alongée. D'après la figure de M. Tilesius, son œil serait plus près de la nuque que du bout du museau, et l'on verrait deux épines au bord du sous-orbitaire; mais sa description semble en indiquer deux de plus sur l'orbite en arrière. Selon cette même figure, le corps et la queue seraient également octogones. Son tronc est un peu déprimé; ses nageoires sont très-frêles; les pectorales sont grandes; les deux dorsales se touchent; l'anale surpasse la seconde dorsale en longueur : il n'y a aucunes soies sous la gorge. L'auteur ajoute qu'il n'y a pas de dents aux mâchoires, et que sa membrane branchiostège a sept rayons; mais je pense qu'il y a lieu de douter de ces deux assertions.

D. 7 — 8; A. 12; C. 10 (11?); P. 14; V. 1/2.

A l'état frais, ce poisson est brun-jaunâtre, plus pâle sous le ventre; ses nageoires ont des bandes de taches brunâtres : sa taille ordinaire est de sept pouces.

Plusieurs individus de cette espèce furent trouvés par des officiers de l'équipage de M. de Krusenstern sur les bords de la mer dans la baie nommée par la Peyrouse *de la Patience,* dans l'île de Sagalien ou de Jesso.

———

Nous passons maintenant aux aspidophores à dorsales éloignées l'une de l'autre : on en connaît trois espèces, et toutes les trois ont les mâchoires égales et les rayons de la première dorsale robustes.

*L'*ASPIDOPHORE HAUTS SOURCILS.

(*Aspidophorus superciliosus,* nob.; *Cottus japonicus* et *Phalangistes japonicus,* Pall.; *Agonus japonicus,* Bl. Schn.; *Aspidophore japonais,* Lacép.)

La plus anciennement connue vient aussi du nord de
l'océan Pacifique. Elle a été décrite et représentée par
Pallas, dans ses *Spicilegia* (7.ᵉ cahier, p. 31 et pl. 5),
d'après un individu desséché que Steller avait trouvé en
Juin 1743 sur le rivage d'une des îles Kouriles [1], et qu'il
s'était empressé d'envoyer à Pétersbourg; Pallas l'a nommée *cottus japonicus,* parce que, selon la note de Steller,
jointe à l'échantillon, elle devait être plus commune vers
le sud, nommément au Japon; mais M. Tilesius assure [2]
qu'il n'en a point vu sur les côtes du Japon, et il aime-
rait mieux qu'on l'appelât *agonus curilicus.* Du reste, il
se borne à copier la description de Pallas, mais il joint
ensuite sous son *agonus stegophtalmus,* celle de Steller;
et c'est d'après les deux que nous avons rédigé la nôtre.

Cet aspidophore japonais, ou des Kouriles, s'il est un peu déprimé à la nuque, est comprimé sur la plus grande partie du
corps et de la queue. Sa hauteur, à la nuque, est du sixième de
la longueur totale, et sa tête en fait plus du cinquième. Il y a
au-dessus de chaque œil une proéminence osseuse, plate, triangulaire, dirigée obliquement en dehors et en haut, qui garantit l'œil
comme ferait un auvent, et empêche qu'on ne le voie quand on
regarde en dessus la tête du poisson. Cette tête, assez étroite jusque
vers la tempe, s'élargit entre les opercules. La mâchoire inférieure

---

1. C'est ce que nous apprend la note de Steller publiée par M. Tilesius (Mém.
de l'Acad. de Pétersbourg, t. IV, 1811, p. 431).

2. Mémoires de l'Académie de Pétersbourg, t. IV, p. 416.

dépasse à peine l'autre. On voit peu d'inégalités sur le crâne : une petite épine nasale se montre vers le bout du museau. Le sous-orbitaire antérieur a deux ou trois petites épines en avant, à la première desquelles s'attache un petit barbillon ; le postérieur couvre presque toute la joue ; son centre est bombé. Trois tubercules mousses hérissent le bord horizontal du préopercule, dont l'angle a aussi un fort tubercule ; il y a un angle saillant à son bord montant : l'opercule finit aussi en angle. La membrane des ouïes est rude, mais non garnie de soies ; ses rayons sont au nombre de six. De chaque côté du corps règnent quatre rangées d'écailles ou de plaques plus larges que longues, pyramidales, c'est-à-dire saillantes dans leur milieu, striées en rayons ; deux sont au-dessus, deux au-dessous de la ligne latérale : celle-ci forme jusqu'au droit de l'anus une cinquième rangée d'écailles semblables, mais plus petites. En supposant la figure exacte sur ce point, on compterait quarante-cinq plaques par rangée. Le dessous de la poitrine, et même en partie celui du ventre, n'est garni que d'une peau rude ou plutôt grenue comme du maroquin, sur laquelle sont éparses de petites écailles : il y a aussi quelques-unes de ces petites écailles sur la nuque. L'anus est au tiers antérieur et en forme de fente. Les pectorales se rapprochent de l'ouïe plus que dans les espèces à dorsales contiguës ; leur longueur est du cinquième de la longueur totale, et leurs rayons, au nombre de douze, tous simples : elles sont arrondies. Les ventrales sont comme dans le reste du genre, et n'ont guère que la moitié de la longueur des pectorales. La première dorsale commence immédiatement derrière la nuque, et ne s'étend pas plus loin en arrière que les pectorales (jusque sur la huitième plaque) ; elle a six rayons pointus, forts, tranchans à chaque côté de leur base, unis par une membrane épaisse, qui est rude : sa hauteur est des deux tiers de celle du corps au-dessous d'elle. La seconde en est séparée par un espace plus long que l'une et l'autre (de sept ou huit plaques), et s'élève un peu moins. Elle a sept rayons articulés, mais non rameux. L'anale est sous la deuxième dorsale, mais s'étend un peu plus en avant ; elle a huit rayons simples, mais articulés, dont le premier est le plus long. La membrane est échancrée entre eux et entre ces deux nageoires, et la caudale est un espace qui fait le quart de la longueur totale. La caudale est de forme ovale, longue comme le sixième du total ou un peu plus, et a douze rayons (ou plutôt onze), et seize, en comptant les petits de ses deux bords, comme l'ont fait Steller et M. Tilesius. Tous les rayons des nageoires sont très-rudes.

La couleur de ce poisson, à l'état frais, d'après les notes de Steller, est d'un brun jaunâtre semblable à celui de l'ivoire vieilli : une tache brune s'étend de la nuque vers les orbites et les opercules ; une ligne brune va obliquement de la première dorsale aux pectorales. Derrière celle-là en est une autre, fourchue ; une bande plus large est sous la seconde dorsale, et il y en a quelques autres sur la queue. Toutes les nageoires ont des lignes transversales brunes.

Sa longueur ordinaire est d'un pied ou environ.

M. Tilesius a décrit et représenté sous le nom de *stegophtalmus* (toit sur l'œil)[1], un aspidophore dont la ressemblance avec celui de Pallas est frappante ; et même il lui rapporte une description extraite des papiers de Steller, qui est évidemment celle qui accompagnait l'individu publié par Pallas, car on y retrouve exactement les passages que Pallas a cités.

Les seules différences que l'on aperçoive dans la description de M. Tilesius, qui est en grande partie calquée sur celle que Pallas a donnée de son *cottus japonicus*, sont,

1.° Deux très-petits barbillons aux côtés de la mâchoire inférieure ; 2.° quatre papilles arrondies et plates de chaque côté sur la membrane d'entre les branches de cette mâchoire ; 3.° des plaques non striées.

---

1. *Agonus stegophtalmus*, Tilesius (Mémoires de l'Académie de Pétersbourg, t. IV, p. 427, pl. 12).

Mais si l'on réfléchit que M. Tilesius a décrit un individu frais, et que celui de Pallas était desséché, on se
rendra aisément compte de ces différences. M. Tilesius
l'avoue lui-même (p. 435) relativement aux stries des
écailles. Je pense donc que M. Tilesius aurait bien fait de
conserver l'opinion qu'il avait eue d'abord dans les Mémoires des naturalistes de Moscou (t. II, p. 219 et 220),
savoir, que son *agonus stegophtalmus* et le *cottus japonicus* de Pallas ne forment qu'une espèce.

La couleur de son poisson était jaunâtre, plus brune vers le
dos, variée de bandes brunes et de taches blanches, quelquefois
teintes de violet.

La figure qu'il en a publiée dans les Mémoires de Pétersbourg (t. IV, pl. 12) marque surtout

une bande brune chargée de taches blanchâtres en travers de la
pectorale. Il y a aussi de ces taches sur les dorsales et sur la caudale.

Mais il en a donné une autre dans le Voyage de Krusenstern (pl. 87), sous le nom de *japonicus,*

où l'on voit sur la pectorale des bandes plus nombreuses (cinq
ou six), d'un brun roux, avec des points bruns, et sur la caudale,
des lignes de points bruns; elle répond par conséquent encore davantage aux descriptions de Steller et de Pallas.

Ce qui nous étonne, c'est qu'il ait pu donner deux
figures aussi différentes d'un poisson dont il n'a vu, dit-il[1],
qu'un seul individu, pris le 30 Juillet 1805. Il fut retiré
au moyen de filets avec beaucoup d'autres animaux marins de toutes les classes, sur un fond argileux et sablonneux dans le golfe de la Patience de l'île de Sagalien. Dans

____

1. Mémoires de l'Académie de Pétersbourg, t. IV, p. 428.

les Mémoires de Moscou (t. II, p. 219), M. Tilesius dit
qu'il était comme collé à une pierre blanche, à laquelle il
adhérait par la gorge, et que ce fut en recherchant les
moyens par lesquels s'opérait cette adhésion, qu'il décou-
vrit les suçoirs de la gorge; suçoirs, ajoute-t-il, que le
dessin de Pallas indique, mais dont sa description ne
parle pas.[1]

L'ASPIDOPHORE A QUATRE CORNES.

(*Aspidophorus quadricornis*, nob.)

M. Collée, chirurgien de la marine royale d'Angleterre,
a rapporté du Kamchatka, et donné au Muséum britannique, un aspidophore dont l'espèce nous paraît nouvelle.
Nous en donnons la description d'après la figure et les
notes que M. Valenciennes en a prises sur nature.

Il est plus court et plus gros à proportion que l'espèce précédente, et a de même le museau court et la bouche fendue à son
extrémité. Ses mâchoires ont des dents en cardes fines; mais il n'y
en a ni au vomer ni aux palatins. Son œil est grand et très-élevé, en
sorte que l'intervalle des deux sourcils est fort concave : il y a un
tubercule saillant sur l'arrière du sourcil, et un autre de chaque
côté sur l'arrière de l'occiput, qui lui font comme quatre cornes.
Le sous-orbitaire antérieur est quadrangulaire et un peu caverneux,
et relevé de trois arêtes divergentes; le supérieur est rond, et porte
un fort tubercule conique, strié en rayons. Un préopercule étroit
donne deux forts tubercules de son angle et deux de son bord
inférieur; l'opercule triangulaire n'en a que trois petits le long

---

1. Ce n'est qu'en comparant péniblement les articles et les figures donnés par
M. Tilesius, en 1809 dans les Mémoires de Moscou, en 1811 dans ceux de Pétersbourg, et en 1813 dans le Voyage de Krusenstern, que nous avons reconnu qu'il
parle du même poisson; car lui-même n'en fait pas faire la remarque à ses lecteurs.

de son bord : il y en a un petit couché sur le surscapulaire, et un très-élevé, arrondi en massue sur le scapulaire.

Tout le corps est couvert de boucliers minces en forme de losanges, tous striés en rayons qui partent de la base d'un tubercule central. Le tubercule des deux premiers de la rangée au-dessus de la pectorale est aussi saillant que celui du scapulaire. Ceux des quatre autres rangées sont plus plats et plus arrondis.

Dans l'espèce précédente les deux dorsales sont presque égales ; dans celle-ci l'antérieure est double de la postérieure en longueur, et d'un tiers plus haute : elle a les deux tiers de la hauteur du corps. Ses épines sont fortes, et les deux premières fort rudes. Tous les rayons mous sont simples, quoique articulés : ceux du milieu de la pectorale se prolongent en filets au-delà de la membrane. La caudale est médiocre et arrondie.

D. 9 — 1/5 ; A. 10 ; C. 12 ; P. 12 ; V. 1/3.

L'individu est long de trois pouces et demi.
Son séjour dans la liqueur l'a décoloré.

L'ASPIDOPHORE A DIX PANS.

(*Aspidophorus decagonus*, nob. ; *Agonus decagonus*, Bl.)

Une troisième espèce d'aspidophore à dorsales éloignées a été publiée par Bloch, dans son *Systema* (p. 105 et pl. 27). Il la nomme *agonus decagonus*, et dit qu'elle vient des Indes orientales.

Elle a la tête moins grande et le corps plus alongé que les précédentes. L'auteur dit que le tronc a dix angles et la queue six. Les épines de ses écailles sont plus aiguës. On lui en voit une de chaque côté, sur la nuque, et une sur chaque orbite. Le bord inférieur de son préopercule paraît aussi en avoir deux ou trois. La poitrine paraît garnie de petites écailles plates ; mais la figure, probablement faite d'après le sec, ne montre point de suçoirs. Le graveur a donné à la ventrale de petits rayons libres, dont il n'est pas fait mention dans le texte.

B. 6; D. 6—7; A. 8; C. 12; P. 18; V. 1/2.

La couleur de ce poisson paraît jaunâtre, avec cinq ou six bandes transversales noirâtres. Ses pectorales et sa caudale sont grandes, arrondies, brunes, avec des bandes transversales noires.

C'est tout ce que nous pouvons dire, d'après Bloch, d'une espèce que nous n'avons pas vue, mais qui nous paraît bien réellement distincte. Il reste à savoir si elle vient véritablement du pays que lui assigne cet auteur.

———

L'ASPIDOPHORE A UNE SEULE DORSALE.

(*Agonus monopterygius*, Bl. Schn.; *Aspidophoroïde Tranquebar*, Lacép.)

A la suite de ces aspidophores à deux dorsales doit venir celui qui n'en a qu'une, le *cottus* ou *agonus monopterygius* de Bloch (pl. 178, fig. 1 et 2), dont M. de Lacépède a fait son *aspidophoroïde Tranquebar.*

Ce poisson, qui avait été adressé de Tranquebar à Bloch par le docteur Kœnig, ne s'est trouvé dans aucun des nombreux et riches envois de poissons que nous avons reçus des différentes parties de la mer des Indes, en sorte que nous ne pouvons en parler que d'après le célèbre ichtyologiste de Berlin.

Sa forme, mince, anguleuse et lisse, pourrait le faire prendre pour un syngnathe, si ses ventrales et l'organisation de ses branchies ne prouvaient qu'il appartient à une tout autre famille.

C'est le plus grêle des aspidophores. Sa hauteur, à la nuque, est douze fois dans sa longueur, et sa largeur, au même endroit, ne sur-

passe sa hauteur que d'un tiers. La longueur de sa tête fait le cinquième de sa longueur totale; son œil est grand, plus près du museau que de l'ouïe. Il n'a d'aiguillon ni sur l'orbite, ni sur aucune
partie de la tête, si ce n'est deux petits de chaque côté, sur le bout
du museau, comme dans l'espèce d'Europe, à laquelle il ressemble
encore, parce que son museau avance par-delà sa bouche. Ses écailles
sont hexagones et striées en rayons, mais sans carènes ni aiguillons;
en sorte que son corps est anguleux, mais que ses arêtes n'ont point
de dentelures ni d'épines. Ses séries d'écailles sont au nombre de huit
sur le tronc, de six sur la queue. La poitrine, en avant des ventrales, est divisée en neuf grandes plaques : un sillon règne depuis
la nuque jusqu'à la dorsale, et il y en a un autre depuis l'anus jusqu'à
l'anale.

C'est la première dorsale qui manquait au poisson de Bloch;
mais peut-être, avant d'en faire un caractère constant, faudrait-il
revoir d'autres individus. J'ai tout lieu de croire que celui-là était
défectueux, ne fût-ce qu'à cause du petit nombre des rayons de sa
caudale et de ses pectorales.

B. 6; D. 5; A. 5; C. 6? P. 9? V. 1/2.

Sa couleur était grise, avec six ou sept larges bandes brunes.
Les pectorales et la caudale ont des lignes de points. Il n'était long
que de six pouces.

Kœnig dit qu'il vit de petites écrevisses et de jeunes
poulpes, et qu'il ne sert que pour appâter les lignes.

CHAPITRE VII.

Des Platycéphales (Platycephalus, Bl.).

Le poisson qui doit servir de type à ce sous-genre a été découvert par Forskal dans la mer Rouge; il le considéra comme un cotte, à cause de la forme déprimée de sa tête et de ses deux dorsales; et son opinion a été adoptée par la plupart de ceux qui ont traité après lui de l'histoire des poissons : c'est leur *cotte insidiateur.* Néanmoins plusieurs motifs pouvaient déterminer à le séparer de ce genre. Les vrais cottes sont nus, manquent de dents aux palatins, n'ont que six rayons aux ouïes, et quatre aux ventrales, qui naissent à peu près sous la base des pectorales. Les insidiateurs sont couverts d'écailles; leurs palatins portent une rangée de dents aiguës ; leur membrane des ouïes a sept rayons, leurs ventrales en ont cinq, et la forme singulièrement longue et élargie des os du bassin fait que ces nageoires naissent fort écartées l'une de l'autre, sous la seconde moitié des pectorales; en sorte que l'on aurait pu ranger les insidiateurs parmi les abdominaux à aussi juste titre, pour le moins, que les cirrhites, les chéilodactyles et d'autres poissons qui n'ont pas les ventrales placées plus en arrière qu'eux.

Bloch, vers la fin de sa carrière[1], forma d'après ces motifs son genre *platycephalus;* mais presque aussitôt après l'avoir formé il l'altéra[2], en y plaçant une vraie perche

---

1. Dans son grand ouvrage, à la planche 424.
2. *Systema,* édition de Schneider, p. 58.

(son *sciæna undecimalis*), une cicle (son *perca saxatilis*
ou *sparus saxatilis* de Linnæus) et une éléotris (son *platycephalus dormitator*, ou le *gobiomore dormeur* de
Lacépède).

Nous le restreignons ici aux espèces qui se conviennent mutuellement, et qui parmi celles de Bloch se réduisent aux *platycephalus insidiator* et *scaber ;* car le
platycephalus spatula ne diffère en rien de l'*insidiator :*
mais nous y ajoutons quelques espèces nouvelles.

Le Platycéphale insidiateur.

(*Platycephalus insidiator,* Bl., *Syst.,* pl. 59.[1])

M. Geoffroy Saint-Hilaire a rapporté de la mer Rouge
le *rogad,* ou *insidiateur* de Forskal, et M. Leschenault
nous a envoyé de la côte de Coromandel le *spatula* de
Bloch ; et c'est ainsi qu'il nous a été facile de nous assurer
que ces deux poissons ne font qu'une espèce. Bloch avait
remarqué de plus, et avec raison, dans sa grande Histoire
des poissons, que son *spatula* ne diffère point du *callionymus indicus* de Linnæus ou *calliomore indien* de
Lacépède, et c'est une inspiration peu heureuse que celle
qui l'a déterminé à changer d'idée et à faire de ce callionyme un *batrachus* dans son ouvrage posthume du *Systema.*

De notre côté, nous prouverons que le *cotte madécasse,*
donné par M. de Lacépède d'après Commerson, est encore,

---

1. *Cottus insidiator,* Forsk. et Linn. ; *Cottus spatula,* Bl., pl. 224 : *Batrachus indicus,*
id., *Syst.,* p. 43 ; *Callionymus indicus* et *Platycephalus spatula, ib.,* p. 59 ; *Irrwa,*
Russel, pl. 46 ; *Cotte madécasse,* Lac., t. III, p. 248, pl. 11, fig. 1 et 2 ; *Calliomore
indien, idem,* t. II, p. 344.

sinon le même, du moins si voisin, qu'il serait téméraire de vouloir assigner leurs différences spécifiques. Un caractère très-apparent de cette espèce consiste dans les raies noires qu'elle a sur la caudale; et c'est parce qu'il a pris ces raies dans la figure de Commerson pour des échancrures, que M. de Lacépède a cru devoir distinguer son cotte madécasse des deux autres.

Quant à la distinction de l'*insidiator* et du *spatula*, elle ne paraît avoir été conservée par Bloch que sur ce que Forskal donne au premier huit rayons branchiaux, tandis que le *spatula*, comme les autres espèces du genre, n'en offre que sept; mais c'est une erreur de Forskal, qui a pris l'interopercule pour un huitième rayon.

Ce qui est plus étrange, c'est que Linnæus ait pu placer un tel poisson avec ses callionymes; lui qui donnait déjà à ce genre pour caractère celui qu'il a véritablement, d'orifices étroits à la nuque pour la respiration, et qui d'ailleurs le plaçait avec raison dans son ordre des jugulaires, tandis que les platycéphales et ce callionyme indien, comme les autres, appartiendraient plutôt à celui des abdominaux, sans parler de la multitude d'autres différences. Ce grand naturaliste a été conduit plus d'une fois à prendre de semblables partis par sa répugnance à former de nouveaux genres pour une seule espèce; mais dans cette circonstance il aurait dû être frappé de l'affinité de ce prétendu callionyme avec son *cottus scaber*.

L'aplatissement de la tête dans l'*insidiateur* est tel qu'il l'a fait comparer assez justement à une pelle ou à une spatule. En effet, cette tête, de forme ovale, d'un tiers plus longue que large, n'a pas en hauteur, quand la bouche est fermée, plus du cinquième de sa longueur. Ses préopercules et ses opercules, au lieu de descendre,

sont à peu près horizontaux. Sa plus grande largeur est d'un opercule à l'autre; elle diminue vers le museau, qui est plat, à circonscription obtuse, à bords tranchans, et sous lequel la mâchoire inférieure s'avance plus que la supérieure. Un grand sous-orbitaire
couvre le côté du museau, et un autre occupe l'espace entre le premier et le préopercule, ne laissant qu'une partie de la tempe, derrière l'œil, sans protection; le bord externe de ces sous-orbitaires
fait aussi le bord externe de la tête, jusqu'à l'angle du préopercule,
où ce dernier os se montre par deux fortes épines, qu'il fait saillir.

Les yeux sont à la face supérieure, vers le tiers antérieur, et
séparés l'un de l'autre par un intervalle d'un tiers plus large que
leur diamètre. Au-devant de chacun d'eux, en dedans du premier
sous-orbitaire, sont les deux orifices de la narine, ronds, petits,
distans l'un de l'autre autant que le postérieur l'est de l'œil, et de
moitié moins que l'antérieur ne l'est du bout du museau.

Cette surface plate du dessus de la tête n'est relevée que par
quelques lignes à peine saillantes; une impaire venant du museau et
se perdant entre les yeux; une partant du bord interne de chaque
orbite, se portant en arrière en se rapprochant de sa semblable,
et se terminant chacune sur le crâne par une irradiation de trois ou
quatre lignes. Entre ces deux irradiations commence une ligne
impaire, qui finit bientôt sur le crâne, et à leur suite, de chaque
côté, une qui va un peu plus loin en arrière jusqu'au bord postérieur; enfin, sur chaque tempe, une qui se continue avec quelques légères échancrures sur le surscapulaire et le scapulaire, où
elle se termine par une petite pointe. Cette ligne temporale, car on
ose à peine l'appeler une crête, est parallèle à sa semblable, et à
elles deux elles interceptent un espace qui fait le tiers de la largeur
de la tête en arrière, les deux autres tiers étant occupés par les sous-
orbitaires postérieurs et les opercules. Le sous-orbitaire antérieur,
de forme irrégulièrement rhomboïdale, à surface un peu rayonnée,
a une échancrure en avant, mais couverte par la peau, et son angle
antérieur externe est fendu en deux petites dents très-obtuses, qui
croisent un peu sur le maxillaire. Du centre de son irradiation part
une arête qui se continue sur le second sous-orbitaire parallèlement

au bord de la tête et assez près de ce bord, jusqu'aux épines du préopercule. Le bord postérieur du préopercule, qui, dans un poisson à tête moins aplatie, serait son bord montant, est couvert juste par le bord postérieur du second sous-orbitaire, et la ligne qu'ils forment tous deux traverse la partie latérale de la face supérieure presque perpendiculairement jusqu'aux lignes ou crêtes temporales. L'espace en avant de ce bord fait les deux tiers de la longueur de la tête, et l'opercule en fait le troisième tiers. Les deux fortes épines de l'angle du préopercule sont en même temps placées au bord même de la tête. Dans cette espèce, c'est l'inférieure qui est la plus longue; mais pas de beaucoup. Elle a à peu près le dixième de la longueur totale de la tête. L'opercule osseux se termine en arrière par une épine plate, et il y en a une autre au-dessus des pectorales qui appartient à l'os de l'épaule.

La bouche est fendue horizontalement au bout du museau jusque sous le bord antérieur de l'orbite; sa protractilité est peu considérable. La mâchoire inférieure dépasse l'autre de toute la largeur de son bord. Une bande fort étroite de dents en velours la garnit; mais la mâchoire supérieure en a une beaucoup plus large, surtout au milieu, où la moitié qui appartient à chaque intermaxillaire se dilate, s'incline vers le bas et prend à son bord interne quelques dents plus fortes que les autres. Au bord antérieur du vomer et tout le long du bord externe de chaque palatin règne une seule rangée de petites dents pointues, serrées et nombreuses. La langue, qui est plate, mince, très-libre, large et obtuse, n'a aucune dent.

La membrane branchiostège est échancrée en dessous sur à peu près les deux tiers de sa longueur, et passe sous le pédicule de la poitrine : sept rayons faciles à compter la soutiennent de chaque côté; et, arrivé sous le bord du préopercule, on croit en trouver un huitième, qui n'est autre chose que l'interopercule caché sous le préopercule, comme le préopercule sous le grand sous-orbitaire.

L'écartement singulier des os du bassin maintient le devant du corps dans un état d'aplatissement semblable à celui de la tête; ce à quoi contribue encore la disposition écrasée des os de l'épaule et la dépression horizontale du corps du sternum ou de l'os qui soutient le pédicule pectoral, et qui d'ordinaire est comprimé verticalement.

La longueur totale comprend quatre fois celle de la tête; six fois la largeur aux épaules, laquelle comprend trois fois la hauteur au même endroit.

Les pectorales sont petites, et ne font guère que le septième de la longueur. Elles ont dix-neuf rayons : les deux premiers simples; les suivans branchus jusqu'aux cinq ou six derniers, qui redeviennent à peu près simples et un peu gros. Les ventrales sont écartées de toute la largeur du corps et attachées à ses bords sous le milieu des pectorales. D'un quart plus longues que les pectorales, elles les dépassent des deux tiers de leur propre longueur.

La première dorsale commence vis-à-vis le milieu des pectorales. Elle a d'abord une très-petite épine, courte et détachée, avec sa membrane particulière; puis en viennent sept liées par une autre membrane, et dont la première est de près du double plus haute que le corps : les suivantes diminuent de façon que la dernière se voit à peine, ce qui rend cette nageoire triangulaire. L'espace qu'elle occupe en longueur est du sixième de la longueur totale. Elle est complétement séparée de la seconde dorsale, qui est plus basse et plus longue, et qui compte treize rayons, dont le premier est simple et plus long que les suivans, mais assez flexible, et même, à ce qu'il me semble, articulé au bout. L'espace que cette seconde dorsale occupe en longueur est de près du tiers du total. Entre elle et la caudale est un espace nu du treizième. L'anale répond exactement à cette seconde dorsale et a de même treize rayons. Le corps va en s'amincissant et en s'arrondissant jusque derrière ces deux nageoires, où son diamètre vertical est cependant encore moindre que le transversal et à peine du vingtième de la longueur totale : la caudale fait le douzième de cette longueur; elle est coupée carrément et soutenue par quinze rayons.

De petites écailles, finement et brièvement ciliées au bord, couvrent tout l'intervalle des yeux, la joue, le crâne, l'opercule et tout le corps. Le bout du museau, les mâchoires et la membrane branchiostège en sont exempts. Il n'y en a point sur les nageoires, si ce n'est sur la base de la caudale et un peu entre ses rayons. La ligne latérale est peu marquée : partie, comme à l'ordinaire, de l'os surscapulaire, elle s'écarte du dos, et une fois passé les ventrales, elle divise à peu près chaque côté en deux.

L'anus est sous le milieu du corps.

Ce platycéphale est brun foncé dessus, blanchâtre dessous, et les deux couleurs sont assez nettement tranchées. Sa caudale est blanche, mêlée de jaune, avec quelques teintes brunes au bord supérieur, et a trois bandes noires; une plus large et plus courte, un peu oblique au-dessus du milieu, qui ne va pas jusqu'à la base; une inférieure, plus noire, qui va obliquement vers le bord inférieur de la base, mais sans y atteindre toujours; une mitoyenne, plus étroite et plus pâle, qui disparaît quelquefois. Il y a même dans la largeur et l'étendue des deux autres de ces bandes quelques variétés individuelles. La bande supérieure et l'inférieure sont en général larges et bordées ou lisérées de blanc, et c'est le milieu de la caudale qui est teint en jaune le long de la ligne noire mitoyenne. Les autres nageoires ont leurs rayons annelés de brun, et ce brun est très-serré sur les pectorales et les ventrales, au point de n'y représenter qu'un amas de points mêlés les uns aux autres et couvrant presque tout le fond.

Nos individus ont depuis un pied jusqu'à quinze et seize pouces de longueur.

Le platycéphale insidiateur a le foie très-petit, composé d'un seul lobe triangulaire, un peu convexe en dessus, et qui occupe la gauche de l'œsophage. Vers son angle inférieur et du côté droit on trouve la vésicule du fiel, qui est médiocre, ronde et attachée près du foie. Le cholédoque, après avoir reçu à sa naissance plusieurs vaisseaux hépato-cystiques, se prolonge assez loin pour verser la bile dans le premier des cœcums à gauche.

L'œsophage n'est pas très-long, mais il est assez large. L'estomac, qui le suit, est très-grand; il occupe près des deux tiers de la longueur de l'abdomen. Il a la forme d'une vessie alongée, un peu courbée vers le côté droit. De l'arrière de l'estomac remonte vers le diaphragme une branche étroite, mais presque aussi longue que l'estomac, à l'extrémité de laquelle se trouve le pylore. Il est entouré en dessous de huit appendices cœcales. Elles vont en augmentant de diamètre, mais en diminuant de longueur de droite à gauche.

L'intestin est peu large, et fait des replis assez longs avant de se rendre à l'anus.

La rate est petite et noirâtre ; elle est placée presque sur la pointe de l'estomac.

Les laitances, pleines, n'occupent que la moitié postérieure de l'abdomen.

Il n'y a aucun vestige de vessie natatoire.

Les reins sont renflés auprès de la tête ; après quoi ils se prolongent en un filet très-mince de chaque côté de l'épine, et vont aboutir tout auprès de l'anus. Leur couleur est noire.

Le péritoine est incolore.

Nous avons trouvé dans l'estomac des débris de poissons et de crustacés.

Son squelette est surtout remarquable par la singulière conformation des os du bassin, qui ressemblent à deux équerres. La branche antérieure et externe, longitudinale et surmontée d'une crête oblique, très-élevée, s'attache par une prolongation de cette crête en avant à sa semblable, et se suspend avec elle à l'os huméral. La branche postérieure transversale se joint à sa semblable sous le milieu du corps. C'est en dessous de l'angle formé par ces deux branches que s'attache la ventrale.

L'épine a vingt-sept vertèbres, toutes plus longues que hautes et creusées par leurs côtés. Les treize premières portent des côtes simples, arquées en arrière, posées horizontalement, pour soutenir, conjointement avec le bassin, l'aplatissement du corps ; la dixième et la onzième sont concaves en dessous : c'est sous la douzième que commence l'anale, dont le premier interépineux n'est pas très-prononcé ; en général ils ne le sont ni à l'anale, ni à la dorsale.

La description que nous venons de faire, est prise principalement d'individus envoyés de Pondichéry et des Moluques, et très-bien conservés ; mais elle convient également à ceux qui sont venus de Suez, et elle s'applique sans difficulté, sauf les variations des raies noires de la queue, à la figure du *platycephalus spatula* de Bloch (pl. 424) et à celle de l'*irrwa* de Russel (fig. 46).

Que l'on réduise les prétendues échancrures des dessins de Commerson à des taches, et l'on verra que c'est encore cette même espèce où le dessinateur a négligé les détails des lignes saillantes de la tête, parce que dans le frais elles paraissent moins : or, quelque illusion qu'aient pu produire les faux traits de l'artiste, il est certain, par la seule inscription de Commerson, que ces taches noires ne sont que des taches; car il y désigne le poisson par ces mots : COTTUS *spinis in capite quatuor lateralibus retroversis,* CAUDA VARIEGATA.

Et de plus, Commerson a laissé une description étendue, dont il ne paraît pas que M. de Lacépède ait eu connaissance, où il dit de la queue : *Cauda nigro, albo, luteo, eleganter picta.* Plus bas il ajoute : *Perpendicularis* INDIVISA, *in extremo subrotunda;* ce qui décide tout.

Nous avons enfin un individu des Moluques, où les taches noires sont si parfaitement semblables au dessin de Commerson, que l'on dirait qu'il lui a servi d'original.

La description de ce voyageur est d'ailleurs conforme à la nôtre, excepté qu'elle semble indiquer une plus grande concavité entre les yeux; mais si c'est là un caractère spécifique, toujours faudra-t-il conclure que le *cotte madécasse* est aussi voisin qu'il soit possible de l'*insidiateur*. Commerson ajoute à ce que nous avons dit, que l'iris de son cotte est de couleur d'émeraude.

Le peu que Forskal (p. 25) dit de son *rogad*, s'accorde encore parfaitement avec notre description, sauf l'erreur déjà expliquée du huitième rayon branchial. Voici comment il décrit la queue : *Pinna caudalis, alba macula media flava bifida, maculisque duabus inæqualibus atris, linearibus obliquis.* Il faut remarquer qu'en copiant son article, Gmelin a mis pour la seconde dorsale 10/13 au lieu de 0/13 ; ce qui pourrait induire en erreur.

L'espèce habite donc au moins depuis la mer Rouge et celle de Madagascar, jusque très-avant dans le golfe du Bengale et jusqu'aux Moluques.

Selon M. Leschenault, les pêcheurs de Pondichéry la nomment *vetondou pati,* et en prennent surtout à l'embouchure de la rivière d'Ariancoupang; ceux de Commerson venaient d'endroits peu profonds, voisins du fort Dauphin.

M. Ehrenberg a entendu prononcer à Massuah *ragadaï,* au lieu de *rogad.*

Forskal est jusqu'à présent le seul qui ait observé l'habitude de ce poisson, d'après laquelle on lui a donné l'épithète d'*insidiateur,* et qui consiste à s'ensevelir dans le sable pour y tendre des embûches aux poissons. La forme tranchante et plate de sa tête doit lui donner beaucoup d'aptitude à cette manœuvre. C'est en sondant les gués, où il se cache, que les pêcheurs parviennent à le débusquer et à le prendre.

Sa taille ordinaire, selon Commerson et Russel, est de dix-huit pouces; Forskal lui donne jusqu'à une aune et demie, ce qui, pour lui, doit signifier près de trois pieds. Tous les auteurs s'accordent à le dire bon à manger.

———

Il est arrivé de divers parages de la mer des Indes au Cabinet du Roi trois platycéphales, qui ressemblent à l'insidiateur par les formes générales et les détails de la tête, et même par l'ensemble de leurs couleurs ; mais qui en diffèrent par quelques proportions de leurs épines, ou par l'absence des taches de la queue.

Le Platycéphale d'Endracht.

(*Platycephalus endrachtensis,* Quoy et Gaym.)

Le premier a même à la caudale le fond jaune et blanc et les bandes noires qui distinguent l'insidiateur. Les bandes y sont au nombre de quatre ; deux supérieures, obliques, étroites ; deux inférieures, longitudinales et plus larges ; mais il y a probablement aussi quelque variété à cet égard. Un caractère plus essentiel, c'est que les deux dentelures du sous-orbitaire antérieur, qui croisent sur le maxillaire, au lieu d'être émoussées et peu apparentes, sont étroites, saillantes et très-pointues. Son museau paraît aussi un peu moins obtus qu'à l'insidiateur : ses nombres de rayons sont les mêmes. L'épine inférieure de son préopercule est un peu plus longue que l'autre.

D. 8 — 13 ; A. 13 ; C. 15 ; P. 20 ; V. 1/5.

Il a été pris dans la baie des Chiens-marins à la terre d'Endracht, côte ouest de la Nouvelle-Hollande, par MM. Quoy et Gaymard, naturalistes de l'expédition Freycinet, qui l'ont décrit dans la Relation de ce voyage (zoologie, p. 353) sous le nom de *platycephalus endrach-tensis*[1]. On l'a trouvé enfoncé dans le sable ; ainsi ses habitudes sont les mêmes que celles de l'espèce précédente.

---

1. Quoique leur description ne soit pas tout-à-fait d'accord avec la nôtre, elle a été faite sur le même individu. Nous en faisons la remarque pour que quelque compilateur ne vienne pas encore en faire une espèce de plus.

Le PLATYCÉPHALE BRUN.

(*Platycephalus fuscus*, nob.)

Un second, rapporté par ces naturalistes du port Jackson, à l'est de la même partie du monde, est encore plus semblable que le précédent à l'insidiateur,

par les formes de sa tête et les dents émoussées de son sous-orbitaire; mais sa caudale est noirâtre au milieu de sa moitié postérieure et semée de taches brunes vers sa base et ses bords; ses autres nageoires ont des taches brunes. Les deux épines de son préopercule sont à peu près égales.

D. 8 — 13; A. 13; C. 15; P. 19; V. 1/5.

Les teintes de sa partie supérieure sont plus foncées que dans aucun des autres, ce qui nous engage à le nommer *platycéphale brun*. L'individu est long de quinze pouces.

Nous en trouvons un parmi les dessins que Parkinson a faits à Otaïti pour sir Joseph Banks, qui est aussi

d'un brun foncé sur le corps, avec des points bruns, pâles, sur les nageoires.

Bien qu'il n'ait pas la bande noirâtre sur le milieu de la caudale, on peut douter que ce soit autre chose qu'une variété de notre espèce actuelle.

Parkinson le nommait *cottus otaitensis,* et nous en trouvons sous ce nom une description dans les manuscrits de Solander, où sa couleur est exprimée en ces termes : *Supra e glauco et fusco irrotato-nebulosus, infra albus.* Il se nomme à Otaïti *earrhaï* ou *aelhaara-ara.*

Nous croyons également en avoir trouvé la figure dans l'imprimé japonais de la bibliothèque du Muséum, que nous avons déjà eu plusieurs fois l'occasion de citer.

Le PLATYCÉPHALE A GRANDE ÉPINE.

(*Platycephalus grandispinis*, nob.)

Un troisième a les yeux un peu plus grands que ceux des précédens; leur intervalle un peu plus étroit. Son sous-orbitaire antérieur donne en avant une dent courte, mais assez pointue, et deux très-petites sur le côté. L'épine inférieure ou externe de son préopercule est quatre fois plus grosse et plus longue que l'autre, et s'étend presque jusqu'au bord de l'opercule. Sa caudale est, comme les autres nageoires, tachetée de brun sur un fond pâle. Sa couleur générale paraît plus fauve, moins brune que dans les précédens.

B. 7; D. 8—15; A. 14; C. 13; P. 20; V. 1/5.

Nous l'appelons *grande épine,* à cause de son épine préoperculaire externe. Le lieu précis de son origine ne nous est pas connu.

On le possède depuis long-temps au Cabinet du Roi.

Le PLATYCÉPHALE PONCTUÉ.

(*Platycephalus punctatus*, nob.)

Un quatrième, provenant du voyage de Péron, et qui a aussi été rapporté de la rade de Trinquemalé, à Ceilan, par M. Reynaud, et des îles Vanicoro par MM. Quoy et Gaymard,

a les crêtes de la tête plus relevées que les précédens et en partie épineuses. On lui voit une petite épine à chaque os nasal, une devant et une derrière chaque orbite; des dentelures à la crête surcilière; une petite épine aux crêtes latérales du crâne, deux à celles de la tempe et trois au-dessus de l'épaule. Il y en a une petite au milieu du sous-orbitaire antérieur et deux sur la crête du postérieur : le premier n'a point de dent sensible à son bord antérieur. C'est l'épine supérieure du préopercule qui est la plus grande dans cette espèce, et elle surpasse trois fois l'inférieure, qui est fort petite.

Par ces différentes aspérités, ce platycéphale fait une sorte de passage au *scaber;* mais il n'a pas, comme le scaber, la ligne latérale épineuse.

Un caractère qui le distingue fortement des précédens, c'est la grandeur de ses yeux, dont l'intervalle n'est pas moitié de leur diamètre transversal.

D. 9 — 12; A. 12; C. 15; P. 20; V. 1/5.

Dans la liqueur il paraît fauve-clair en dessus, avec de petits points brun-rouges foncés, semés sur la tête et aussi sur les côtés du corps, mais en moindre nombre. Une large bande noirâtre occupe la moitié de sa première dorsale, voisine du bord. L'autre dorsale est, ainsi que les nageoires paires, tachetée de brun; l'anale est blanchâtre; la caudale a sa moitié postérieure noirâtre ou brunâtre, et une bande irrégulière semblable en travers sur sa base.

Nous l'appelons *platycéphale ponctué*, à cause des points de sa tête, dont il paraîtrait cependant, par le dessin, que celui de Madagascar aurait aussi quelque chose, quoique Commerson n'en dise rien dans sa description.

Le PLATYCÉPHALE A GOUTTELETTES.

(Platycephalus guttatus, nob.)

M. Langsdorf a rapporté du Japon au Cabinet de Berlin un platycéphale très-semblable à ce ponctué, même par les couleurs,

si ce n'est qu'il a de gros points noirs, semés irrégulièrement sur le corps et sur la tête. Il paraît aussi avoir eu sur le dos cinq bandes plus obscures que le fond. Sa première dorsale a la bande noirâtre et des taches brunes entre ses rayons: il y a aussi de ces taches ou des points bruns sur les rayons de ses nageoires, l'anale exceptée, qui est toute blanchâtre, ainsi que le corps.

Quant aux formes, la seule différence que j'y aperçoive, c'est que les deux petites épines sur les narines y sont à peine sensibles, et que sa tête paraît un peu plus alongée à proportion; mais il y a de plus une petite différence dans les nombres des rayons.

D. 9 — 10; A. 11.

La longueur de l'individu est de quatorze pouces.

Il a été cédé au Cabinet du Roi par le Musée de Berlin.

Le nom japonais de l'espèce, selon M. Langsdorf, est *notschi*.

Le PLATYCÉPHALE MALABARE.

(*Platycephalus malabaricus*, nob.)

M. Bélenger nous a envoyé de Mahé un platycéphale très-semblable par les formes au *punctatus* et au *guttatus*, si ce n'est qu'il a une épine de plus à la crête du dernier sous-orbitaire.

Il est tout entier d'un gris-brun foncé uniforme. Sa première dorsale n'a pas de bande noire, mais est, ainsi que les autres, d'un gris nuageux.

D. 9 — 12; A. 12, etc.

L'individu est long de dix pouces.

Le PLATYCÉPHALE A ÉPINES ÉGALES.

(*Platycephalus isacanthus*, nob.)

Une espèce de l'archipel des Indes, rapportée par MM. Lesson et Garnot, ressemble encore beaucoup aux trois précédentes par sa tête;

mais elle n'a pas ces nombreuses irradiations qui sont sur leur crâne; on n'y voit que trois lignes. Les deux épines de l'angle de son préopercule sont courtes et à peu près égales. Les dentelures de sa crête surcilière sont à peine visibles : il n'y a que deux épines sur la crête du troisième sous-orbitaire. Sa couleur est en dessus d'un brun un peu roussâtre, avec quelques vestiges de bandes; en dessous, d'un gris-roux pâle. Les tranchans latéraux de la tête ont des taches brunes sur un fond gris. Les nageoires ont les rayons tachetés de brun. Il n'y a pas de noir à la première dorsale, qui est ponctuée, comme les autres nageoires, et a son premier rayon plus long et plus grêle que dans le reste du genre.

D. 9 — 1/11; A. 12, etc.

Nous en avons deux individus venus l'un de Waigiou, l'autre de Bourou. Ils sont longs de six pouces.

Le PLATYCÉPHALE DE BASS.

(Platycephalus bassensis, nob.)

La Nouvelle-Hollande paraît être la contrée la plus riche en platycéphales. MM. Quoy et Gaymard, dans leur seconde expédition, en ont pris au port Western, dans le détroit de Bass, deux espèces nouvelles.

L'une d'elles ressemble assez au *punctatus* et au *guttatus*. Toute sa partie supérieure est d'un brun roussâtre semé de points bruns plus foncés. L'épine inférieure de son préopercule est la plus grande et surpasse la supérieure de plus du double : du reste, ses crêtes sont peu marquées; il n'y a que deux dentelures mousses en avant de son sous-orbitaire et point d'épine à sa surface. L'orbite n'en a qu'une petite en avant. Celles du crâne et de la tempe saillent très-peu. Les deux dorsales ont leurs membranes transparentes, et seulement des taches brunes, peu marquées, sur leurs rayons. La caudale a en arrière des taches brunes, rondes sur sa moitié supérieure, et sur l'inférieure des taches noires, qui se confondent en partie les unes avec les autres : les taches brunes des pectorales y forment des bandes transverses, un peu plus marquées qu'aux dorsales. Les ventrales et l'anale sont blanchâtres, ainsi que tout le dessous du corps.

D. 7 — 14; A. 14; C. 13; P. 20; V. 1/5.

Notre individu est long de neuf pouces et demi.

Le PLATYCÉPHALE LISSE.

(*Platycephalus lævigatus*, nob.)

L'autre platycéphale du port Western est le plus lisse
de tout le genre.

Les crêtes de son crâne ne sont pas sensibles et ne portent aucune épine. Il n'y en a pas davantage au sous-orbitaire, qui manque
aussi de dentelures à son bord. Les épines du préopercule sont
courtes, et l'inférieure, encore de moitié plus courte que l'autre,
est un peu courbée vers le bas et comme tronquée. Sa physionomie
est d'ailleurs la même que dans les précédens, et l'intervalle des
yeux n'a pas moitié de leur diamètre vertical. Tout le dessus du
corps est brun foncé, le dessous blanc. Des taches brunes, rondes
et serrées, marquent la limite du brun au blanc. Les dorsales ont
les membranes transparentes et des taches brunes seulement sur leurs
rayons. La caudale a sur ses rayons des taches rondes et brunes, qui
s'étendent aussi un peu sur sa membrane, sur tout le long de ses
bords supérieur et inférieur. Les pectorales et les ventrales ont le
dessous blanc, le dessus tacheté de brun sur les rayons. L'anale
est blanchâtre, comme tout le dessous du corps.

D. 9 — 14; A. 14; C. 13; P. 19; V. 1/5.

L'individu est long d'un pied.

Le PLATYCÉPHALE RABOTEUX.

(*Platycephalus scaber*, Bl.? *Cottus scaber*, Linn.)

Le *platycéphale raboteux* que Linnæus avait décrit
parmi ses *cottus* (*cottus scaber*, Linn.), est encore plus

épineux par la tête que les précédens ; mais ses épines ne sont pas tout-à-fait distribuées de même, et d'ailleurs il en a tout le long de la ligne latérale qui lui sont particulières.

Nous avons lieu de croire que, si l'on a multiplié les êtres à l'égard de l'insidiateur, on les a trop restreints par rapport au raboteux, et que l'on a confondu sous ce nom deux espèces qu'il aurait fallu distinguer. En effet, Bloch marque dans sa figure (pl. 180) des bandes ou ceintures transversales dont Linnæus n'avait pas parlé, et dont nous ne trouvons point de traces dans le plus grand nombre des individus qui nous ont été envoyés de la côte de Coromandel. Russel (pl. 47) n'en montre non plus aucunes dans le sien; et cette différence, jointe à quelques autres qui semblent avoir lieu dans les épines de la tête, pourrait bien indiquer une distinction d'espèces.

Nos individus sans bandes sur le corps ont la tête plus étroite que l'insidiateur, et même que le ponctué et ses analogues. Les yeux sont moins grands et moins rapprochés; leur intervalle égale leur diamètre. Le premier sous-orbitaire n'a point d'épines qui croisent sur le maxillaire. On voit une très-petite épine à chaque nasal, une audevant de chaque orbite, cinq ou six très-petites sur la crête surcilière, quatre plus grandes sur la continuation de cette crête, qui se prolonge sur le crâne; quatre sur la crête de la tempe, qui va de l'œil à l'os scapulaire, et se continue avec la ligne latérale; cinq ou six sur la crête du grand sous-orbitaire, qui aboutit à l'angle du préopercule. L'épine supérieure de cet angle est trois ou quatre fois plus grande que l'inférieure, sous laquelle il y en a une troisième encore plus courte, et la grande en a en outre une très-petite sur sa base. L'opercule a deux épines écartées, dont l'inférieure est à l'extrémité d'une arête qui parcourt toute la longueur de cet os. Toutes les écailles de la tempe et de l'opercule ont chacune une petite élevure saillante dans son milieu. La ligne latérale se marque par cinquante et quelques petites épines, pointues et dirigées en arrière, comme toutes celles de la tête. Elle reste plus près des dorsales que dans l'insidiateur. Toutes les proportions sont d'ailleurs à peu près les mêmes.

B. 7[1]; D. 8 — 12; A. 12; C. 18; P. 22; V. 1/5.

Ce poisson est brun ou gris roussâtre dessus et blanchâtre dessous, et M. Leschenault nous dit expressément que sa couleur générale est la même qu'à l'insidiateur. Sa première dorsale a une bande noire sur sa membrane, comme dans le ponctué. La seconde, ainsi que la caudale et les pectorales, ont des taches brunes sur les rayons et un fond pâle; mais la moitié postérieure de la caudale est noirâtre; l'anale est blanchâtre : il y a du noirâtre vers l'extrémité des ventrales et du brun sur la plus grande partie des pectorales.

Nous avons reçu le poisson que nous venons de décrire de Pondichéry, par MM. Sonnerat et Leschenault. Les pêcheurs de ce canton lui donnent le même nom qu'à l'insidiateur (*vetoudou-pati*). Ceux de Vizagapatam comprennent aussi les deux espèces sous le nom commun d'*irwa*, selon M. Russel.

On pêche abondamment ces *vetoudou-pati* de l'espèce raboteuse pendant toute l'année dans la rade de Pondichéry. Ils y parviennent à la longueur d'un pied et sont bons à manger.

Il y a aussi de ces raboteux sans bandes dans l'archipel des Indes. M. Reynaud en a rapporté plusieurs de Batavia, où il les a entendu appeler *mounto-crébo*.

Dans un individu de la côte de Malabar, rapporté par M. Dussumier,

---

1. M. de Lacépède ne met que six rayons aux branchies de cette espèce; mais il y en a sept, comme dans les autres platycéphales. Bloch les lui donne aussi.

le brun du dessus est varié d'un brun plus foncé mais par taches nuageuses. Le noir de la première dorsale est pâle et comme lavé.

Nous ne commençons à apercevoir des traces de bandes que sur un individu venu de Pondichéry dans la liqueur,

et qui n'en a que sur la partie brune, mais sans qu'elles s'étendent sur le blanc de la face inférieure. Il a du reste la bande noire sur la dorsale et tous les autres caractères des précédens, et ne peut guère en être qu'une variété.

Mais la mer des Indes produit quelques platycéphales à ligne latérale épineuse, qui diffèrent du *scaber,* tel que nous venons de le décrire, par quelques détails de l'armure de leur tête.

Le Platycéphale de Bourbon.

(*Platycephalus borboniensis,* nob.)

L'un d'eux a été envoyé de l'île de Bourbon par M. Mylius : comparé au *scaber,* il s'en distingue,

1.° parce qu'il n'a que deux épines sur la crête du troisième sousorbitaire, tandis que le *scaber* en a cinq ou six; 2.° parce que l'épine supérieure de l'angle de son préopercule est courte et forte, et que l'inférieure est presque nulle; 3.° parce que ses yeux sont plus grands et leur intervalle plus étroit à proportion; 4.° les épines de la ligne latérale sont beaucoup moins saillantes; 5.° le premier rayon de la dorsale est plus grêle et plus long.

D. 9 — 13; A. 12.

Ce poisson est long de six pouces; il paraît tout entier d'un gris brunâtre : on ne voit que des points sur ses nageoires; mais ses couleurs ne semblent pas s'être bien conservées.

Le Platycéphale de Rodrigue.

(*Platycephalus rodericensis*, nob.)

L'autre, qui vient de la même île,

a les yeux encore plus rapprochés, leur intervalle ne faisant pas
le tiers de leur diamètre : la crête de son troisième sous-orbitaire
a quatre épines fortes et tranchantes, et la grande épine de l'angle du
préopercule est aussi très-forte et tranchante. Les épines de sa ligne
latérale sont très-petites et ne se voient même aisément qu'à sa partie
antérieure. Sa première dorsale a ses épines proportionnellement
assez fortes; la première est courte.

D. 9 — 12; A. 12.

Il paraît tout gris-brun, et a des points bruns sur les nageoires.
Ses ventrales offrent une teinte noirâtre; mais je crois ses couleurs
altérées.

Les individus n'ont que trois pouces et demi.

Le Platycéphale de Timor.

(*Platycephalus timoriensis*, nob.)

MM. Quoy et Gaymard ont rapporté de Timor un petit
platycéphale

qui a les mêmes épines à la tête et la même disposition des yeux
que le précédent : mais dont la tête est plus courte et plus large,
et le crâne un peu autrement dessiné. Il est en dessus d'un brun
roussâtre, et blanchâtre en dessous.

D. 9 — 1/11; A. 12.

Il est fort difficile de dire si le *cottus scaber* de Bloch
rentre dans quelqu'une des espèces précédentes, ou s'il en
diffère. Sa figure (pl. 180) offre huit bandes bien marquées, qui embrassent la totalité du corps; on ne voit pas

de noir à sa première dorsale; les dents et les épines des crêtes du crâne paraissent plus fortes et moins nombreuses que celles de nos individus, et il n'y en a aucunes à la crête des sous-orbitaires. Mais ces dernières différences ne tiennent-elles pas au peu d'attention du dessinateur? C'est ce que nous ne pouvons ni affirmer ni nier.

Ce qui est certain, c'est qu'il existe des platycéphales à têtes alongées et épineuses, comme ceux que nous venons de décrire, qui ont des bandes brunes bien marquées sur le corps, et manquent de tache noire à la première dorsale.

Le PLATYCÉPHALE A LONGUE TÊTE.

(*Platycephalus longiceps*, Ehr.)

M. Ehrenberg en a dessiné un dans la mer Rouge, qu'il nomme *longiceps*, et qui paraît se rapprocher beaucoup de notre *borboniensis;*

du moins ses épines préoperculaires sont-elles aussi courtes. Il a le corps gris, pointillé de noir, avec des marbrures de brun foncé, qui y forment cinq ou six bandes transversales. Toutes les nageoires sont teintes de jaunâtre, et ont des points noirs sur leurs rayons.

D. 8 — 11; A. 11, etc.

L'individu est long de sept pouces.

On nomme l'espèce à Massuah *rhagadad,* comme l'*insidiator.*

Les deux poissons représentés dans l'atlas de Krusenstern (pl. 59) ont aussi de grands rapports avec celui de Bloch. Si leurs figures sont exactes, ils doivent être considérés comme deux espèces particulières de platycéphales, dont la place naturelle est ici; mais nous ne les y mettons que comme pierre d'attente, parce que nous ne pouvons donner la description des épines de leurs têtes avec le détail nécessaire pour les caractériser. Ni l'un ni l'autre n'a de bande noire sur sa première dorsale.

Le premier (fig. 1), nommé

Le PLATYCÉPHALE JAPONAIS

(*Platycephalus japonicus*),

a cette dorsale haute : on y remarque huit rayons. La seconde, assez haute aussi, en a quatorze, ainsi que l'anale; et le corps a six bandes noirâtres sur un fond brunâtre. L'anale est blanchâtre; la caudale a des taches noirâtres; les autres membranes ont de petites taches brunes le long des rayons.

Le second (fig. 2), nommé

Le PLATYCÉPHALE CROCODILE

(*Platycephalus crocodilus*),

ne montre que cinq rayons à sa première dorsale, onze à la seconde et à l'anale, et quatre bandes noirâtres sur un fond brun roussâtre. La tête, les parties claires du corps et les nageoires, sont irrégulièrement semées de taches noirâtres, excepté l'anale, qui est blanchâtre.

Il ne serait pas impossible que l'on eût voulu représenter notre *platycephalus guttatus;* mais il faudrait avouer alors que la figure serait bien mauvaise.

Nous terminerons la série des platycéphales par quelques espèces distinguées des précédentes par leur crête sousorbitaire, qui est finement dentelée en scie, mais n'a point d'épines.

La première sera

Le Platycéphale apre

(*Platycephalus asper,* nob.),

que M. Langsdorf a rapporté des eaux du Japon. Le nom que nous lui avons donné indique la rudesse et les aspérités de son crâne et de plusieurs autres parties de sa tête.

Sa tête est plus large qu'aux précédens ; ses yeux sont très-grands et très-rapprochés ; leur intervalle, en forme de sillon, n'a pas en largeur plus du quart de leur diamètre. Il est lisse, ainsi que la petite portion du crâne qui en est le plus rapprochée ; mais le reste a des lignes de points âpres dans diverses directions, et qui en rendent toute la surface rude. Il y a aussi de l'âpreté au sous-orbitaire, et les écailles de l'opercule sont toutes relevées d'un petit tubercule. La crête surcilière et celles des sous-orbitaires n'ont que de très-fines crénelures, résultant de l'aspérité générale de ces parties ; mais les arêtes et les épines operculaires, et l'épine supérieure de l'angle du préopercule, sont fortes : celle-ci en a une petite sur sa base, et il y en a trois au bord inférieur de l'os, assez fortes aussi, sans compter celle qui le termine antérieurement et se dirige en avant, et qui est aussi forte que celle de l'angle. Il y en a une petite au-devant de l'œil.

Cette espèce est plus courte à proportion que les autres, car sa tête prend le tiers de sa longueur et est d'un tiers seulement plus longue que large : ses écailles sont rudes ; mais les épines de sa ligne latérale ne sont bien marquées que sur son tiers antérieur.

D. 8 — 12, etc.

Sa couleur paraît d'un gris jaunâtre, avec des points bruns aux nageoires. Sa longueur est de six pouces.

Le Platycéphale tuberculeux.

(*Platycephalus tuberculatus,* nob.)

Cette jolie espèce, de la rade de Trinquemalé, est tellement semblable à la précédente, surtout par les tubercules des écailles operculaires et de celles de la tempe, qu'on pourrait être tenté de la regarder comme une variété, mais

toutes les arêtes sont finement denticulées, et même celles de l'opercule, ce qui lui est particulier. Ses épines ne sont pas non plus tout-à-fait les mêmes : il y en a deux petites au-devant de chaque œil, et une sur le milieu du museau; celle de l'angle du préopercule est longue, et en porte une seconde, courte, sur la base de l'arête. En dessous il y en a cinq; mais il n'y en a point qui soit dirigée en avant, ce qui forme une différence très-sensible. La ligne latérale est presque aussi épineuse qu'au *scaber*.

D. 9 — 1/11 ; A. 1/11 ; C. 13 ; P. 21 ; V. 1/5.

Les couleurs sont : du brun rougeâtre sur le dos, du blanc sous le ventre; il y a quelques bandes nuageuses sur le corps; les nageoires ont des points noirâtres sur leurs rayons.

Le Platycéphale a arêtes dentelées.

(*Platycephalus serratus,* nob.)

Un autre platycéphale, également rapporté par M. Reynaud de la rade de Trinquemalé, a, comme les deux précédens, les arêtes des différentes pièces du crâne et celles du sous-orbitaire finement dentelées et sans aucunes épines.

Sa tête n'a que le quart de la longueur totale. Les crêtes surcilières sont relevées, et rapprochées de façon qu'elles laissent entre elles un sillon qui n'a en largeur que le quart du diamètre transverse de l'orbite. La crête principale du deuxième sous-orbitaire, qui cuirasse la joue, est très-relevée et finement dentelée : au-dessous il y en a une autre moins saillante et lisse. L'arête de l'opercule n'a point de dentelures, et est tout-à-fait lisse. L'épine supérieure du préopercule est la plus forte; elle est suivie d'une autre plus courte, et sur le bord de l'interopercule on en voit deux plus petites : il n'y en a pas qui soit dirigée en avant, ou du moins elle est très-petite.

Les dents sont très-fines. La ligne latérale n'a point d'épines. Toutes les écailles sont très-rudes à leur bord.

D. 9 — 1/11; A. 11; C. 13; P. 19; V. 1/5.

Ce poisson dans la liqueur paraît brun rougeâtre, avec six ou huit bandes brunes, irrégulières, descendant du dos sur le ventre, qui est blanc. Les nageoires sont grises, tachetées de points noirâtres. Il y a sur le haut de la dorsale une tache noirâtre. La caudale est aussi bordée de noir. Les ventrales sont bleuâtres et noirâtres en dessus, et blanches en dessous.

Notre individu est long de sept pouces.

Le Platycéphale porte-scie.

(*Platycephalus pristiger,* nob.)

MM. Quoy et Gaymard ont pris à la Nouvelle-Guinée un platycéphale très-voisin du précédent.

Il a les mêmes formes, les mêmes arêtes dentelées; mais on lui voit une épine au-devant de l'œil, et l'angle antérieur de l'interopercule donne en avant une pointe fort aiguë. Il n'y a qu'une seule crête sur le sous-orbitaire postérieur, et l'arête de l'opercule n'est pas tout-à-fait lisse; mais c'est plutôt avec le doigt que par la vue que l'on peut apercevoir les fines aspérités qu'elle porte.

La ligne latérale est lisse; les écailles du corps sont âpres. La couleur est un brun rougeâtre légèrement marbré sur le dos : le ventre est blanc; le haut de la dorsale est noirâtre. Le long de chaque rayon il y a une série de taches blanches. La caudale est noirâtre; les ventrales, bleuâtres, sont traversées par des séries de points bruns.

D. 9 — 1/10; A. 1/10; C. 13; P. 21; V. 1/5.

Les mêmes voyageurs ont pris aux Célèbes une variété de cette espèce,

dont la couleur est plus brune, et qui paraît même avoir le museau un peu plus pointu et les dentelures des crêtes surcilières un peu plus prononcées.

Le *sand-kruyper* de Renard (2.ᵉ partie, pl. 50, fig. 210) est évidemment un platycéphale et assez voisin de notre ponctué; mais la figure lui fait toutes ses nageoires vertes et sans taches. Au reste, nous nous garderons bien d'établir une espèce sur cette grossière figure; mais nous croyons devoir la citer, parce que la note qui y est jointe fait connaître que ce poisson se tient aussi dans le sable, et rend assez probable que cette habitude appartient à tout le genre.

Un des hommes les plus ignorans qui se soient occupés d'histoire naturelle, le Hollandais Houttuyn, parmi différens poissons du Japon[1] en a décrit un, qu'à cause de sa large tête il a imaginé être un silure, quoique, dit-il, *son corps soit écailleux, et qu'il n'ait ni barbillons ni rayons épineux et dentelés;* il le nomme *silurus imberbis.* Gmelin, comme à son ordinaire, copie Houttuyn, et introduit ce poisson à la fin du genre *silurus;* et M. de Lacépède, comme à son ordinaire aussi, supposant sur la parole de Gmelin (car il n'avait pas même remonté à Houttuyn) qu'il a vraiment les caractères généraux des silures, sauf ceux qui lui sont expressément refusés, en a fait son genre *centranodon.* Pour nous, qui nous sommes toujours défiés de ces espèces anomales, que l'on place au hasard dans des genres dont elles n'ont pas les caractères essentiels, nous avons eu recours à l'auteur original, afin de découvrir, s'il était possible, quel poisson il avait eu sous les yeux.

Voici la description d'Houttuyn :

« Ce poisson ressemble tellement à un silure, surtout à certaines

---

1. Mém. de la Société holland. des sciences de Harlem, t. **XX**, 2.ᵉ part., p. 338.

« espèces étrangères de ce genre, que je ne puis le rapporter
« à aucun autre genre, quoiqu'il n'ait ni barbillons, ni rayons
« dentelés en scie.

  « Son corps est rond et *écailleux ;* sa tête très-*plate*, avec de
« grands yeux, rapprochés comme dans l'uranoscope. Chaque
« opercule a *deux épines*, et la membrane branchiale six rayons.
« Les nombres de rayons de ses nageoires sont comme suit :

D. 7 — 11; A. 10; C. 13; P. 20; V. 6.

  « La caudale est arrondie, variée de noir et de blanc, comme
« toutes les nageoires supérieures. Le corps est rougeâtre. Il n'y
« a pas de dents aux mâchoires. Tout le poisson n'est long que
« de six pouces. »

Il n'est aucun naturaliste exercé à interpréter de mauvaises descriptions qui ne reconnaisse dans celle-ci un
platycéphale, mais dont l'espèce est impossible à déterminer.

Dans tous les cas il est certain que le genre *centranodon*
doit disparaître de l'ichtyologie.

CHAPITRE VIII.

De quelques petits genres voisins des Cottes, et conduisant en partie aux Scorpènes.

Nous croyons devoir réunir dans ce chapitre, comme nous l'avons fait en quelques autres occasions, divers poissons qui, sans s'éloigner beaucoup ni des cottes ni des scorpènes, ne peuvent cependant être classés dans ces genres, à quelques termes que l'on réduise leurs caractères, et dont chacun par conséquent semble le premier échantillon d'un genre nouveau. Ils nous viennent tous des mers septentrionales, qui paraissent singulièrement abondantes en espèces de cette famille.

DE L'OPLICHTE (*Oplichthys*, nob.),

Et de l'espèce de Langsdorf.

(*Oplichthys Langsdorfii,* nob.)

Nous commencerons par une espèce très-remarquable, rapportée du Japon par M. Langsdorf, et à qui sa tête aplatie et son préopercule épineux donneraient des rapports avec les platycéphales, tandis que l'armure de son corps la rapprocherait des aspidophores; mais qui s'éloigne des premiers par cette armure même, et parce que ses ventrales seraient plutôt jugulaires qu'abdominales; et des seconds, parce que ces mêmes ventrales ont cinq rayons mous, tandis que dans les aspidophores, comme dans les cottes, elles n'en ont que trois.

Peut-être trouvera-t-on, quand on connaîtra mieux ce genre, qu'il se rapproche autant des callionymes que des cottes. Le nom que nous lui donnons signifie *poisson cuirassé* (d'ὅπλον et d'ἰχθὺς).

Nous avons jugé convenable d'attribuer à l'espèce le nom du naturaliste à qui nous la devons, et nous l'appellerons *oplichthys Langsdorfii*. M. Langsdorf, ne la séparant point des aspidophores, la nommait *aspidophorus pusillus*.

Sa tête est aplatie horizontalement autant et plus qu'à aucun platycéphale, triangulaire, âpre et irrégulièrement granulée à sa surface, bordée des deux côtés par le tranchant de trois sous-orbitaires, qui, se joignant à la crête du préopercule devenue son bord latéral, y forment quatre festons peu saillans, mais divisés en dentelures ou en petites épines aiguës. Le quatrième de ces festons, qui appartient au préopercule, se termine à son angle par une grande épine dirigée en arrière, un peu arquée et fort pointue. Ces os se reploient en dessous, et ne sont pas moins âpres à la face inférieure de la tête qu'à la supérieure. L'interopercule, qui appartient entièrement à l'inférieure, y a aussi son bord externe divisé en dentelures aiguës. L'opercule a deux arêtes, terminées chacune par une pointe aiguë. De grands yeux ovales, placés au milieu de la face supérieure, et prenant près du tiers de sa longueur, sont rapprochés l'un de l'autre, de manière que leur intervalle ne fait pas moitié de leur diamètre transversal. Quatre petites épines droites sont disposées en carré sur le crâne. Les deux mâchoires sont égales en longueur et entourées latéralement par les sous-orbitaires : la supérieure est échancrée dans son milieu ; les maxillaires et les intermaxillaires sont étroits et cachés sous les sous-orbitaires. La mâchoire inférieure a ses branches dans le même plan, étroites et courbées en parabole. Le corps de l'os hyoïde ou l'isthme est en forme de cœur, plat et lisse entre les deux interopercules. La membrane branchiostège me paraît attachée à la peau de la poitrine et ne s'ouvrir que dans le haut de l'opercule, comme celle des callionymes. Je crois y compter six rayons. La région pectorale est presque aussi déprimée que la tête, et ce n'est que derrière les pectorales que le corps, se rétrécissant, approche de la figure prismatique. Il est enveloppé de chaque côté par une suite de pièces transversales osseuses et âpres, ayant chacune deux plans : un dorsal, placé obliquement et de manière que sa partie plus voisine du dos est plus en avant; l'autre qui descend verticalement et s'arrondit dans le bas : ces parties descendantes et arrondies laissent entre elles des intervalles triangulaires remplis seulement par la peau. Le dessous de l'abdomen n'a aussi que de la peau; mais toute la ligne moyenne du dos et du dessus de la queue est garnie de pièces osseuses impaires, oblongues, plus étroites au dos qu'à la queue, et sur lesquelles s'articulent les rayons des nageoires. Deux fortes épines arment l'angle que forment ensemble les deux plans des pièces latérales, et la série de ces doubles épines est la seule ligne latérale que l'on voie. Ces plaques latérales s'élargissent vers l'arrière de la queue, qui devient plus déprimée que son commencement. Les pectorales sont assez amples, de plus du cinquième de la longueur du corps. J'y compte quinze rayons, dont les quatre ou cinq derniers, séparés des autres par une forte échancrure, semblent constituer une petite nageoire particulière. Les ventrales s'attachent un peu plus avant que la base des pectorales, et sont d'un tiers plus courtes : leur rayon interne est le plus long. La première dorsale a six rayons faibles, dont je ne puis assigner la longueur, parce qu'ils sont rompus dans l'individu que j'ai sous les yeux : deux petites plaques impaires, sans rayons, sont entre elle et la seconde; celle-ci a quinze rayons, assez longs, grêles, articulés, mais non branchus. L'anale répond à cette seconde dorsale et a seize rayons, dont le dernier est fourchu. Je ne puis bien décrire la caudale, qui est brisée dans mon individu; mais elle me paraît avoir eu treize rayons.

B. 6; D. 6 — 15; A. 16; C. 13; P. 15; V. 1/5.

Ce singulier poisson est long de six pouces. Desséché, comme je le décris, il paraît d'un gris-brunâtre pâle; les rayons de ses pectorales paraissent avoir eu des points bruns, et leur extrémité est teinte de noirâtre.

Pour assigner sa véritable place, il sera important d'en avoir l'anatomie.

DE L'HÉMITRIPTÈRE (*HEMITRIPTERUS*, nob.),

Et de l'espèce d'Amérique.

(*Hemitripterus americanus*, nob.)

Un des poissons les plus singuliers de cette famille[1], et qui tient vraiment le milieu entre les cottes et les scorpènes, a été décrit par M. Mitchill sous le nom de *scorpœna flava*. Le zèle éclairé de M. Milbert nous a mis à même de le décrire aussi avec beaucoup de détail et d'après plusieurs individus.

La séparation des deux dorsales, dont la première est même subdivisée, et la largeur de la tête, sembleraient devoir le rapprocher des cottes; mais ses tentacules nombreux et divers, et les dents dont ses palatins sont armés, le ramènent aux scorpènes.

Son corps est oblong, plus mince en arrière, et a souvent l'abdomen gonflé; sa hauteur est quatre fois et demie dans sa longueur, et son épaisseur égale à peu près sa hauteur : la longueur de sa tête est un peu plus de trois fois dans la longueur totale; elle est d'un cinquième moins large que longue, et d'un quart moins haute que large.

Sa tête n'est pas moins hérissée que celle d'aucune scorpène; elle a une épine à chaque nasal, deux forts tubercules sur l'orbite, deux

---

1. *Cottus acadianus*, Pennant, *Arct. zool.*, t. III, p. 371, ou *Cottus tripterygius*, Bloch, édit. de Schn., p. 63; *Cottus hispidus, ibid.*; *Scorpœna flava*, Mitchill, *Act. noveb.*, t. I, pl. 2, fig. 8; *Diable* ou *Crapaud de mer d'Amérique*, Duhamel, 2.ᵉ part., sect. 5, pl. 2, fig. 5, ou *Scorpœna americana*, Gmel., p. 1220?

de chaque côté sur le crâne, trois sur la tempe, quelques-uns de petits au sous-orbitaire antérieur, un plat et peu sensible au postérieur, qui cuirasse le haut de la joue, auprès de l'articulation de l'opercule, et un au bas de l'os surscapulaire.

Le préopercule est arrondi comme dans les scorpènes, et donne trois pointes, dont l'inférieure peu marquée.

Les bords des orbites sont très-relevés; leur intervalle concave, plus large que long; les yeux dirigés en dehors, du double plus petits que cet intervalle. Le dessus du crâne est lui-même concave entre les deux crêtes tuberculeuses qui le limitent.

L'opercule se termine en angle assez mousse.

La membrane des ouïes s'unit à sa semblable sous la gorge, sans s'y fixer; elle a de chaque côté six rayons.[1]

De larges bandes de dents en cardes garnissent les mâchoires, le devant du vomer et les palatins : il y en a aussi de fortes plaques aux pharyngiens; mais les arcs branchiaux n'en ont que des groupes à peine sensibles, tant elles y sont menues. La langue, qui est large, épaisse, obtuse et assez libre, n'a aucunes dents.

La première dorsale commence immédiatement sur la nuque, et occupe un espace qui égale le tiers de la longueur totale; elle a quinze ou seize rayons. Les deux premiers sont les plus élevés; ils égalent les deux tiers de la hauteur du corps; les suivans baissent rapidement jusqu'au quatrième ou au cinquième, puis ils se relèvent et diminuent peu jusqu'au dernier : de cette manière la première dorsale a une échancrure profonde, après son quatrième ou son cinquième rayon, qui a pu en faire deux nageoires pour beaucoup d'observateurs, et c'est ainsi qu'on a compté à ce poisson trois dorsales. Cette seconde partie s'élève moins que la première : les épines de l'une et de l'autre sont médiocrement poignantes; elles sortent toutes de la membrane, et sont accompagnées chacune d'un petit lambeau. La deuxième dorsale est un peu plus élevée que la seconde partie de la première, et a douze ou treize rayons, tous simples, mais articulés; sa coupe est à peu près arrondie.

---

1. M. Mitchill lui en donne sept; mais c'est une inadvertance.

L'anale a quatorze rayons articulés, mais simples, excepté les quatre ou cinq derniers; ils sortent tous de la membrane, ou plutôt elle est échancrée en avant de chacun d'eux. L'espace nu derrière ces deux nageoires est d'à peu près le dixième de la longueur totale; la caudale en fait un peu plus d'un sixième : elle est arrondie et a douze rayons entiers.

Les pectorales forment de larges ovales un peu obliques; leur longueur fait plus du quart du total. Elles ont dix-huit rayons, tous simples et articulés; les dix ou douze inférieurs sont plus gros, et vont, en se raccourcissant, jusqu'au plus inférieur, qui est le plus court.

Les ventrales sortent à peu près sous le tiers antérieur des pectorales; elles sont trois fois plus courtes, comme tronquées, et ne se composent que d'une épine courte et de trois rayons mous.

B. 6; D. 15 — 12; A. 14; C. 12; P. 18; V. 1/3.

Ce poisson est revêtu d'une peau molle, finement granuleuse; de petits tubercules coniques sont semés entre les granulations, surtout au-dessus de la ligne latérale, où ils sont à la fois plus gros et plus nombreux qu'au-dessous : on en compte sur elle environ quarante-cinq. Il n'y en a presque pas à la tête. La peau du ventre est molle et lisse, sans petits grains ni tubercules.

Il y a sur les yeux et autour des mâchoires plusieurs de ces lambeaux charnus et plus ou moins déchiquetés, que l'on observe dans les scorpènes; deux au bout antérieur du museau; un près de chaque épine nasale; deux sur chaque orbite, dont le deuxième grand et fort dentelé; un petit au milieu, et un grand au bout de chaque intermaxillaire; un à l'extrémité externe du maxillaire; quatre grands et bien déchiquetés sous chaque maxillaire, et deux petits au milieu de la joue.

La couleur de cette espèce paraît varier. M. Mitchill la décrit comme d'une belle couleur de citron, avec des marbrures brunes ou noirâtres sur les flancs et les nageoires. M. de la Pilaye, qui l'a bien dessinée à Terre-Neuve, la nommait *cottus coccineus*, parce que sur cette côte elle est sur les flancs d'un rouge carminé très-éclatant, qui devient obscur sur le dos et blanchâtre sous le ventre. Nous en avons un individu qui conserve encore une teinte aurore fort vive, avec quelques marbrures brunâtres et des points blancs sur la tête. Un autre paraît maintenant tout gris, varié de brun.

Notre plus grand individu a treize pouces; M. Mitchill en a eu de quatorze. Il y en a à Miquelon, selon M. de la Pilaye, de deux pieds et plus.

Le foie de ce poisson est médiocre, composé d'un seul lobe, à peu près triangulaire, et placé dans le côté gauche de l'abdomen : sa pointe droite passe sous l'œsophage, et donne attache à la vésicule du fiel, qui est assez grande et de forme oblongue. Le canal cholédoque est long, assez gros, et rampant à côté des vaisseaux hépato-cystiques, il débouche, ainsi qu'eux, dans le premier cœcum, en commençant à les compter par la droite.

L'œsophage est très-large, à parois musculeuses, fortes et épaisses. Il est court, et il se dilate en un vaste estomac, qui remplit presque toute la cavité abdominale ; cet estomac a ses parois minces et sans plis en dedans.

Le pylore s'ouvre en dessous non loin du cardia; il est muni de six appendices cœcales, dont cinq naissent de la face inférieure du pylore, et une sixième, plus grosse, mais beaucoup plus courte que les autres, est au-dessus du pylore.

L'intestin est long et d'un diamètre assez grand. Il fait quatre replis principaux avant de se rendre à l'anus : entre chaque repli il est très-onduleux.

La rate est brune, située sur le duodénum, à peine plus grosse qu'une lentille, dont elle a la forme.

Les laitances sont médiocres, ainsi que les reins, qui aboutissent dans une grande vessie urinaire peu profondément divisée.

Il n'y a pas de vessie natatoire.

La tunique des laitances n'est pas noire, comme dans les cottes.

J'ai trouvé dans l'estomac de ce poisson un petit congre tout entier.

Le squelette a seize vertèbres abdominales et vingt-trois caudales, trente-neuf en tout.

Ses côtes sont fort grêles, et les os du carpe larges et carrés.

A New-York ce poisson se prend avec les morues; mais il ne paraît pas qu'il y soit commun, puisque M. Mitchill n'en rapporte aucun nom vulgaire. On en prend aussi aux îles de Saint-Pierre et Miquelon, et par conséquent à Terre-Neuve, et toujours aux lignes tendues pour la morue. M. de la Pilaye dit que les Miquelonnais les appellent *faux-grondins*, et qu'ils les connaissent aussi sous les noms de *plogoille* et de *ragoscolle*, qui leur auraient été donnés par les sauvages de Terre-Neuve; mais ce dernier semble plutôt une dérivation du nom français de la scorpène (*rascasse*).

Nous ne voyons aucune raison de douter qu'il ne faille rapporter à ce poisson la courte notice donnée par Pennant de son *cottus acadianus*, notice faite sur un individu long seulement de cinq pouces, qui venait de la Nouvelle-Écosse, et sur laquelle Bloch, dans son *Systema*, a établi son *cottus tripterygius*. Il nous paraît que c'est aussi le *cottus hispidus*, inscrit par Bloch immédiatement au-dessus du *tripterygius*, et représenté planche 13 du *Systema*. Les différences que l'on pourrait trouver dans la figure, ne viennent que de ce qu'elle a été faite d'après un individu sec qui avait perdu ses lambeaux. Bloch avait aussi reçu ce poisson de New-York, et on lui avait écrit qu'il s'y nommait *sea-raven*, c'est-à-dire *corbeau de mer* ou *cormoran*.

M. de la Pilaye va jusqu'à penser que ce pourrait être le *diable de mer d'Amérique* de Duhamel, sect. 5, pl. 2, fig. 5 (*scorpœna americana*, Gmel.); mais il faudrait supposer cette figure si mauvaise, ou faite d'après un individu si mutilé, quant à la première dorsale, que nous osons à peine admettre cette conjecture.

DES HÉMILÉPIDOTES (*HEMILEPIDOTUS*, nob.).

Un autre petit groupe, à quelques égards intermédiaire entre les cottes et les scorpènes, mais au total plus voisin de ces dernières, c'est celui qui embrasse ces espèces de la mer de Kamchatka, dont le corps n'a des écailles que sur certaines bandes. L'épithète *d'hemilepidotus*, donnée à l'une d'elles par M. Tilesius, me servira à désigner tout le genre.

La forme de leur tête et la disposition de leurs épines ressemblent assez à ce qu'on voit dans les cottes; mais leur dorsale unique, et les dents qui garnissent leurs palatins, aussi bien que le devant de leur vomer, les rapprochent des scorpènes; et ce qui les distingue à la fois de ces deux genres, ce sont les écailles qui couvrent de chaque côté leur corps de deux larges bandes, tandis que deux autres bandes, qui alternent avec les premières, en sont dépourvues. Sous ce rapport encore ces espèces sont, comme on voit, moitié cottes, moitié scorpènes.

M. Tilesius, à qui nous en devons la première connaissance, dit que les matelots de l'expédition de Krusenstern prirent dans la mer d'Ochotsk, sur les côtes de l'île de Sagalien, et jusque sur les côtes du Japon, plusieurs espèces ou variétés différentes, toutes ainsi écailleuses dans certaines parties de leur surface, mais enveloppées d'une peau épaisse et muqueuse, qui ne laisse voir les écailles que lorsqu'elle est desséchée ou enlevée.

Ce naturaliste en représente une dans les Mémoires de l'Académie impériale de Pétersbourg (t. III, pl. 11), et en donne une description détaillée, page 262. Il nous a procuré l'avantage de décrire aussi d'après nature cette même espèce, en nous en adressant un individu sec, mais parfaitement conservé, que nous avons placé au Cabinet du Roi, avec le nom du donateur. Nous croyons devoir donner ce nom à l'espèce elle-même.

L'Hémilépidote de Tilesius.

(*Hemilepidotus Tilesii*, nob.; *Cottus hemilepidotus*, Til.; *Cottus trachurus*, Pall.)

La tournure générale de cet hémilépidote est à peu près celle d'un chaboisseau. Sa longueur comprend près de cinq fois sa hauteur et un peu plus de trois la longueur de sa tête, qui, les ouïes fermées, est d'un tiers moins large que longue. La tête est moins armée que dans notre chaboisseau d'Europe; le dessus de son crâne et ses tempes n'ont ni crête ni épines, mais des lignes granulées, serrées, disposées en rayons autour de certains centres. Les orbites n'ont aucunes épines ni dentelures. Entre eux est un espace concave à peu près de la largeur de leur diamètre, et presque lisse. Sur chaque os nasal est une petite pointe très-aiguë. Le premier sous-orbitaire n'a qu'une petite proéminence mousse en avant; le reste de son étendue et toute celle du grand, n'ont que quelques rides; et trois petits, qui sont derrière l'œil, n'ont que des granulations. L'angle du préopercule est arrondi et entouré de trois fortes épines pointues, dont les deux supérieures, qui sont les plus longues, n'atteignent pas cependant le bord de l'opercule. Son bord inférieur a aussi une dent. La surface de l'opercule a deux arêtes mousses et larges, terminées chacune par une petite pointe, et ces pointes sont fort écartées. Il y en a de plus une petite au bord inférieur, dirigée vers le bas.

Les deux mâchoires sont à peu près égales, fendues jusque sous le milieu de l'orbite, garnies de larges bandes de dents en velours; le rang interne de l'inférieure a des dents plus fortes : une bande étroite de ces dents garnit le devant du vomer et chaque palatin. La langue est courte, obtuse et lisse.

L'os maxillaire est étroit et marqué d'un sillon, et porte un petit lambeau à son extrémité. Il y a aussi deux petits lambeaux grêles sous le milieu de la mâchoire inférieure, et un à chacune de ses branches.

Je ne puis voir à la membrane des ouïes que six rayons, comme dans les cottes.

L'os surscapulaire est dentelé à son bord supérieur. Le claviculaire a une épine au-dessus de la pectorale.

La pectorale a la même forme oblique que dans la plupart des cottes et des scorpènes. On y compte dix-sept rayons, tous simples, quoique articulés, dont les supérieurs sont un peu plus minces. Les ventrales sont de cottes, étroites, et composées seulement d'une épine et de trois rayons mous.

La dorsale ne va pas en avant jusqu'au crâne, et seulement jusque vis-à-vis l'articulation antérieure du scapulaire, ce qui est cependant plus avant que le haut de l'ouverture branchiale. Sa hauteur est médiocre, et ne surpasse pas la moitié de celle du corps en avant. Ses épines sont rondes, peu épaisses et arquées en arrière. La troisième est plus courte que les deux précédentes; la quatrième redevient un peu plus longue; de la septième à la dixième elles redécroissent un peu, et la onzième reprend un peu; mais les rayons mous qui la suivent sont de près de moitié plus longs qu'elle. Il y en a dix-huit, tous articulés, et dont les douze postérieurs, au moins, sont un peu branchus à leur extrémité, et occupent un espace d'un tiers plus long que celui des épines. L'anale correspond, pour l'étendue, à cette partie molle de la dorsale : elle a quinze rayons, dont un seul pourrait être épineux; les autres sont articulés, mais la plupart sans branches. L'espace nu derrière les deux nageoires fait à peine le seizième de la longueur totale; la caudale en fait le cinquième; elle est coupée presque carrément, et n'a que douze rayons.

B. 6; D. 11/18; A. 1/14; C. 12; P. 17; V. 1/3.

Aucune partie de la tête n'a d'écailles; mais de chaque côté de la dorsale est une bande formée de quatre rangées de petites écailles rondes et finement dentelées, dont la partie extérieure se relève d'une façon singulière, qui en fait comme autant de petites crêtes. Les deux bandes se réunissent sur la nuque par un arc qu'elles forment au-devant de la dorsale. Une bande nue deux fois plus large est placée de chaque côté au-dessous des précédentes; puis vient une rangée de semblables écailles au-dessus de la ligne latérale, et au-dessous d'elle deux ou trois, ou même quatre et cinq rangées à quelques endroits, qui forment de chaque côté une deuxième bande écailleuse moins régulière que celle qui borde la dorsale, plus étroite en avant, mais plus large dans son milieu et à sa partie postérieure: tout ce qui est au-dessous de cette seconde bande est nu. Aucune nageoire n'a d'écailles.

Dans son état sec, ce poisson paraît d'un brun roussâtre, irrégulièrement marbré, tacheté et pointillé de noirâtre. D'après M. Tilesius, il y a dans le frais des teintes rousses, violâtres et pourprées; mais on voit aussi des individus à fond jaunâtre ou olivâtre.

Notre individu a sept pouces et demi : la taille la plus ordinaire de l'espèce est de neuf.

Cet hémilépidote fait souvent entendre un bruit ou une voix grognante, analogue à celle des trigles.

La figure donnée par M. Tilesius (Mém. de l'Acad. de Pétersbourg, t. III, pl. 11, fig. 1 et 2) est très-bonne; mais une observation importante à faire, c'est que cet auteur croit et dit expressément dans son texte (p. 266), que sa planche 12 représente le même poisson dans son état frais et lorsque sa peau molle cache encore ses écailles; l'on voit cependant à cette figure des épines sur le crâne et une division profonde entre les deux dorsales, qui s'accordent mal avec ce que nous offre l'espèce que nous venons de décrire, et qui semblent plutôt indiquer un cotte qu'un hémilépidote.

Une autre observation, non moins importante, c'est que

le poisson représenté dans l'atlas du Voyage de Krusenstern
(pl. 87, fig. 4) ne peut pas être non plus, comme M. Tilesius
semble le penser, une simple variété de l'hémilépidote que
nous venons de décrire. On ne lui a marqué que neuf épines
à la première partie de sa dorsale, une épine et treize rayons
mous à la seconde; son préopercule a quatre épines, etc.
La figure n'étant qu'au quart de la grandeur naturelle, l'individu devait être long de trente-deux pouces. C'est bien
plutôt, à ce qu'il nous semble, le *cottus polyacanthocephalus,* dont la tête a été vaguement dessinée.

Mais Pallas a décrit un véritable hémilépidote, et peut-
être le même que le nôtre, sous le nom de *cottus trachurus* [1]. Sa description s'accorderait même entièrement avec
la nôtre, s'il ne comptait vingt et un rayons mous à la dorsale, tandis que nous n'y en trouvons que dix-huit, et s'il
ne plaçait une espèce de division entre les trois premières
épines de cette nageoire et les huit suivantes; mais cette
division peut avoir été accidentelle. Son individu était
long de neuf pouces, et il en avait un d'un pied. Tous
les deux lui avaient été donnés par le capitaine Billings,
qui en avait pris un près du continent de l'Amérique, et
l'autre aux îles Kouriles. On voit par son article que Steller avait aussi observé cette espèce dans le voisinage du
continent américain, et l'avait nommée *cottus duabus bre-
vibus barbulis sub mento.* Les habitans des îles Aleutiennes
l'appellent *hiekejak.*

Pallas [2] donne un extrait des observations anatomiques
faites sur ce poisson par Steller.

---

1. Pallas, *Zoogr. ross.*, t. III, p. 138, n.° 106, et pl. 25.
2. *Ibid.*, t. III, p. 140.

Son foie avait trois lobes; on n'y découvrait pas de vésicule du fiel, mais il s'y voyait de nombreux conduits biliaires. L'estomac, dans un individu long d'un pied, n'était que de la grosseur d'un gland, et contenait un petit pleuronecte, quelques petits crabes et un fragment de madrépore. Il y avait au pylore cinq appendices assez longues. Les intestins ne faisaient qu'un repli, et étaient remplis d'un chyme blanc, peut-être à cause des madrépores. Les reins étaient fourchus à leur extrémité antérieure; et les deux ovaires étaient remplis de très-petits œufs.[1]

DES BEMBRAS (*BEMBRAS*, nob.),

Et de l'espèce du Japon.

(*Bembras japonicus*, nob.)

Les formes intermédiaires entre les cottes et les scorpènes ne sont pas épuisées; et en voici encore une qui nous vient, comme tant d'autres poissons singuliers, du nord de l'océan Pacifique. Nous la devons à M. Langsdorf, qui l'a rapportée du Japon.

Sa tête a presque les mêmes crêtes et les mêmes épines que dans les platycéphales; mais elle n'est nullement aplatie : ses ventrales, loin d'être en arrière des pectorales, sont plutôt en avant, et ont cinq rayons mous; il y a, comme dans les scorpènes, des dents en velours aux palatins, aussi bien qu'au vomer et aux mâchoires; mais ses dorsales sont séparées comme dans les cottes.

L'espèce sur laquelle ce genre repose, a le corps sept fois aussi

---

1. M. Tilesius, qui a fait de grandes confusions, en mêlant, sans les distinguer nettement, les notes de Steller et de Pallas avec les siennes, rapporte cette anatomie au *myoxocephalus* de Steller, qui est un vrai cotte, et non pas un hémilépidote (Mémoires de l'Académie de Pétersbourg, t. III, p. 278).

long que haut; son épaisseur vers le devant égale presque sa hauteur : la longueur de sa tête est trois fois et demie dans celle du poisson : sa hauteur au crâne est deux fois et demie dans sa propre longueur, et elle n'a pas en arrière plus d'épaisseur que de hauteur. Le profil descend insensiblement à compter des yeux, et le museau, un peu déprimé et obtus, a quelque chose de celui du brochet. Les yeux sont ovales, fort grands et placés à peu près au milieu de la longueur de la tête, mais tout près de la ligne du profil. Leur diamètre longitudinal est du tiers de cette longueur, et le vertical, d'un tiers moindre; entre eux est un intervalle de moitié de leur diamètre vertical. La bouche n'est pas tout-à-fait fendue jusque sous le bord antérieur de l'œil; mais le maxillaire s'étend jusquelà. La mâchoire inférieure avance un tant soit peu plus que l'autre; son milieu est légèrement échancré. Il y a, comme nous l'avons dit, des bandes de dents en fin velours aux mâchoires, au-devant du vomer et sur chaque palatin. Le premier sous-orbitaire est grand, deux fois plus long que haut, et a deux épines rapprochées, aiguës à son bord inférieur. La crête de celui qui va s'unir au préopercule marche très-près de l'œil, et a deux petites épines. Le préopercule en a quatre, dont une à l'angle, deux au-dessus et une petite au-dessous; mais il n'en a point qui se dirige en avant, comme dans les platycéphales : celle de l'angle se continue avec une crête transverse du limbe. L'opercule a deux arêtes, terminées chacune par une pointe aiguë; et il y en a une semblable sur le subopercule, dont le bord a en outre une petite pointe. La crête surcilière a deux ou trois dentelures pointues; et il y a une crête terminée en pointe sur la tempe, et une autre sur l'arrière du crâne. Le devant de l'orbite a une petite épine; mais on n'en voit point sur les narines. Les ouïes sont fendues jusque sous le devant de l'œil, et ont chacune six rayons. Il n'y a point d'armure à l'épaule, si ce n'est une petite épine à l'huméral. Les pectorales n'ont pas plus d'ampleur que dans les platycéphales; leur longueur est du sixième de celle du poisson. On y compte dix-sept rayons, dont les six inférieurs ne sont pas fourchus. Les ventrales s'attachent très-près de la base des pectorales, et un peu plus en avant; elles sont un peu moins longues; leur épine est de moitié plus courte que les rayons mous. La première dorsale commence vis-à-vis l'attache des pectorales; elle a onze rayons fermes et piquans, sans être gros. Le premier est presque aussi long que les trois suivans, qui ont plus des trois quarts de la hauteur du corps; ensuite ils diminuent, et le onzième est fort petit. L'épine de la deuxième dorsale vient immédiatement après, et est aussi haute que la neuvième de la première, c'est-à-dire moitié autant que le corps. Les rayons mous qui la suivent, au nombre de onze, la dépassent peu. L'anale répond à cette deuxième dorsale, et a deux épines et onze rayons mous. Le bout de queue, derrière ces deux nageoires, est du septième de la longueur totale. La caudale est coupée carrément ou arrondie, et a treize rayons entiers.

B. 6; D. 11 — 1/11; A. 2/11; C. 13; P. 17; V. 1/5.

Le dessus du crâne, le haut de l'opercule, le bas de la joue, ont des écailles, et il y en a aussi de petites sur la base de la caudale : le corps en a plus de soixante-dix sur une ligne longitudinale; elles sont finement striées et dentelées au bord. La ligne latérale est droite, presque parallèle au dos, formée par une suite continue de légères élevures simples et étroites, un peu carénée au commencement.

Ce poisson, dans l'état sec où nous l'avons vu, paraît tout entier d'un jaune roussâtre; on voit quelques restes de taches brunâtres éparses irrégulièrement sur la première dorsale. Il est long de huit pouces et demi.

Nous ne savons rien de son anatomie ni de ses habitudes.

———

CHAPITRE IX.

Des Scorpènes (Scorpœna, Linn.).

Les scorpènes ressemblent beaucoup aux cottes ; elles en ont la tête épineuse et les grandes pectorales, en partie même les rayons gros et simples à ces nageoires ; mais elles en diffèrent sensiblement par leur tête comprimée latéralement, par leur dorsale non divisée et par leurs dents aux palatins.

Ce sont des poissons à qui leur tête grosse et épineuse, et la peau molle et spongieuse qui les enveloppe le plus souvent, donnent un air hideux et dégoûtant, en même temps que les piqûres de leurs épines les rendent redoutables ; aussi ne les a-t-on pas moins accablés de noms odieux que les cottes : ceux de *scorpion*, de *crapaud*, de *diable de mer,* leur ont été prodigués. Celui de *scorpène*, qu'on leur donne en quelques ports[1] de la Méditerranée, paraît déjà sous la forme de σκόρπαινα ou *scorpœna*, dans les ouvrages des anciens, quelquefois seul[2], quelquefois à côté de celui de *scorpius*[3]. Le *scorpius*, auquel on attribue une couleur rouge[4] et variée[5], et la faculté de blesser par les coups de sa tête[6], semble être plus particulièrement la grande espèce, appelée par Linnæus *scorpœna scrofa;* mais Hicesius, dans Athénée, distinguait déjà de cette espèce rouge, qui se tenait en pleine

---

1. Voyez la liste de ces noms dans l'histoire de la première espèce.
2. Xenocrates, *De alim.*, c. 4. — 3. Pline, l. XXXII, c. 11. — 4. *Idem,* l. XXXII, c. 7. — 5. Numenius, *ap. Athenœum*, t. VII, p. m. 320. Diphilus, *ibid.* — 6. Ovide, *Hal.*, l. V, v. 117, *duro capitis ictu.*

mer, une espèce noire, plus rapprochée des rivages, et qui pouvait bien être le *scorpœna porcus*.[1]

La Méditerranée produit, en effet, deux espèces de *scorpènes*, une plus grande, plus rouge, à écailles plus larges et plus lisses, munie de barbillons et de lambeaux charnus plus nombreux, dont les épines dorsales sont plus inégales; c'est le *scorpœna scrofa*, L. : et une plus petite, plus brune, dont les écailles sont plus petites, plus âpres, les barbillons moins nombreux, et les épines de la dorsale à peu près égales entre elles; c'est le *scorpœna porcus*, L. : mais je ne garantirais pas que leur séjour fût aussi constamment différent que le dit Hicesius.

Ces deux espèces sont communes et très-connues sur toutes les côtes de la Méditerranée; elles y vivent généralement en troupes dans la pleine mer; leurs piquans passent pour faire des blessures dangereuses : mais cette circonstance, non plus que leur laideur, n'empêche pas que l'on ne s'en nourrisse, et même leur chair passe pour assez bonne.

Elles serviront de type au premier genre que nous établissons, celui des *scorpènes proprement dites,* que nous caractérisons par une tête épineuse et tuberculeuse, dénuée d'écailles; des dents en velours aux palatins, aussi bien qu'au vomer et aux mâchoires; sept rayons à la membrane des ouïes; un corps écailleux; des lambeaux charnus, adhérens à leur tête et à leurs flancs, et des rayons simples, quoique articulés, à la partie inférieure de leurs pectorales.

---

1. Athénée, *loc. cit.*

La GRANDE SCORPÈNE ROUGE.

(*Scorpœna scrofa*, Linn.)

Les formes de la grande scorpène sont lourdes : son corps est
oblong; la courbe de son dos légèrement convexe; celle de son
ventre souvent renflée.

Sa hauteur aux pectorales est moins de quatre fois dans sa longueur, son épaisseur moins de deux fois dans sa hauteur; la longueur de sa tête fait plus du tiers de sa longueur totale; son œil
est élevé, plus près du museau que de la pointe de l'opercule, mais
moins que de la nuque; les ouvertures de la narine, rondes, assez
grandes, à peu près égales, sont placées l'une au-devant de l'autre,
et plus près de l'œil que du bout du museau; sa mâchoire inférieure
est plus avancée; sa bouche, oblique, ne descend pas jusque sous
l'œil, et néanmoins, comme les ouies sont bien fendues quand les
préopercules s'écartent, la gueule ne laisse pas que de s'ouvrir
beaucoup. Les nombreuses épines de sa tête, enveloppées d'une
peau molle, ne paraissent pas autant sur le poisson frais que sur
celui qui est desséché : il y en a d'abord une à chaque nasal, comme
dans les cottes; le bord supérieur de l'orbite, qui est relevé, en a
trois. L'espace concave, et plus long que large d'entre les orbites, a
deux lignes saillantes, qui ont chacune à l'arrière de l'orbite une
petite épine, se continuent en s'écartant un peu jusqu'à la nuque,
où elles se terminent chacune par deux épines, l'une derrière l'autre;
plus en dehors il y en a trois très-petites, immédiatement derrière
le bord de l'orbite, une sur la tempe et deux qui appartiennent à l'os
surscapulaire. Le premier sous-orbitaire est très-inégal, et son bord
antérieur donne trois petites épines, qui croisent un peu sur le
maxillaire; mais il est loin de pouvoir cacher cet os, qui est long
et très-élargi en arrière. Le deuxième sous-orbitaire, qui cuirasse
obliquement le haut de la joue, est relevé dans son milieu d'une
double arête, qui a deux ou trois petites épines. Le préopercule est
arrondi, et son bord donne trois épines, dont la supérieure est
plus longue, plus pointue et en porte elle-même une petite à sa

base; vers le bas il en a encore deux, mais plus obtuses. L'opercule osseux a deux arêtes, qui partent de son articulation et vont en divergeant se terminer par deux pointes aiguës, que dépasse son prolongement membraneux, terminé par un angle arrondi.

Les mâchoires sont garnies de larges bandes de dents en velours; il y en a une en travers du vomer et une le long du bord externe de chaque palatin : ce sont aussi des dents en velours qui garnissent les pharyngiens et les tubercules des arcs branchiaux; mais la langue, qui est courte, large et saillante, n'en a aucune : elle est lisse, mais n'a point de revêtement charnu.

Les membranes des ouïes s'unissent sous l'isthme, sans s'y joindre; mais comme elles sont fort échancrées, les ouïes sont très-ouvertes; il y a sept rayons de chaque côté, et non pas six comme dans les cottes. [1]

On sent une épine à l'os scapulaire, et il y en a une autre au claviculaire, au-dessus de la pectorale.

La longueur de la pectorale fait le cinquième de la longueur totale; elle est arrondie, et quand elle s'étale, elle est deux fois plus large que longue : ses neuf rayons inférieurs n'ont aucune branche; les neuf d'au-dessus sont branchus et plus minces, et le supérieur de tous est de nouveau simple, mais mince et roide.

Les ventrales, attachées un peu plus en arrière que la base de la pectorale, et presque aussi longues, ont, comme à l'ordinaire, une épine et cinq rayons mous et branchus; l'épine est de moitié plus courte; leur membrane s'unit à la peau de l'abdomen sur moitié de leur longueur.

La dorsale commence au-dessus de l'os surscapulaire. Son premier rayon est de moitié plus court que le second, et celui-ci d'un tiers de plus que le troisième, qui a les deux cinquièmes environ de la hauteur du corps; ensuite ils diminuent par degrés jusqu'au onzième, qui n'est pas plus long que le premier : le douzième se relève d'un tiers environ; ensuite viennent les neuf rayons mous,

---

1. Bloch dit six, et on n'a pas manqué de le copier; mais il y en a bien sûrement sept.

dont le dernier fourchu, qui forment une portion de nageoire arrondie, et un peu plus élevée même que le troisième rayon épineux. La membrane est fortement échancrée derrière chaque épine. La longueur de la dorsale fait presque moitié de la longueur totale; sa portion molle ne fait que moitié de l'épineuse.

L'anale répond aux deux tiers antérieurs de la portion molle de la dorsale; elle a trois épines grosses, mais courtes, surtout la première, et cinq rayons mous, dont le dernier est fourchu : entre elle et la caudale est un espace nu, qui fait le huitième de la longueur totale; celui d'au-dessus, entre la dorsale et la caudale, n'en est que le seizième. La hauteur de cette partie de la queue en est le dixième, et son épaisseur à peine le vingtième.

La caudale est arrondie : sa longueur est entre le quart et le cinquième de la longueur totale; elle est aussi haute que longue, et a onze rayons entiers et branchus, et quelques-uns simples et plus courts, quatre dessus et trois dessous, en sorte qu'en les comptant tous, il y en aurait dix-huit; mais nous avons déjà fait remarquer plusieurs fois que nous ne comptons que ceux qui vont jusqu'au bord.

La tête n'a point d'écailles du tout, et il n'y en a non plus aucunes à la poitrine et autour des pectorales et des ventrales; celles du corps sont au nombre d'environ quarante ou quarante-quatre sur une ligne, depuis l'ouïe jusqu'à la caudale, et de vingt ou vingt-cinq sur une ligne verticale; au dos elles sont plus larges que longues; sur le flanc leur largeur et leur longueur sont à peu près égales; au ventre elles sont plus longues que larges; leur bord radical a jusqu'à seize crénelures, et il y a autant de stries à leur éventail. Leurs côtés sont lisses, et c'est à peine si l'on voit quelques stries à leur bord; cependant, en les palpant à contre-sens sur le corps, elles offrent quelque âpreté au tact. Aucune nageoire n'en a. La ligne latérale est un peu concave vers le haut; elle se marque par un tube assez gros et assez long sur chacune des écailles qui lui appartiennent.

Les lambeaux charnus ou cutanés qui caractérisent cette espèce, paraissent varier en nombre et en grandeur, selon les sexes, les âges et même les saisons. Dans un des individus qui en montrent le plus, on en voit six petits au bord antérieur du museau, un sur le bord de l'ouverture antérieure de la narine, deux sur l'orbite, dont le second est plus grand, plus large et plus déchiqueté; un grêle de chaque côté sur la crête du crâne; un assez grand au sous-orbitaire antérieur; quelques petits à la joue et au maxillaire; huit de chaque côté, inégaux sous la branche de la mâchoire inférieure; quelques-uns le long du limbe du préopercule, dont deux inférieurs, assez grands; un très-grand nombre sur la nuque et sur les côtés du corps, dont ceux qui suivent la ligne latérale sont en général plus grands et plus déchiquetés que les autres.

La couleur de cette espèce ne varie pas moins que le nombre de ses lambeaux.

Un des plus beaux individus que nous ayons observés, et qui vient d'être apporté de Sicile par M. Biberon, est tout entier d'un rouge de minium qui teint les doigts, sur lequel se marquent des marbrures et des lignes irrégulières brunâtres et blanchâtres; sur le museau ces marbrures sont disposées en rivulations; sur la pectorale ce sont des taches nuageuses, brunes; on en voit aussi, mais de moins fortes, sur la caudale et sur la portion molle de la dorsale. L'anale en a de plus rouges. La portion épineuse de la dorsale a quelques lignes irrégulières, obliques, blanchâtres, bordées de brunâtre; des points d'un rose-clair opaque se montrent sur les côtés. Les ventrales et la poitrine sont d'un rose clair. Ce bel individu n'a pas cette grande tache noire qu'on voit, dans presque tous les autres, sur la dorsale épineuse du sixième au neuvième rayon; mais c'est un des caractères qui disparaissent le plus promptement dans la liqueur : il se conserve beaucoup mieux dans les individus secs.

Nous avons sous les yeux la peinture d'Aubriet, d'où l'on a copié la figure de Lacépède (t. II, pl. 15, fig. 3),

et elle offre la même teinte générale d'un rouge de minium, que l'individu que nous venons de décrire. Cette couleur se voit aussi sur un dessin de M. Risso; mais il paraît qu'à un certain âge et en certaines saisons cette scorpène a des teintes plus jaunes ou plus brunes. Plus les individus sont jeunes, plus les marbrures et les rivulations qui varient le fond de leurs couleurs sont nombreuses, fines et diverses; plus aussi leurs lambeaux charnus sont à proportion grands et déchiquetés.

Nous devons dire que nous avons comparé avec le plus grand soin des individus envoyés par M. Risso lui-même, comme étant de ses *scorpœna scrofa* et *lutea*, et que nous n'avons pu y découvrir de différences que de la nature de celles dont nous venons de parler, et qui tiennent aux divers états du poisson.

Les viscères des scorpènes ressemblent beaucoup à ceux des cottes. Le foie de la grande est un lobe triangulaire, situé en travers sous l'œsophage, plus à gauche qu'à droite. La vésicule du fiel est grande, en ovale alongé. Le canal cholédoque est long, et s'ouvre, ainsi que les vaisseaux hépato-cystiques, dans le duodénum, auprès du pylore.

L'œsophage se continue, et se dilate en un large sac à parois épaisses et irrégulièrement ridées, pour former l'estomac. Le pylore a huit cœcums gros et peu longs.

L'intestin fait deux replis avant de se rendre à l'anus.

Les ovaires sont petits, et placés vers le diaphragme. Il en est de même des reins, qui ne descendent pas au-delà de l'estomac.

Il n'y a pas de vessie natatoire.

Le squelette n'a que huit vertèbres que l'on puisse nommer abdominales, et les deux dernières ont même déjà leurs apophyses transverses réunies pour former l'anneau; l'antépénultième les a descendantes, mais non réunies : il y en a seize caudales, vingt-quatre en tout. Le premier interépineux de l'anale est très-long, et placé obliquement, de manière qu'il s'attache à la huitième vertèbre, quoique les deux épines qu'il porte ne répondent qu'à la treizième et à la quatorzième. Les apophyses épineuses antérieures du dos et les trois ou quatre premières de la queue sont assez fortes. Les os du carpe sont échancrés des deux côtés, dans leur milieu, et élargis à leurs extrémités.[1]

Cette espèce parvient aisément à quinze et dix-huit pouces, quelquefois même, selon Brünnich, à deux pieds de longueur, et à trois ou quatre livres de poids. M. de Martens[2] dit même qu'elle pèse quelquefois six livres; mais il y a loin encore de là aux dimensions que lui attribuent Bloch et M. de Lacépède : le premier lui donne trois et quatre aunes de longueur, c'est-à-dire six et huit pieds, et le second quatre mètres, c'est-à-dire douze pieds. Tout cela vient de ce que Bloch, après avoir reconnu que le *marulke* de Pontoppidan (notre *sebastes norvegicus*, *perca norvegica* de Retzius) n'est pas, comme il l'avait cru d'abord, le chaboisseau commun (*cottus scorpius*), a imaginé que ce devait être la scorpène dont nous traitons maintenant. Or, comme Pontoppidan dit[3], que ce marulke a quelquefois *quatre pieds,* Bloch n'a pas cru apparemment exagérer beaucoup en disant *trois ou quatre aunes,* ce qui fait pourtant six et huit pieds, et M. de Lacépède substituant à ces aunes de Berlin, longues de deux pieds, des mètres de France, qui en ont trois, et lui en donnant même *plus de quatre,* voilà notre scorpène qui de dix-huit pouces a grandi jusqu'à douze et treize pieds. Ce qui est encore plus curieux, c'est que le même passage, la même ligne de Pontoppidan a servi à porter ainsi l'un après l'autre à une grosseur imaginaire deux poissons différens, le chaboisseau et la scorpène. Peut-être même, si

---

1. M. Rosenthal donne une figure du squelette du *scorpœna scrofa* (Tables ichtyotomiques, pl. 17, fig. 2).
2. Voyage à Venise, t. II, p. 426.
3. Pontoppidan, *Hist. nat. of Norway*, t. II, p. 160.

4.

l'on cherchait la source de l'assertion de Pontoppidan, trouverait-on qu'il n'a fait que traduire une ligne de Willughby sur la scorpène comparée au *porcus* (*præcedente triplo aut quadruplo major*[1]). Mais Willughby ne voulait parler que du poids et non pas de la longueur.

Cette espèce, abondante par toute la Méditerranée, se nomme à Montpellier *rascasse*[2]; à Marseille et à Gênes, *scorpion* ou *scorpeno*[3]; à Nice, *capoun*[4]; en Sardaigne, *pesce-capone*[5] (à cause de sa grosse tête); à Rome, *scrofano*[6]; à Iviça, *roje*[7]; à Venise, *scarpena*[8]; en Sicile, *scrofana* et *scrofana gaderana;* à Catane en particulier, *scazupuli,* et à Trapani, *cepola* ou *cipola*[9]; en Grèce, *scorpidi.*[10]

Elle est beaucoup plus rare dans l'Océan, et néanmoins Cornide parle de l'*escorpena* parmi ses poissons de Galice.[11] Il y en a bien plus avant dans le golfe de Gascogne, car c'est manifestement un poisson de cette espèce, desséché, que Duhamel représente sous le nom de *crabe de Biarritz* ou de *saccarailla de Saint-Jean-de-Luz.*[12]

Il y en a aussi plus au midi, car nous en avons vu un beau dessin fait à Madère par Mme Bowdich; mais on ne peut la suivre plus au nord, car le diable de Dieppe, représenté par Duhamel, appartient à l'espèce suivante (*scorpæna porcus*), et Pennant ne parle d'aucune des deux, ni dans sa Zoologie britannique, ni dans sa Zoologie arctique. Donovan garde le même silence à leur égard.

---

1. Willughby, *Pisc.*, p. 331. — 2. Rondelet, p. 201. — 3. *Id., ib.*, et Bélon, *Aq.*, p. 248. — 4. Risso, p. 188. — 5. Cetti, t. III, p. 108. — 6. Salvien, fol. 198. — 7. De Laroche, Ann. du Muséum, t. 13. — 8. Martens, Voyage à Venise, t. II, p. 346. — 9. Rafinesque, *Indice d'ittiologia siciliana*, p. 27. — 10. Bélon, *loc. cit.* — 11. Cornide, *Ensayo de los pesces, etc.*, p. 27. — 12. Pêches, 2.ᵉ part., sect. 5, p. 94, pl. 4.

C'est, comme nous l'avons déjà dit, une erreur de Pontoppidan, copiée par Bloch et par d'autres, qui a fait prendre pour notre scorpène actuelle la grande espèce du nord, nommée d'abord *perca marina* par Linnæus, et ensuite *perca norvegica* par Retzius, très-voisine en effet des scorpènes, quoique très-différente de toutes celles auxquelles nous réservons maintenant ce nom.

Nous rapportons à l'espèce actuelle, d'après Gronovius lui-même[1], le *scorpæna capite cavernoso, cirrhis geminis in maxilla inferiore*[2] de cet auteur, qu'il avait d'abord regardé comme une espèce à part, et dont MM. Bonnaterre et Lacépède ont fait leur *scorpène barbue*[3]. Gronovius n'avait eu d'abord qu'un individu mutilé; mais il a dans la suite reconnu son erreur.[4]

Mais nous nous en écartons, et nous parlerons plus loin de deux espèces étrangères que Schneider y a réunies, le *rascacio* de Parra et le *perca cirrhosa* de Thunberg.

La grande scorpène, sur les côtes de Provence et de Ligurie[5], habite principalement parmi les rochers. A Iviça il paraît qu'elle est plus généralement de haute mer[6]. Dans le golfe de Gascogne, les pêcheurs de Biarritz vont jusqu'à six lieues au large au nord-ouest, et en prennent avec d'autres poissons, surtout depuis le mois de Juillet jusqu'au commencement de l'hiver[7]. Bélon dit que c'est sur les côtes de Négrepont que l'on pêche les plus grandes.

Selon cet observateur, les scorpènes ont la vie dure, et subsistent long-temps hors de l'eau; elles conservent même du mouvement après qu'on les a coupées en morceaux.

---

1. *Zoophyl.*, t. I, p. 87, n.° 290. — 2. *Mus. icht.*, t. I, p. 46, n.° 103. — 3. Lacépède, t. III, p. 274. — 4. *Zoophyl.*, *loc. cit.* — 5. Risso. — 6. De Laroche. — 7. Duhamel.

Rondelet, Salvien, disent que ce poisson a la chair
coriace : il faut l'attendrir pour la manger ; mais elle ne
passe pas moins pour bonne et saine. Cetti l'appelle *buo-
nissima.* M. Risso rapporte qu'elle sert en quantité à la
consommation habituelle, et Bélon assure que de son
temps il ne se faisait point de bon repas en Grèce où l'on
n'en mangeât quelqu'une. A Biarritz et à Saint-Jean-de-Luz
on en fait du bouillon pour les malades.

La PETITE SCORPÈNE BRUNE, *plus spécialement appelée* RASCASSE.

(*Scorpœna porcus,* Linn.)

La ressemblance de ce poisson avec le précédent est des
plus grandes, au point que quelques auteurs ont pensé
qu'il en était seulement un autre sexe : les détails de l'armure de sa tête, les nombres de ses rayons sont les mêmes ;
sa forme générale et la distribution de ses taches sont à peu
près semblables ; toutefois une comparaison attentive fait
voir,

1.° Que le *scorpœna porcus* a la tête plus courte, et le corps plus
haut à proportion.

2.° Que les rayons épineux de sa dorsale sont plus égaux ; le premier n'a qu'un tiers de moins que le second, et la gradation crois-
sante jusqu'au quatrième, ainsi que la décroissante jusqu'au onzième,
se fait presque insensiblement. Le douzième et les rayons mous se
relèvent comme dans l'autre scorpène.

3.° Ses écailles sont beaucoup plus petites et plus rudes ; on en
compte plus de soixante sur une ligne entre l'ouïe et la caudale, et
plus de quarante sur une ligne verticale aux pectorales : toutes sont
plus longues que larges, très-finement striées et ciliées au bord
externe, et ont de six à huit ou neuf crénelures à leur base.

4.° Ses lambeaux charnus sont infiniment moins nombreux ; il y en a six petits au bout du museau, deux sur l'orbite, dont le second est plus grand, plus large qu'à l'espèce précédente, et un sur la crête du crâne; mais on en aperçoit à peine quelques petits à la joue, et il n'y en a ni à la mâchoire inférieure, ni sur les côtés du corps : c'est à peine si la ligne latérale en offre quelques-uns, et tous comparativement fort petits.

5.° Sa couleur est généralement brune, et non pas rouge; et toutefois le ventre et les nageoires inférieures ont quelquefois des teintes roses, qui se conservent même assez long-temps dans la liqueur sur les ventrales et sur l'anale.

6.° Il est marbré, en général, par plus grandes masses; mais il y a à cet égard tant de variétés dans l'une et l'autre espèce, que nous n'insistons point sur cette différence.

7.° Il ne devient pas aussi grand; son poids excède rarement une livre, et sa taille huit à dix pouces.

Les viscères du *scorpæna porcus* ne diffèrent presque en rien de ceux du *scrofa*.

L'estomac est peut-être un peu plus alongé; mais encore cela peut dépendre de l'état de plénitude dans lequel on le trouve.

Les huit appendices cœcales sont aussi un peu plus longues. Les reins sont courts, mais très-gros; ils donnent dans une grande vessie urinaire, qui occupe plus du tiers de la longueur de l'abdomen.

La rate est petite, alongée et cachée entre les cœcums, sous l'estomac.

J'ai trouvé dans un estomac long de deux pouces et demi, et retiré d'un individu qui en avait huit à neuf, un sublet, un crabe tourteau et trois crevettes.

Son squelette offre les mêmes nombres de parties que celui de la grande espèce, mais plus raccourcies; la tête surtout a ses épines plus marquées.

C'est cette espèce qui se nomme plus particulièrement *rascasse* ou *rasquasso* à Marseille [1]; elle porte le même

---

1. Brünnich, *Icht. massil.*, p. 32.

nom à Nice[1] et à Iviça[2]; à Rome on l'appelle *scrofanello*, par opposition à la précédente, qui est le *scrofano*[3], à Catano *scaropuli*[4]. M. Biberon nous l'a rapportée de Sicile sous le nom de *scrofana nivura* : elle vient quelquefois dans la Manche; nous l'avons vue à Caen. C'est le *diable de mer de Dieppe* de Duhamel[5]; et l'on a même dit à cet auteur qu'il s'en prend à Torbay. Cependant Pennant la passe sous silence dans sa Zoologie britannique.

Nous en avons aussi trouvé parmi les poissons envoyés de Ténériffe, que M. Alcide d'Orbigny vient d'envoyer au Cabinet du Roi, et nous avons même lieu de soupçonner que l'espèce est du petit nombre de celles qui traversent l'Océan; car M. Milbert nous en a envoyé un individu de New-York.

Ses habitudes et ses qualités paraissent ressembler beaucoup à celles de la grande espèce; mais on la dit plus littorale.

———

Le *cottus massiliensis* de Forskal[6], sur lequel M. de Lacépède a établi sa *scorpène marseillaise*[7], présente exactement les nombres de rayons et tous les caractères communs à nos deux espèces précédentes, et c'est incontestablement une scorpène. Forskal, à la vérité, a négligé les caractères qui auraient pu nous apprendre son espèce ; mais comme il dit qu'on le nomme à Marseille *rascasse*, ce doit être le *scorpæna porcus;* et je ne vois pas pourquoi Schneider aime mieux en faire un synonyme du *scorpæna scrofa.*

---

1. Risso, p. 187. — 2. De Laroche, Annales du Muséum, t. XIII, p. 316. — 3. Salvien, fol. 201. — 4. Rafinesque, p. 27. — 5. Pêches, 2.ᵉ part., sect. 5, pl. 3, fig. 2. — 6. *Descr. an., etc.*, p. 24. — 7. Lacépède, t. III, p. 269.

Dans aucun cas il n'y a de raison pour laisser subsister dans le système ichtyologique une *scorpène marseillaise;* l'on en chercherait en vain à Marseille une autre que les deux précédentes et la dactyloptère ou *sébaste,* dont nous parlerons bientôt.

M. Risso a cru retrouver ce *cottus massiliensis* dans le *cernier,* mais le seul nombre des rayons de l'anale aurait dû le détromper; il est dans le cernier de 3/9, et dans ce prétendu *cottus* de 3/6, comme dans nos scorpènes.[1]

———

Des Scorpènes étrangères.

Le sous-genre des scorpènes proprement dites se retrouve sous diverses formes dans les parages chauds et tempérés des deux océans.

Nous en connaissons au moins quatre d'Amérique, et cinq ou six des mers orientales; et cependant, indépendamment des éliminations qui résultent de l'établissement des autres genres, nous sommes encore obligés de rayer de notre liste quelques poissons que, d'après les indications de ceux qui les ont fait connaître, on pourrait croire des scorpènes proprement dites, mais qui appartiennent à d'autres genres, ou qui font double emploi dans celui-là.

Il est un de ces retranchemens que nous devons surtout faire remarquer, parce qu'il serait difficile d'en soupçonner la raison; c'est celui de la *scorpène aiguillonnée* de M. de Lacépède. Nous nous sommes assurés que c'est, non pas

---

1. Il faut toujours faire attention à la différence de notation. Quand Forskal et Linnæus écrivent 3/9, ils entendent neuf rayons, dont trois épineux et six mous; c'est ce que nous écrivons 3/6.

une scorpène, mais le poisson que nous avons appelé *premnade unicolore,* et chacun peut s'en assurer comme nous, en comparant la description de ce savant ichtyologiste avec la nôtre.

La SCORPÈNE DU BRÉSIL.

(*Scorpæna brasiliensis,* nob.)

Ces retranchemens faits, il nous reste d'abord une première espèce, venue du Brésil,

très-semblable au *scorpæna scrofa,* surtout par les écailles, mais dont les épines dorsales sont aussi égales que dans le *scorpæna porcus.* Ses pectorales sont plus longues que dans l'une et dans l'autre; elles ne sont comprises que trois fois et demie dans la longueur totale, et celles du *scorpæna scrofa* et du *scorpæna porcus* y sont plus de quatre fois. Je ne lui vois point de lambeaux sous la mâchoire inférieure; mais elle en a à la tête et sur la ligne latérale.

D. 12/9 (le dernier fourchu jusqu'à la racine); A. 3/5 (le dernier également fourchu jusqu'à la racine); C. 12; P. 19; V. 1/5.

Dans la liqueur elle paraît d'un brun assez uniforme, plus pâle en dessous, avec quelques marbrures plus brunes sur les nageoires paires, et quelques traits blanchâtres, peu apparens, sur la dorsale.

Nos individus sont longs de sept à huit pouces.

La SCORPÈNE CRAPAUD DE MER.

(*Scorpæna bufo,* nob.)

Le Brésil possède une autre scorpène, qui se trouve aussi à la Martinique, où elle est co nue particulièrement sous le nom de *crapaud de mer,* et à Cuba, où Parra l'a fait graver sous celui de *rascacio*[1]. M. Schneider croit que

---

1. Parra, Description, etc., p. 34, pl. 18, fig. 1.

ce *rascacio* est le *scorpœna scrofa;* mais il s'en faut de beaucoup.

Le caractère le plus facile à exprimer de ce crapaud de mer, c'est qu'il a l'aisselle de la pectorale noire, et semée de plusieurs taches rondes d'un blanc de lait, qui tranchent fortement sur le fond : accident de couleur qui se conserve même dans les individus desséchés et dans ceux que l'on garde dans la liqueur.

Cette espèce a les écailles semblables à celles du *scorpœna scrofa*, et porte tout autant de lambeaux, soit à la tête ou aux mâchoires, soit sur la ligne latérale, et sur toute la surface du corps; mais elle s'en distingue sensiblement par sa tête plus courte, plus grosse, portant des épines aux mêmes endroits, mais plus grosses, plus relevées, et qui jettent de côté et d'autre des arêtes en rayons, plus saillantes, quelquefois dentelées; l'opercule est strié le long de ses arêtes; et ce qui est surtout frappant, l'épine nasale a ses bords dentelés. Les épines dorsales sont plus égales qu'au *scorpœna scrofa*, et la seconde anale est surtout beaucoup plus forte.

Les nombres sont, comme dans nos espèces,

B. 7; D. 12/9; A. 3/5; C. 13 ou 14; P. 19 ou 20; V. 1/5.

Ce poisson est encore plus hideux, s'il est possible, par sa tête, que nos scorpènes de la Méditerranée. Ses teintes sont distribuées de même par toutes sortes de marbrures, de taches, de points et de rivulations; dans nos individus, elles paraissent de différens bruns et de différens gris, avec du rose en quelques endroits : nous apprenons de Parra, que dans l'état frais il offre un mélange de brun, de rose et de violet. M. Plée nous assure en avoir vu un dont tout le ventre était rouge.

La dorsale a, dans quelques-uns de nos individus secs, une grande tache noire entre le sixième et le septième rayon; mais elle disparaît souvent, et principalement par l'action de l'esprit de vin, comme dans le *scorpœna scrofa*.

Dans ce *scorpœna bufo*, le foie et l'estomac sont beaucoup plus petits que dans les espèces de la Méditerranée.

Les laitances sont au contraire beaucoup plus grandes; ce qui ne tient pas à ce que le poisson aurait été pris au moment où il allait frayer.

Les reins sont aussi beaucoup plus petits, ainsi que la vessie urinaire.

D'ailleurs la disposition des viscères est absolument la même, ainsi que le nombre des cœcums.

L'espèce devient assez grande; nous en avons des individus de dix-huit pouces.

Parra dit que sa chair est très-savoureuse, et qu'on en fait d'excellentes soupes, mais qu'elle n'est pas commune à la Havane, et M. Plée s'exprime précisément de la même manière à l'égard de celle de la Martinique et de celle de Porto-Rico. Il est assez singulier que Margrave n'ait mentionné aucune scorpène dans ses Poissons du Brésil.

Nous avons trouvé dans les manuscrits de Plumier une mauvaise esquisse qui nous paraît représenter cette espèce. Bloch en a publié une copie dans les Nouveaux Mémoires de Stockholm (t. X, pl. 7, p. 234), et l'a nommée *scorpæna Plumieri;* mais il ne faut pas la confondre avec la *scorpène Plumier* de M. de Lacépède, dont nous parlerons tout à l'heure.

Il ne serait pas impossible que le *scorpæna gibbosa* de Bloch (*Systema,* éd. de Schneider, p. 192, et pl. 44) fût encore cette espèce, dessinée d'après un individu sec, dont les lambeaux avaient disparu; mais ce serait une figure peu exacte pour la distribution des couleurs et pour les épines du dessus de la tête, et où l'on aurait surtout entièrement négligé de marquer la grosseur de la seconde épine anale.

La Scorpène a longs tentacules.

(*Scorpæna grandicornis,* nob.; *Scorpène Plumier,* Lacép., t. II,
pl. 19, fig. 3? et t. III, p. 282.)

Le père Plumier a laissé dans ses manuscrits une esquisse assez informe d'une scorpène, qui a été gravée dans
l'ouvrage de M. de Lacépède sous le nom de *scorpène
Plumier,* mais qui est différente de celle qui a fourni la
scorpène Plumier de Bloch. Le poisson y est représenté
avec de grands lambeaux en forme de plumes sur le museau, sur les yeux et le long de la ligne latérale, et avec de
fortes épines anales.

Nous en avons trouvé un au Cabinet du Roi qui réunit
à peu près ces caractères, et il nous en a été envoyé plus
récemment un second de la Martinique par M. Achard, et
un troisième de Porto-Rico par M. Plée. Ils appartiennent
tous les trois à la même espèce que l'original de Plumier,
autant du moins qu'on en peut juger par la figure si peu
finie qu'il en a laissée. Nos colons de la Martinique nomment cette espèce *crapaud de mer,* comme la précédente.

Par les écailles et le nombre des lambeaux, elle rappelle le *scorpæna scrofa;* mais ses épines anales sont plus fortes même que dans
le *scorpæna porcus* : celles du dos sont aussi très-fortes. Sa tête est
plus courte que dans l'une et dans l'autre espèce d'Europe. Les
aiguillons du dessus de son orbite et de son crâne sont plus relevés
et plus pointus. L'espèce est surtout remarquable par la grandeur
de ses lambeaux, qui du reste sont placés aux mêmes endroits que
dans le *scorpæna scrofa;* les grands du dessus de ses yeux ont près
des deux tiers de la longueur de sa tête, et sont déchiquetés des
deux côtés en petits filamens. Il en est de même, proportion gar-
dée, de ceux du museau, des joues, des mâchoires, et surtout de

quelques-uns de ceux de la ligne latérale, en sorte qu'ils ont pu
motiver à peu près cette forme de plume que l'on voit sur l'esquisse de Plumier ; forme qui n'en donne cependant pas une idée
exacte, car le lambeau même est large, et n'a que des filamens courts.

Cette scorpène est brunâtre, nuée de brun plus foncé, et a le
ventre blanchâtre. Dans l'aisselle de sa pectorale est une tache brune,
semée de tout petits points blancs, beaucoup plus nombreux, plus
serrés, et renfermés dans un moindre espace que les taches de notre
scorpæna bufo. De semblables points blancs ou blanchâtres, très-
petits, sont semés sur le dos et les flancs, deux ou trois sur chaque
écaille ; une bande brune règne sur la membrane de la partie épineuse
de la dorsale.

Les nombres des rayons sont les mêmes que dans le *scorpæna
scrofa.*

Nos individus ont de quatre à six pouces.

M. Poey nous a donné un dessin de cette espèce, fait à
la Havane, où elle porte le même nom de *rascacio* que
la précédente, et ne paraît pas en être distinguée par les
pêcheurs. Sa chair y passe pour excellente ; on l'y mange
surtout en soupe : elle pèse ordinairement deux livres. On
redoute beaucoup les piqûres de ses aiguillons.

Tout récemment M. Ricord vient de nous en rapporter
de Saint-Domingue ; mais dans cette île on a le préjugé que
sa chair est vénéneuse et fait mourir dans la journée ; ce
qui l'a fait appeler *rascasse vingt-quatre-heures.*

La Scorpène sans armes.

(*Scorpæna inermis*, nob.)

Nous avons trouvé dans le Cabinet de feu M. Richard
une très-petite scorpène de la Martinique, qui se distingue de toutes celles du genre,

parce que les épines et les crêtes de sa tête, d'ailleurs les mêmes en nombre que dans le *scrofa* ou le *porcus*, sont tellement effacées, qu'il faut de l'attention pour les remarquer. Ses yeux sont plus grands que dans les autres espèces, et l'orbite ne s'élève pas au-dessus. Je ne lui vois que très-peu de lambeaux sur le corps, et aucuns sur la tête. Les nombres de ses rayons sont les mêmes qu'aux autres. Dans la liqueur elle paraît rousse, avec des marbrures nuageuses d'un brun plus foncé; le ventre plus pâle; des points bruns pâles, diversement rangés ou groupés sur ses nageoires.

Nous n'en avons point découvert de traces dans les auteurs, et nous l'appellerons *scorpæna inermis*.

La Scorpène diable de mer.

(*Scorpæna diabolus*, nob.)

Duhamel[1] représente et décrit un poisson qu'il *croit avoir rapporté du Croisic* (ce sont ses propres termes), et qu'en conséquence il nomme simplement sur sa planche *diable* ou *crapaud de mer du Croisic;* mais ici, comme en beaucoup d'autres endroits de son livre, le bon Duhamel a manqué de mémoire. Sa figure, qui est excellente, représente une espèce bien distincte de toutes celles de nos côtes, dont Péron et MM. Quoy et Gaymard ont rapporté des individus de la mer des Indes, que MM. Kuhl et Van Hasselt ont dessinée à Java, et nommée *scorpæna multicolor,* et dont il y a dans la bibliothèque de Banks un dessin fait à Otaïti par Parkinson, et intitulé *scorpæna marmorata.* Sa patrie n'est donc pas la mer de Bretagne, mais bien le grand Océan oriental; et c'est une erreur très-forte de Bloch, lorsqu'il fait de ce nom de *crapaud de*

---

1. Pêches, 2.ᵉ part., sect. 5, p. 92, pl. 3, fig. 1.

mer du Croisic le nom français ordinaire du *scorpœna porcus.*

Cette scorpène a beaucoup de la tournure de notre *scorpœna bufo;* mais on ne voit point dans son aisselle ces gouttes blanches sur un fond noir qùi caractérisent cette dernière; d'ailleurs l'espèce que nous décrivons a un caractère qu'elle ne partage, à notre connaissance, avec nulle autre, et qui est très-bien représenté dans la figure de Duhamel, c'est que les arêtes de son opercule sont fasciculées ou comme composées de la réunion de plusieurs, et les pointes qui les terminent divisées en plusieurs dents. Les épines de sa nuque sont de même multipliées et dentelées. Il y a sur le milieu de son grand sous-orbitaire un groupe de quatre on cinq petites épines : celles du bord du sous-orbitaire antérieur sont plates et un peu crénelées; ses épines nasales sont aussi hérissées de petites pointes. La joue a un grand creux au-dessous de l'œil, et le crâne est aussi un peu concave. Ses lambeaux charnus sont fort nombreux. Sous sa mâchoire et sur ses flancs on en distingue beaucoup de larges, minces, ciliés : peut-être dans l'état frais y en a-t-il autant que d'écailles. Les pectorales mêmes en portent tant de petits qu'elles en sont comme velues; mais il paraît qu'il n'y en a point aux sourcils : la courbe de son dos est très-convexe en avant; ses épines dorsales sont fortes, mais pas très-hautes, ni très-inégales : les cinq premières sont arquées en arrière.

Les nombres sont les mêmes que dans les précédentes.

B. 7; D. 12/9; A. 3/5; C. 14; P. 19; V. 1/5.

Ce poisson, dans la liqueur, paraît marbré de différens bruns et de différens gris; mais, d'après les figures et les descriptions, il doit avoir à l'état frais beaucoup de rouge : la face de ses pectorales qui regarde le corps, est d'un blanc opaque, et a entre les premiers rayons, ceux qui sont branchus, deux bandes transversales noires, dont la plus extérieure paraît un peu au travers des barriolures de la face externe. L'aisselle a des taches et des points bruns sur un fond pâle, qui y sont liés en une sorte de réseau ou de marbrure. Je ne vois point de taches particulières sur la dorsale.

Nous avons un squelette de cette espèce; il ne diffère de ceux de nos scorpènes de la Méditerranée que par les détails qui s'aperçoivent déjà à l'extérieur.

C'est une grossière image de ce poisson que l'on a essayé de donner dans l'ouvrage de Renard (2.ᵉ part., pl. 8, fig. 35) sous le nom d'*ikan satan* (poisson diable). La notice jointe à cette figure dit que l'individu était long de cinq pieds, et que deux Noirs qu'il avait blessés de ses aiguillons en moururent dans des souffrances affreuses. Les naturalistes qui habitent les Moluques auront à nous apprendre ce qu'il peut y avoir de vrai dans ce récit, surtout en ce qui concerne la taille.

Valentyn, qui a cette même figure (n.° 170), l'appelle *ikan sowanggi bezars* (grand poisson sorcier); noms qui appartiennent aussi à la *synancée horrible*. Il ne lui donne que deux pieds de longueur. Il ajoute que sa chair est mauvaise, et qu'à cause de son nom de mauvais augure, aucun des indigènes n'en oserait manger; mais que les soldats hollandais, moins superstitieux, la trouvent seulement un peu sèche.

La Scorpène de l'Isle-de-France.

(*Scorpæna nesogallica,* nob.)

La mer des Indes produit plusieurs autres scorpènes, remarquables par des caractères singuliers. Il y en a une à l'Isle-de-France, très-semblable au *scorpæna diabolus,*

et qui a aussi à la face postérieure de sa pectorale des bandes noires plus ou moins complètes, mais dont la pointe supérieure de l'opercule est simplement fourchue, et l'autre souvent simple : le creux de son crâne est encore plus profond; son aisselle est blanche, régulièrement semée de points ronds et noirs.

Un individu, qui paraît avoir été varié de brun et d'incarnat, a été apporté par MM. Lesson et Garnot. M. Dussumier en a rapporté un autre,

où la bande noire du bord de la pectorale est plus marquée, et où celle de la base forme une large tache noire; il y a de même dans l'aisselle des points noirs prononcés. C'était le rouge qui dominait sur le corps dans l'état frais : le brun noirâtre y prend de larges espaces sur le dos; les nageoires en sont pointillées.

D. 12/9 ; A. 3/6 , etc.

La SCORPÈNE DE LA MER ROUGE.

(*Scorpæna erythræa*, nob.)

M. Geoffroy en a trouvé une dans la mer Rouge qui a toutes les formes du *porcus*,

et est de même marbrée de différens bruns, mais ne porte qu'un lambeau court, large, dentelé au sommet sur le sourcil, deux grêles et courts à la lèvre supérieure, et un petit à chaque narine; les autres, s'ils existent, sont peu apparens.

D. 12/10 ; A. 3/6 , etc.

La face interne de sa pectorale et son aisselle ont des taches rondes, brunes, semées en quinconce, sur un fond tout pointillé de blanc.

Nos individus ont les épines et les crêtes de la tête presque masquées par une peau spongieuse; mais c'est ce qui arrive à toutes les espèces dans certaines circonstances.

Ces individus sont longs de cinq, six et sept pouces.

La SCORPÈNE VEINÉE.

(*Scorpæna venosa*, nob.)

Une autre espèce, envoyée de Pondichéry par M. Leschenault, et qui nous paraît, sans aucun doute, le *mooro-bontoo* de Russel (pl. 56), a les formes du *scorpæna scrofa*, mais une tête plus petite, armée d'aiguillons plus relevés, plus pointus, plus tranchans. L'os de son épaule a deux pointes tranchantes comme celles d'un couteau : des lambeaux s'attachent à différens endroits de la tête, et notamment à sa mâchoire inférieure; mais je n'en vois point à son orbite. Son caractère le plus remarquable est que toute la peau de sa tête, entre les épines, est comme veinée par de petites lignes creuses qui se joignent dans tous les sens, et forment ainsi un réseau à petites mailles irrégulières, que l'on serait tenté de prendre au premier coup d'œil pour des écailles. Ses épines dorsales et anales sont plus fortes à proportion qu'au *scrofa*; mais les nombres de ses rayons sont les mêmes. L'individu, long de six pouces, est assez mal conservé : il paraît avoir été rouge ou fauve; on lui voit des marbrures brunes à la dorsale et à l'anale.

Russel dit que dans l'état frais

il a la tête et le dos obscurs, avec mélange d'un rouge terne, la gorge et le ventre couleur de rose, et les nageoires irrégulièrement rayées de noir et de rouge.

Cet auteur n'ajoute rien sur ses habitudes ni sur l'usage qu'on en fait, et M. Leschenault ne nous en parle pas non plus; ce qui nous fait penser que l'espèce n'est pas très-commune dans le golfe du Bengale.

La Scorpène cirrheuse.

(*Scorpæna cirrhosa*, nob.; *Perca cirrhosa*, Thunb.)

Le *perca cirrhosa* du Japon, décrit par Thunberg (Nouv. Mém. de Stockholm, t. XIV, 1793, pl. 7, fig. 2), est bien sûrement une *scorpène*; mais ce n'est nullement le *scrofa*, comme l'a cru Bloch (*Syst. posth.*, p. 192). Nous sommes en état de la décrire d'après nature, en ayant un individu sec apporté du Japon même par M. Langsdorf, que

4. 3o

M. Lichtenstein a eu la complaisance de nous confier, et un autre dans la liqueur, que M. Dussumier vient de rapporter de la côte de Malabar : son nom japonais est *hrocabu.*

Elle ressemble au *porcus* beaucoup plus qu'au *scrofa,* par l'égalité presque générale des épines de sa dorsale, qui est pourtant échancrée après la onzième, comme à l'ordinaire; mais ces épines sont moins hautes encore à proportion; son corps est moins raccourci; ses écailles plus grandes, plus lisses: elle ressemble beaucoup à nos deux espèces d'Europe par l'armure de sa tête et de son épaule, où les épines sont placées aux mêmes endroits, mais encore plus comprimées et plus saillantes. Les tentacules de ses sourcils sont si petits qu'on a peine à les trouver, et que M. Thunberg ne les a pas marqués dans sa figure; mais on lui en voit aux narines, aux maxillaires, au préopercule; elle en a trois plus grands que les autres sous chaque branche de la mâchoire inférieure : ceux qui sont épars sur le corps, sont petits et plats.

D. 12/10; A. 3/5; C. 11 entiers; P. 7 rameux et 11 simples; V. 1/5.

Le fond de sa couleur paraît rose sur le dos et les flancs, blanchâtre sous le corps; de grandes marbrures nuageuses, brunâtres, et beaucoup de petites taches brunes et noirâtres, sont répandues sur le rose, et empiètent même un peu sur le blanc. Il y a dans l'aisselle deux ou trois taches rondes, blanchâtres, sur un fond brunâtre. La grande tache noire de la dorsale, qui se remarque si bien sur le *scrofa,* n'existe point dans cette espèce.

Nos individus sont longs de huit pouces.

Le *scorpæna cottoides* de la Nouvelle-Zélande de Forster, qui est devenu dans le Bloch de Schneider (p. 196) le *synanceia papillosa*[1], et dont il y a un dessin dans la bibliothèque de Banks, ressemble beaucoup à

---

1. Schneider, dans la table (p. xxxvii), reconnaît que c'est une scorpène, et non pas une synancée.

cette scorpène du Japon et à notre scorpène de Pondichéry, et est de même rouge, tachetée de brun; mais sa
figure ne montre point de barbillons, et la longue description insérée dans l'ouvrage que nous venons de citer, ne
contient presque que des caractères génériques; ce qui
arrive à plusieurs de ces descriptions de Forster, qui
souvent en une page entière ne contiennent pas ce qu'il
faudrait pour déterminer l'espèce; aussi ne parlons-nous
de celle-ci que pour donner une indication aux voyageurs, et non pour rien affirmer de positif à son sujet.

En général, nos lecteurs peuvent remarquer combien
nous hésitons à établir des espèces dont nous n'avons vu
par nous-mêmes aucun individu.

La Scorpène de la Nouvelle-Guinée.

(*Scorpæna Novæ-Guineæ*, nob.)

MM. Quoy et Gaymard viennent de rapporter de leur
second voyage deux scorpènes qu'ils ont prises à la Nouvelle-Guinée, et dont la ressemblance avec la précédente
est telle qu'il faut un long examen pour en apprécier les
caractères.

La première a même, comme le *cirrhosa*, au haut de l'aisselle,
quelques taches pâles sur un fond brun. Ses formes, les épines de
sa tête, sont aussi les mêmes; mais ses aiguillons dorsaux sont un
peu plus grêles; son crâne, derrière les yeux, est creusé en fossette,
et l'intervalle des yeux est fort concave, de moitié plus long que
large; tandis que dans le *cirrhosa* sa largeur égale sa longueur. Les
nombres des rayons sont les mêmes, et autant qu'on en peut juger,
les couleurs sont semblables.

L'individu est long de six pouces.

La Scorpène des Papous.

(*Scorpæna papuensis,* nob.)

L'autre espèce de la Nouvelle-Guinée a aussi l'intervalle des yeux concave et étroit; sa tête est plus alongée que dans la première, et son aisselle, blanchâtre, est à peu près sans taches.

L'individu n'a aussi que six pouces.

La Scorpène peinte.

(*Scorpæna picta,* K. et V. H.)

MM. Kuhl et Van Hasselt ont envoyé de Java au Musée royal des Pays-Bas une scorpène

qui a la tête encore plus courte que toutes les autres, et les aiguillons aussi relevés et aussi aigus qu'aucune : elle se distingue parce que les trois épines ou dentelures du bord antérieur de son premier sous-orbitaire se recourbent vers l'avant, tandis que dans les autres espèces la dernière descend vers le bas ou se recourbe en arrière. Par ses écailles et par la grosseur de ses épines anales, surtout de la seconde, elle se rapproche de notre *scorpæna porcus.* Elle a beaucoup de petits lambeaux sur les côtés du corps, mais je ne lui en vois point sur l'orbite, ni surtout à la mâchoire inférieure.

Ses nombres de rayons sont les mêmes que dans le *scrofa* et le *porcus.*

Les marbrures et autres distributions de couleur ressemblent à ce qu'on voit dans presque tout le genre. Il n'y a point de taches particulières dans ses aisselles ni à sa dorsale.

L'individu n'a que cinq pouces.

La Scorpène de Maurice.

(*Scorpæna mauritiana,* nob.)

Une petite scorpène, envoyée de l'Isle-de-France par M. Mathieu, a la tête ronde et courte, comme le *scorpæna picta*, et les épines du dessus de la tête relevées de même ; mais celles du grand sous-orbitaire le sont beaucoup moins, et l'épine inférieure du sous-orbitaire antérieur ne se recourbe pas en avant : elle n'a point de lambeaux à la tête, et on en voit peu sur le corps. Sa couleur paraît rousse, marbrée de brun, avec des points blanchâtres sur le ventre, et des points bruns formant des bandes et des marbrures sur les nageoires. Ses nombres sont les mêmes que dans tout son genre.

L'individu n'a pas trois pouces.

Il nous semble en avoir trouvé une figure dans le recueil de Corneille de Vlaming (n.° 170); elle y est nommée *mauritius knor-haantje* (petit coq bruyant de l'Isle-de-France). On sait que ce nom *knor-haan,* qui est proprement celui du coq de bruyère, a été donné à des cottes, à des trigles, et l'on voit qu'il l'est aussi à des scorpènes.

La Scorpène de l'île Strong.

(*Scorpæna strongia,* nob.)

MM. Lesson et Garnot ont pris à l'île Oualan ou Strong, à l'est des Carolines, une petite scorpène, dont les formes rappellent celles de notre *scrofa* beaucoup mieux que celles des autres espèces de la même mer ;

dont la tête, par conséquent, est oblongue, comprimée, les épines supérieures médiocrement relevées, celles du grand sous-orbitaire presque réduites à une crête. Elle paraît blanchâtre, toute persillée de noirâtre.

Les individus n'ont que deux pouces.

La partie antérieure de son sous-orbitaire, dont les dentelures croisent sur le maxillaire, a la dernière de ces dentelures un peu prolongée en épine, ce qui est un premier indice de l'arme dangereuse des apistes.

La Scorpène a défenses.

(*Scorpœna laniaria*, nob.)

Une petite scorpène prise à l'île Guam par MM. Quoy et Gaymard, lors de leur second voyage,

a pour caractère distinctif la troisième dentelure du bord antérieur de son sous-orbitaire dirigée en dehors, de sorte qu'elle a l'air d'avoir de chaque côté une défense saillante.

Les autres épines de sa tête sont assez fortes : sa dorsale est presque égale; sa caudale arrondie.

Les nombres sont :

D. 11/9; A. 3/5; C. 17; P. 11 simples et 5 branchus; V. 1/5.

Nous ne possédons qu'un seul individu, long de deux pouces, dont la couleur paraît avoir été rougeâtre, à grandes marbrures noires, et parsemée de points blancs. On ne lui voit point de lambeaux cutanés.

La Scorpène a points rouges.

(*Scorpœna rubro-punctata*, Ehr.)

Parmi les collections faites dans la mer Rouge par M. Ehrenberg, se trouve une très-petite scorpène qui, pour la forme, représente notre *scrofa* en miniature;

mais ses couleurs sont particulières. Sur un fond blanchâtre, pointillé de rouge, elle a quatre larges bandes brun pourpre, aussi pointillées de rouge. La première va du crâne à la gorge, en entourant l'œil; la seconde, du milieu de la dorsale épineuse au ventre derrière les ventrales; la troisième, de la fin des épines de la dorsale au commencement de l'anale : ces deux-là s'unissent dans lé haut; la quatrième est sur la base de la caudale. Les ventrales sont du même brun pourpre; mais la partie molle de la dorsale et de l'anale, la caudale et les pectorales sont jaunes, pointillées de rouge.

Sa longueur n'est pas tout-à-fait de deux pouces.

Les Arabes de Massuah l'appellent *durha-bahr*.

CHAPITRE X.

Des Sébastes (*Sebastes,* nob.).

Les scorpènes proprement dites ont la tête hérissée de crêtes et d'épines, et enveloppée d'une peau spongieuse : à peine voit-on sur les individus desséchés quelques petites écailles sur le derrière du crâne et le haut de l'opercule.

Il existe d'autres poissons de cette famille, dont la tête, moins hérissée, a des écailles sur toutes ses parties, au museau, au maxillaire, à la joue et à toutes les pièces operculaires; en sorte qu'ils se rapprochent de plusieurs perches à dorsale unique, et ne tiennent proprement aux scorpènes, si l'on fait abstraction des caractères qui leur sont communs avec les perches, que par les rayons simples de la moitié inférieure de leurs pectorales, et par la production de leur sous-orbitaire, qui va gagner le limbe de leur préopercule.

C'est un de ces poissons que M. de Laroche a décrit à Iviça, et nommé *scorpæna dactyloptera*[1], parce que, n'ayant pas assez examiné les scorpènes communes, il supposait que ce caractère de rayons simples, dépassant la membrane des pectorales, était particulier à son espèce.

Il y en avait une autre espèce dans le Nord, beaucoup plus anciennement connue, et c'est par son histoire que nous commencerons celle de ce genre.

J'ai tiré le nom de *sébaste* de l'épithète d'*impériale,* que l'espèce de la Méditerranée porte à Iviça, de σεβαςὸς (auguste).

---

1. Annales du Muséum, t. XIII, p. 337, pl. 22, fig. 9.

La SÉBASTE SEPTENTRIONALE, *nommée aussi* PERCA NORVEGICA, *et par erreur* PERCA MARINA.

(*Sebastes norvegicus*, nob.; *Perca marina*, Linn.; *Perca norvegica*, Müll.)

Les rapports de ces *sébastes* avec les perches sont assez grands pour avoir fait illusion à des naturalistes du premier ordre. Nous en avons une preuve dans le poisson que nous allons décrire, et qui habite toute la mer du Nord et la mer Glaciale: il a été rangé par Linnæus, dans la dixième édition de son *Systema* et dans la seconde édition de sa Faune de Suède, parmi les *perca,* et, ce qui est à peine concevable, confondu avec le *perca marina,* qui, d'après ses caractères et ses synonymes, n'est autre que le *serran écriture* de la Méditerranée (*perca scriba,* Linn.). [1]

Cette erreur a été copiée comme tant d'autres, et l'on a écrit depuis dans toutes les ichtyologies que le *perca marina* ou l'*holocentre marin* habite à la fois la Méditerranée et l'Océan septentrional; Pennant a fait graver sous ce nom cette espèce du Nord [2]: et c'est sa figure que Bonnaterre a copiée pour représenter le *perca marina,* tout en lui donnant dans son texte des caractères qui ne conviennent qu'au serran. [3]

Cependant Ascanius en donnait une figure [4], et M. Müller, dans sa Zoologie danoise [5], l'indiquait sous le nouveau nom de *perca norvegica;* Othon Fabricius, dans la Faune du Groënland [6], démêlait la confusion d'espèces que l'er-

---

1. Voyez notre chapitre des *serrans.* — 2. *Brit. zool.*, édit. de 1776, p. 226. — 3. Encyclopédie méth., planches d'ichtyologie, p. 128, pl. 54, fig. 210. — 4. *Ic.*, pl. 16. — 5. En 1776, p. 46. — 6. Fabricius, *Fauna groenl.*, p. 167.

reur de Linnæus avait occasionée, et Retzius l'établissait sous ce nom de *perca norvegica* dans son édition de la Faune suédoise; mais tout ce qui est résulté de leurs efforts, c'est que les nomenclateurs ont inscrit une perche norvégienne ou un holocentre norvégien à côté de l'holocentre marin ou de la perche marine, sans faire remarquer que la perche marine comprenait aussi l'autre dans son histoire.

La grandeur seule de ce poisson aurait dû avertir cependant que ce n'était pas le serran. Fabricius lui donne une coudée; Retzius, deux pieds et plus, et il est évident par tout le contexte de Pontoppidan que c'est de cette espèce qu'il a entendu parler quand il dit que son scorpion de mer, ou *marulke,* est long de quatre pieds. Cependant il doit y avoir aussi quelque confusion dans Pontoppidan; car on croit que c'est encore de ce poisson qu'il parle sous le nom de *rœdfisk,* ou poisson rouge[1], et on lui donne en effet ce nom dans certains cantons de Norvége, ainsi que ceux de *karfe,* de *ouger* ou d'*uer.*

C'est sous le nom de *karfe* (carpe) qu'Olafsen et Powelsen en ont donné une mauvaise figure dans leur Voyage en Islande[2]. Ils en parlent dans le texte, aux §§. 527, 743 et 895, mais sans détails, et se bornant à dire que c'est le poisson le plus *large* de cette côte; expression que je ne comprends pas, mais qui n'est peut-être qu'une faute de traduction. Ils le croyaient du genre des pagres.

Nous avons enfin aujourd'hui ce poisson. Il nous a été envoyé de Norvége par M. Nöel, et de Miquelon par M. de la Pilaye, et il se trouve que ce n'est point une

---

1. *Hist. nat. of Norway,* p. 141. — 2. Pl. 32 de la traduction française.

perche, mais une sébaste, très-semblable à la scorpène dactyloptère de M. de Laroche.

Sa forme est à peu près celle de la perche ou des grands serrans, c'est-à-dire que son corps est oblong, un peu comprimé, et a ses courbures dorsale et abdominale légèrement convexes, la bouche oblique, la mâchoire inférieure plus avancée.

Sa hauteur aux pectorales n'est pas tout-à-fait trois fois et demie dans sa longueur, et son épaisseur ne fait pas moitié de sa hauteur; la longueur de sa tête est juste le tiers de sa longueur totale. Sa nuque descend avec une courbure légèrement convexe, qui devient un peu concave sur le crâne, et reprend quelque convexité au museau. L'œil est tout près de la ligne du front et plus avancé que le milieu, et son diamètre égale le quart de la longueur de la tête; l'intervalle des yeux est plat, et égale presque leur diamètre. La bouche est oblique, fendue jusque sous le devant de l'œil; mais le maxillaire, fort large en arrière, se porte jusque sous le milieu de l'œil : la mâchoire inférieure monte au-devant de l'autre, et sa symphyse a en dessous une proéminence qui, lorsque la bouche est fermée, se porte à l'avant du poisson. Trois gros pores sont percés sous chacune de ses branches. La mâchoire supérieure est un peu protractile; mais le maxillaire ne peut se cacher sous le sous-orbitaire, quand elle se retire. Le sous-orbitaire antérieur n'a qu'une petite pointe, qui croise à peine un peu sur le maxillaire : le postérieur donne une production qui s'étend un peu obliquement en arrière, vers le préopercule, mais sans l'atteindre entièrement; en sorte que c'est à peine si l'on peut dire qu'il cuirasse la joue. La surface des sous-orbitaires, dans le squelette, est un peu caverneuse, mais non hérissée de crêtes ou d'épines. La narine a deux trous ronds bien ouverts, voisins l'un de l'autre et de l'orbite; à peine voit-on l'épine nasale. Il y a sur le bord de l'orbite, en avant, une petite épine, et derrière ce bord, sur le crâne, trois autres, aussi petites, puis une crête peu élevée de chaque côté du crâne, qui se termine également par une petite épine : il y en a une aussi au surscapulaire, une au scapulaire et deux à l'opercule; mais ce ne sont que des vestiges, en quelque sorte que des ressouvenirs des crêtes et des aiguillons dont la tête des scorpènes proprement dites est hérissée. Le préopercule les rappelle un peu mieux; il est arrondi, et a cinq épines pointues, mais peu alongées, et à base élargie. Son limbe se marque peu. Le sous-opercule et l'interopercule ont chacun une petite épine à l'endroit où ils se touchent.

Des dents en fin velours serré garnissent les deux mâchoires, le devant du vomer et le bord externe de chaque palatin en avant.

La langue est triangulaire, assez libre, mince et sans dents.

La membrane des ouïes est très-fendue, et ne se fixe qu'au même endroit que le pédicule de la poitrine; on y compte sept rayons.

Les râtelures externes de la première branchie sont assez longues : le rang interne et les deux rangs des branchies suivantes se réduisent à des tubercules garnis de dents en velours; telles sont aussi les dents des os pharyngiens.

La dorsale commence au-dessus des surscapulaires; elle a quinze rayons épineux, assez forts, peu inégaux, et dont les mitoyens, qui sont les plus élevés, n'ont guères plus du cinquième de la hauteur du corps. Cette partie occupe à peu près le tiers de la longueur totale : la partie molle est plus courte de moitié, mais plus élevée du double; elle a quinze rayons branchus. L'anale répond aux deux tiers antérieurs de la partie molle de la dorsale; elle a trois rayons épineux, forts, dont le premier de moitié plus court que les deux autres, et huit branchus, du double plus longs que ces derniers. La partie de la queue, entre la fin de l'anale et le commencement de la caudale, fait le sixième de la longueur totale; sa hauteur en fait le onzième, et son épaisseur n'a pas moitié de sa hauteur; la caudale fait presque le septième de la longueur; son bord est un peu taillé en croissant, et l'on y compte quatorze rayons entiers. La longueur de la pectorale fait plus du cinquième du total; elle est arrondie et aussi large que longue : ses dix premiers rayons sont branchus; les neuf autres sont simples, quoique articulés; mais ils ne surpassent pas les premiers en grosseur : tous sortent un peu de la membrane. Les ventrales sortent un peu plus en arrière que les pectorales, et ne se portent pas tout-à-fait aussi loin; elles ont une épine et cinq rayons branchus, dont le premier a le double de l'épine en longueur : leur bord interne s'attache au corps pour un tiers.

Tout ce poisson est couvert d'écailles rudes jusque sur le bout du museau et sur les maxillaires; les lèvres, la membrane des ouïes, le bord postérieur de leur ouverture et l'aisselle des pectorales en sont seuls dépourvus : il y en a de petites bandes derrière les épines de la dorsale. La partie molle de cette nageoire, celle de l'anale et la caudale en sont garnies de fort petites, jusqu'à moitié.

Elles sont assez petites, il y en a au moins quatre-vingt-dix sur une ligne entre l'ouïe et la queue, et de trente à quarante sur une ligne verticale près des pectorales. Leur forme est ovale, plus longue que large; leur bord est âpre, et elles ont dix ou douze crénelures à leur base. Sur le dos il y en a entre elles de beaucoup plus petites, qui garnissent leurs joints et qui font paraître leur surface comme granuleuse.

La ligne latérale, parallèle au dos, et occupant en avant le quart supérieur de la hauteur, se marque par de petites élevures cylindriques, un peu pointues en arrière, et placées, d'espace en espace, de manière qu'il n'y en a qu'environ trente-six sur sa longueur : mais ce n'est que sur le poisson sec qu'on le voit bien ainsi.

Cette description est prise sur des individus de Norvége et de Terre-Neuve, qui ne semblent pas différer par les formes.

Dans leur état actuel ils paraissent d'un roussâtre assez uni, avec une tache noirâtre vers l'angle de l'opercule; mais je vois par les notes de M. de la Pilaye que la couleur du poisson frais est un rouge-carminé vif, qui se rembrunit un peu vers le dos et pâlit du côté du ventre. Fabricius dit aussi qu'il a le corps rouge, surtout au dos et aux nageoires, et que son abdomen est plus pâle.

C'est cette teinte rouge qui l'avait fait prendre à Olafsen pour un pagre.

Le foie de cette sébaste des mers du Nord se compose de deux lobes alongés dans chaque hypocondre; ils sont réunis sous l'œsophage par une portion assez petite. Le droit, qui est plus mince que le gauche, se termine en une pointe fort aiguë. La vésicule du fiel est petite, globuleuse, et suspendue à un canal cholédoque fort long, qui se dilate sous la région du foie, placée sous l'œsophage. Les vaisseaux biliaires, assez nombreux, se rendent dans cette portion dilatée du canal qui glisse sous l'œsophage et va s'ouvrir dans l'intestin, tout auprès du pylore.

L'œsophage est assez long; il se rétrécit un peu vers le cardia. L'estomac n'est pas très-grand; il est alongé, pointu en arrière; ses parois sont minces, peu plissées en dedans. Le pylore s'ouvre à l'extrémité d'une branche qui naît de la paroi inférieure de l'estomac, un peu après le cardia. Il y a neuf appendices cœcales assez grosses et médiocrement longues.

L'intestin fait deux longs replis avant de se rendre à l'anus.

Les laitances sont peu grosses, et n'occupent guères en longueur que la moitié de celle de l'abdomen.

Il y a dans cette espèce une vessie natatoire qui est assez grande, occupant à peu près les deux tiers supérieurs de la longueur de la cavité abdominale. Cette vessie est ovale, simple, sans appendices; ses parois sont médiocrement épaisses et blanches, sans être argentées.

Les reins sont petits, situés auprès du diaphragme; ils se rétrécissent bientôt, et se terminent avant la pointe postérieure de l'estomac : ils versent leur urine dans une vessie musculeuse, qui est très-grande.

Le péritoine est noir. Je n'ai trouvé dans l'estomac que de très-petits crabes.

Son squelette a douze vertèbres abdominales et dix-neuf caudales, trente-une en tout; les cinq dernières de l'abdomen ont des apophyses transverses, qui vont en s'alongeant et s'abaissant, mais qui ne forment pas d'anneaux. Les côtes sont grêles et simples; les os du bassin, longs et étroits; ceux du bras et du carpe, assez dilatés. Le premier interépineux inférieur, qui porte les trois épines anales, est long, fort et cannelé latéralement.

Selon Fabricius, la chair de cette scorpène est maigre, mais agréable au goût; on la mange séchée ou cuite : sa tête et sa peau sont grasses; ses lèvres se mangent crues.

Le même observateur nous apprend qu'au Groënland ce poisson se tient dans les golfes méridionaux les plus profonds, qu'il n'approche jamais du rivage que lorsqu'il y est amené à la surface par la tempête, et alors son estomac sort par sa bouche, ce qui le fait périr. Ce seul fait, lu dans Fabricius, m'avait fait pressentir qu'à la différence des autres scorpènes les sébastes devaient avoir une vessie natatoire; mais ma conjecture ne s'est pas vérifiée pour toutes les espèces.

Il se nourrit surtout de l'espèce de plie nommée *pleuronectes cynoglossum,* au milieu de laquelle il vit. On le pêche comme le flétan, mais avec des lignes du double plus longues : il prend volontiers l'hameçon.

Les Groënlandais employaient autrefois ses épines dorsales en place d'aiguilles.

La Sébaste de la Méditerranée,
ou Scorpène dactyloptère de Laroche; Serran impérial *des Majorcains, etc.*

(*Sebastes imperialis,* nob.; *Scorpœna dactyloptera,* de Lar.[1])

Il est singulier qu'un si beau poisson, qui n'est rare dans aucune partie de la Méditerranée, n'ait point été décrit avant MM. de Laroche et Risso; mais cela tient, je crois, à ce que les uns le prenaient pour le *cottus massiliensis* de Forskal, et d'autres pour le *perca marina* des auteurs.

---

1. Annales du Muséum, t. XIII, pl. 22, fig. 9.

Il est en effet très-semblable à ce *perca marina* de Linnæus, ou à cette sébaste du Nord que nous venons de décrire, et il faut presque les voir à côté l'un de l'autre pour les distinguer. Cependant l'espèce de la Méditerranée a les épines dorsales plus hautes à proportion : la troisième et la quatrième ont moitié de la hauteur du corps au-dessous d'elles, et dans l'espèce du Nord elles n'en ont pas le tiers : de plus, ces épines ne sont qu'au nombre de douze, suivies de treize rayons mous, ce qui fait trois épines et deux rayons mous de moins.

L'intervalle des yeux est de moitié plus étroit, plus concave, et a deux lignes saillantes qu'on ne voit pas dans l'espèce du Nord. Les épines du bord de son orbite sont plus marquées; la deuxième de son préopercule excède davantage les autres : l'arête de son sousorbitaire postérieur se fait sentir au travers de la peau; les rayons simples de ses pectorales sont plus gros à proportion, et sortent davantage de la membrane : d'ordinaire ils n'y sont pas engagés de plus de moitié de leur longueur, et c'est de ce caractère que M. de Laroche a tiré son nom spécifique; enfin, le poisson tout entier est plus court à proportion : ainsi c'est bien une espèce distincte.

B. 7[1]; D. 12/13; A. 3/6; C. 16; P. 19, dont 8 simples; V. 1/5.

Sa couleur est, comme dans la sébaste du Nord, un beau rouge, tirant plus ou moins au minium ou au carmin, et plus pâle, même blanchâtre, vers l'abdomen; il y a aussi une teinte noirâtre sur l'opercule dans plusieurs individus. Cinq larges bandes brunes ou d'un rouge foncé descendent sur le fond clair jusqu'au-dessous de la ligne latérale : la première allant de la nuque sur l'opercule; la seconde et la troisième, sous la partie épineuse de la dorsale; la quatrième, sous la partie molle; la cinquième, sur la queue.

D'autres individus n'ont que quelques taches nuageuses brunes, éparses sur différens points du dos.

La longueur à laquelle ce poisson parvient, est de dix-huit pouces; il pèse alors quatre livres ou à peu près.

---

1. M. Risso ne lui donne que six rayons branchiaux; mais elle en a sept.

M. Risso dit que le palais de ce poisson est noir, et nous l'avons, en effet, trouvé ainsi dans les individus qui n'étaient pas depuis long-temps dans la liqueur. Ceux que nous avons de l'espèce du Nord, ne nous ont rien montré de semblable; mais cela tient peut-être à une plus longue macération.

Le foie de la sébaste impériale est composé de deux lobes moins longs et plus gros que ceux du foie de la précédente.

L'œsophage est plus large, et se dilate en un estomac plus grand, dont les parois sont plus épaisses, et qui sont chargées de rides en dedans.

Il n'y a que cinq cœcums au pylore : M. de Laroche dit qu'il y en a six, je n'en ai vu cependant que cinq dans deux individus que j'ai examinés. L'un des deux avait été rapporté par M. de Laroche lui-même d'Iviça. L'intestin fait deux longs replis, comme dans l'espèce précédente.

Les ovaires sont gros, et s'étendent depuis le diaphragme jusqu'à l'anus.

Ce que l'on doit surtout remarquer, c'est l'absence de vessie natatoire. M. de Laroche l'avait déjà fait connaître; mais la chose devient bien plus notable aujourd'hui que l'on sait qu'il y en a une dans la sébaste du Nord.

Les reins sont petits, et la vessie urinaire est plus petite et plus mince que celle de la sébaste septentrionale. Le péritoine est noir comme de l'encre.

Son squelette ressemble à celui de la sébaste du Nord, à l'exception des légers détails de la tête, dont les différences se voient déjà à l'extérieur.

Cette espèce, comme celle du Nord, ne vit que dans les grandes profondeurs; aussi M. de Laroche dit-il qu'elle est fort rare dans les ports où l'on n'a pas l'habitude de pêcher à ces grandes profondeurs. Il en a vu prendre à cent soixante, à cent quatre-vingts brasses, et même à trois cent soixante.

M. Risso assure qu'elle est fort commune à Nice, et qu'on l'y trouve pendant toute l'année entre les rochers les plus profonds. La femelle est pleine d'œufs en été. Sa chair est peu estimée; cependant on en fait de la soupe.

Son nom à Nice est *cardouniero,* et tient sans doute à ses épines. M. de Laroche dit qu'à Iviça on la nomme *serran impérial,* peut-être à cause de sa belle couleur rouge, et à Barcelonne, *panegal.* Je soupçonne beaucoup que c'est le *scrofanu imperiali* des Siciliens que M. Rafinesque a pris pour le *cottus massiliensis* de Forskal, et que par cette raison il s'est dispensé de décrire.[1]

La *scorpœna malabarica* de Bloch[2] est une sébaste; sa description le prouverait déjà, et ce qui ne laisse aucun doute, c'est l'inspection que nous avons faite de l'individu même qui en a été l'objet. Il est donc bien certain que l'auteur lui a rapporté mal à propos le *cottus australis* de White[3], qui est un apiste.

Ce poisson de Bloch ressemble tellement pour tous les détails à notre espèce de la Méditerranée qu'il nous est impossible de ne pas le regarder comme identique avec elle; aussi les deux origines qu'il lui attribue, l'Amérique méridionale et la côte de Coromandel, nous paraissent-elles également suspectes. Il avait reçu son individu d'Abilgaard, qui pouvait bien avoir été trompé sur sa patrie.

---

1. Rafinesque, *Indice d' itiol. sicil.,* p. 27, n.° 194. — 2. *Syst. post.,* p. 194, n.° 8. — 3. Voyage à la Nouvelle-Galles du sud, p. 286, pl. 52, fig. 1.

La Sébaste du Cap.

(*Sebastes capensis*, nob.; *Scorpœna capensis*, Gmel.; *Scorpène
africaine*, Lacép., t. III, p. 266.)

Cependant l'hémisphère antarctique a sa sébaste comme
l'hémisphère arctique, et même elle ressemble plus à celle
du Nord, que ne fait celle de la Méditerranée. Nous en
avons plusieurs individus rapportés du cap de Bonne-
Espérance par feu Delalande.

Ils ont l'intervalle des yeux presque aussi large que la sébaste du
Nord, mais un peu plus concave, et les deux lignes saillantes s'y
remarquent. Leurs épines dorsales ne s'élèvent pas plus que dans
l'espèce du Nord.

D. 12/13 ou 14; A. 3/6 ou 7; C. 13; P. 18, dont 8 simples; V. 1/5.

Dans leur état actuel, ces sébastes du Cap paraissent rougeâtres,
avec des mouchetures blanchâtres, nombreuses sur la tête et sur
le dos, et une teinte noire sur l'opercule; mais nous ne savons pas
quelle était leur couleur dans l'état frais; cependant tout porte à
croire qu'elle était rouge.

L'espèce paraît atteindre à peu près la même taille que celle de la
Méditerranée.

Nous lui avons trouvé un foie composé de trois lobes alongés;
le gauche est le plus large; des deux autres, qui sont à peu près
égaux, l'un est mitoyen et l'autre est tout-à-fait dans le côté droit
du ventre. La vésicule du fiel et son canal cholédoque ressemblent
en tous points à ceux de la sébaste septentrionale.

L'œsophage est court et large; il se rétrécit à peine pour indiquer le cardia. L'estomac forme un sac assez long et moins pointu
que celui de notre sébaste du Nord.

Le pylore est muni de onze cœcums longs et grêles.

L'intestin n'existait plus dans l'individu que nous avons ouvert.

La vessie natatoire est grande, ovale, simple, à parois minces et
argentées.

Le péritoine est gris, tacheté de noir.

Cette sébaste du Cap a été bien décrite par Gronovius, dans son *Zoophylacium* (p. 88, n.° 293), sous le nom de *perca dorso monopterygio, capite utrinque supra oculos quadridentato, operculis diacanthis squamosis, cauda subœquali.* Seulement il lui donne, peut-être par une inversion de l'imprimeur, **D. 14/12.**

C'est sur cette description de Gronovius qu'est établi le *scorpœna capensis* de Gmelin, ou la *scorpène africaine* de M. de Lacépède; espèce qui a disparu, on ne sait pourquoi, dans le *Systema* de Bloch.

La Sébaste a dorsale tachetée.

(*Sebastes maculatus*, nob.)

Le Cap produit encore une autre sébaste, beaucoup plus semblable que la précédente à celle de la Méditerranée,

et qui a les épines dorsales aussi élevées que cette dernière, et les rayons pectoraux inférieurs aussi gros et aussi dégagés de leur membrane; mais qui s'en distingue par un intervalle des yeux plus étroit, plus concave et entièrement dépouillé d'écailles.

Une grande tache brune occupe chaque intervalle des épines dorsales; et il y a aussi une bande brune tout le long de leurs racines : dans la liqueur, le reste du corps paraît rougeâtre ou jaunâtre, mais il y a grande apparence qu'il était rouge, comme dans les autres espèces.   D. 12/13; A. 3/6; C. 14; P. 19; V. 1/5.

Nos individus n'ont que sept pouces. Nous les devons aussi à M. Delalande.

Ils n'avaient pas conservé leurs viscères; mais on a pu encore s'assurer que cette espèce n'a point de vessie natatoire, et que son péritoine est d'un noir très-profond.

La Sébaste a ruban blanc.

(*Sebastes albofasciatus*, *Holocentrus albofasciatus*, Lacép.,
t. IV, p. 372.)

Il y a de ces sébastes jusque dans les mers de la Chine
et du Japon. Un imprimé japonais de la bibliothèque du
Muséum en offre une figure parfaitement reconnaissable
quant au genre, et peinte des mêmes couleurs que les
nôtres, sur laquelle M. de Lacépède a établi son *holocentrus albofasciatus.*

Elle est d'un beau rouge de minium, avec du blanchâtre à l'abdomen, au bord du préopercule et de l'opercule, et surtout avec
un ruban blanc sur la racine de la caudale : elle ne montre que
onze rayons épineux à la dorsale.

Bien que nous eussions aisément reconnu une sébaste
dans cette figure, elle ne nous paraissait pas assez authen-
tique dans ses détails pour que nous osassions décider si
l'espèce est ou non identique avec l'une de celles que
nous avons observées. Heureusement nous venons de recevoir de la complaisance de M. Lichtenstein le poisson
lui-même, qui a été cédé au Cabinet de Berlin par
M. Langsdorf.

Quoique devenu presque blanchâtre par le desséchement, on y
distingue encore le ruban blanc de la base de la caudale; mais il
ne reste point de traces de bandes verticales. Du reste, il est difficile
qu'un poisson ressemble plus à un autre que celui-là à la sébaste de
la Méditerranée. Nous lui trouvons seulement le museau un peu
plus avancé, le sous-orbitaire plus large, et l'œil plus petit. Les
épines placées immédiatement derrière les yeux sont sur quatre
rangs, et à la sébaste de la Méditerranée il n'y en a que deux rangs;
elles sont aussi toutes plus fortes à proportion dans l'espèce du

Japon. Les rayons simples de la pectorale paraissent un peu plus grêles, moins séparés, et il y en a un de moins.

D. 12/13; A. 3/6; C. 15; P. 17, dont 7 simples; V. 1/5.

La figure de l'ouvrage japonais se trouve répétée dans l'Encyclopédie japonaise, avec un texte que M. Abel Remusat a bien voulu nous interpréter, et où il est dit que l'espèce est très-commune sur les côtes du Japon; qu'elle atteint à trois pieds de longueur; que sa chair est blanche et de bon goût, et qu'on la recherche surtout pendant l'hiver. Ses propriétés paraissent donc la rapprocher beaucoup de notre sébaste du Nord.

La Sébaste marbrée.

(*Sebastes marmoratus*, nob.)

Notre imprimé japonais contient la figure d'une autre sébaste, qui a aussi été rapportée par M. Langsdorf,

et qui a le rouge de son dos et de ses flancs marbré de brun ou de noirâtre, de manière à ce que les intervalles rouges y ressemblent à des taches rondes et assez grandes. Ses nageoires sont également variées de brun et de rouge. Sur les pectorales, l'anale et la partie molle de la caudale, le brun est semé en points; sur la caudale il fait des mailles continues. Quant aux formes et aux épines, cette espèce ressemble à la précédente; mais sa tête est plus courte à proportion.

D. 12/12; A. 3/5; C. 16; P. 18, dont 8 simples; V. 1/5.

La Sébaste a crane sans épines.

(*Sebastes inermis*, nob.)

Une troisième sébaste du Japon, rapportée aussi par M. Langsdorf, se distingue de toutes les autres, parce que l'intervalle de ses yeux n'est point concave, et que les épines du dessus de son orbite et celles du dessus de son crâne sont effacées ou réduites à de légères arêtes, savoir, une sur chaque orbite, et deux sur l'arrière du crâne, terminées chacune par une petite pointe; mais les épines de son opercule, de son préopercule et de la partie antérieure de son sous-orbitaire, conservent leur forme accoutumée.

D. 12/15; A. 3/7; C. 17; P. 15, dont 6 simples; V. 1/5.

Dans son état desséché ce poisson paraît d'un brun assez uniforme.

Là SÉBASTE VARIABLE.

(*Sebastes variabilis,* nob.)

Enfin, c'est encore une sébaste du nord de la mer Pacifique que Pallas[1] a nommée *perca variabilis,* et que M. Tilesius a décrite plus en détail et représentée[2] sous le nom d'*epinephelus ciliatus.*

Sa tête est encore moins armée qu'à la précédente; on ne lui voit pas même de crêtes sur le crâne et sur l'orbite, et son sous-orbitaire n'a aucunes dents; le préopercule en a cinq courtes et obtuses, et l'opercule deux pointues. On remarque à peine les petits aiguillons d'au-dessus de ses narines. L'espèce se rattache pourtant sensiblement à ce genre par la barre que son sous-orbitaire envoie à son préopercule, et que l'on sent au travers de la peau, ainsi que par les neuf rayons simples de ses pectorales.

D. 13/15; A. 3/9; C. 17; P. 18, dont 9 simples; V. 1/5.

L'individu que nous décrivons vient du cabinet de Pallas, à qui il avait été envoyé par Merk.

Dans son état sec il paraît entièrement brun foncé; mais, selon ce grand naturaliste, la couleur du frais varie suivant l'âge et le

---

1. *Zoogr. ross.*, t. III, p. 241, n.° 174. — 2. Dans les Mémoires de Pétersbourg, t. IV (pour 1811), p. 474, pl. 16, fig. 1 à 6.

sexe : souvent il est brun tirant au bleuâtre, avec le ventre blanc et les nageoires brunes; les femelles ont le ventre rougeâtre. M. Tilesius le dit d'un pourpre roussâtre ou d'un argenté brunâtre. .

Les plus grands, selon Pallas, n'ont que deux pieds.

On trouve cette espèce dans toute l'étendue de mer qui sépare le Kamchatka de l'Amérique. On en prend surtout beaucoup dans les îles Aleutiennes. Les habitans d'Unalashka la nomment *kakutshik* ou *kathtschikug*, et ceux de la côte d'Amérique, *tockugh*.

Pallas avait bien saisi l'analogie de ce poisson avec le *perca norvegica* d'Ascanius (fasc. 2, pl. 16), qui est notre première sébaste; mais il était allé trop loin, en le considérant comme identique pour l'espèce.

M. Tilesius a tiré son nom de *ciliatus* d'une disposition d'écailles, qui n'est pas plus marquée que dans la plupart de ses congénères.

La PETITE SÉBASTE.

(*Sebastes minutus*, nob.)

Tous les naturalistes employés dans les dernières expéditions scientifiques ont rapporté, soit des Moluques, soit des Marianes, soit des îles de la Société, une très-petite sébaste,

d'un brun-rouge foncé, marbré de plus foncé encore, et dont les aiguillons de la tête, surtout ceux du sous-orbitaire, sont plus marqués que dans les grandes, et presque aussi sensibles que dans les scorpènes proprement dites, en sorte qu'on la prendrait pour une scorpène, si l'on ne remarquait les petites écailles qui garnissent sa tête jusqu'au bout du museau.

La ligne latérale est toute rude.

D. 12/13, etc.

Les viscères de cette petite sébaste ressemblent à ceux que nous avons trouvés dans les sébastes du Nord et du Cap.

Sa vessie natatoire est plus grande à proportion et plus brillante que celles des deux autres espèces. Il n'y a que trois cœcums au pylore. Le péritoine est grisâtre.

La Sébaste de Bougainville.

(*Sebastes Bougainvillii*, nob.)

M. le baron de Bougainville a rapporté de son voyage autour du monde, terminé en 1826, une sébaste qui se distingue de toutes les autres par la brièveté de son museau, la force des épines de sa tête, la grandeur de son œil, et surtout par la hauteur des rayons épineux de sa dorsale.

Le diamètre de son orbite n'est que deux fois et un tiers dans la longueur de sa tête, prise du museau au bout de l'opercule. Son profil tombe rapidement, et la portion de son museau en avant de l'œil n'a que moitié du diamètre de l'orbite. Ses épines nasales sont très-pointues. Son arcade surcilière en a huit, dont trois fortes. Il y en a une forte de chaque côté sur le crâne, une derrière l'orbite, une sur la tempe, cinq ou six à la crête sous-orbitaire : celle du préopercule qui répond au bout de cette crête est longue, et en porte une sur son tranchant; il y en a trois au-dessous le long du bord préoperculaire. L'opercule en a deux fort pointues. Toutes les parties de la tête sont garnies d'écailles. Les aiguillons de sa dorsale sont striés longitudinalement. Le troisième, qui est le plus élevé, l'est autant que le corps sous lui; le premier n'en a que le tiers : ils décroissent jusqu'au onzième, qui est un peu moindre que le premier. Le deuxième se relève un peu avec la partie molle. Le douzième rayon de l'anale est aussi très-long, anguleux, et plus gros qu'aucun de ceux du dos. Je ne vois qu'un seul rayon absolument simple à ses pectorales; tous les autres sont au moins un peu fourchus. B. 7; D. 12/8; A. 3/5; C. 17; P. 19; V. 1/5.

Ce poisson a été pris dans la mer des Indes. Ses caractères, et surtout la division de la plupart des rayons de ses pectorales, l'éloignent assez des autres espèces du genre.

Son estomac est très-grand. Je ne trouve que quatre cœcums, dont les deux de droite assez longs, et les deux autres courts. Le péritoine est d'un bel éclat d'argent. Il n'y a point de vessie natatoire.

CHAPITRE XI.

Des Ptérois.

Ces charmans poissons, que l'on a rangés tantôt parmi les *épinoches*, tantôt parmi les *cottes*, et que l'on a aussi appelés *scorpènes volantes*, ne sont, à proprement parler, ni des cottes, ni des épinoches, ni des scorpènes, mais doivent faire un petit genre près de ces dernières.

Ils ont en effet la tête comprimée et épineuse, les lambeaux charnus, le corps écailleux, les rayons simples aux pectorales des scorpènes, mais ils manquent de dents aux palatins, et n'en conservent, comme les cottes, qu'au-devant du vomer; et d'ailleurs la longueur excessive de leurs épines dorsales et de leurs rayons pectoraux les distinguerait à elle seule de tous les poissons connus.

Les Indes nous en envoient depuis long-temps deux espèces principales, de couleurs aussi belles qu'agréablement distribuées (*scorpæna volitans*, Gm., et *scorpæna antennata*, Bl.), et nous en avons ajouté quelques-unes rapportées des mêmes parages par les nouveaux voyageurs.

Le Ptérois voltigeant.

(*Pterois volitans*, nob.; *Scorpæna volitans*, Gm.)

La première, qui paraît aussi devenir la plus grande, a été d'abord observée dans les Moluques, et surtout à Amboine; mais elle n'est pas rare à l'Isle-de-France et à l'île de Bourbon. Nous l'avons reçue récemment de Pondichéry; M. Bennet l'a dessinée à Ceilan; enfin, M. Geoffroy l'a rapportée de la mer Rouge. Elle a aussi été trouvée à Mahé, dans les Séchelles; car nous nous sommes assurés par une lecture attentive que l'article de Commerson, sur lequel M. de Lacépède a établi son espèce de la *scorpène mahé*[1], n'a rapport qu'à l'espèce actuelle, en sorte qu'on doit rayer la *scorpène mahé* du tableau du genre. Elle habite toute l'étendue de la mer des Indes.

M. de Lacépède en parle comme si elle se trouvait aussi au Japon[2]; mais je ne sais sur quel témoignage : elle n'est point gravée dans l'ouvrage japonais que nous avons cité quelquefois.

Nieuhof[3], et Bloch d'après lui, ont dit que c'était un poisson d'eau douce, et il est très-vrai qu'il entre dans les marais voisins de la mer, et que l'on en élève même à Batavia dans des bassins; mais il habite aussi l'eau salée, et M. Leschenault, dans ses notes, nous dit expressément qu'on le pêche dans *la rade* de Pondichéry.

> Son corps a à peu près la forme de celui de la perche. La ligne du dos est plus convexe que celle du ventre. La hauteur aux pectorales est du quart de la longueur totale, et l'épaisseur de moitié de la hauteur. La tête a un peu plus du quart de la longueur totale.
>
> Son profil descend obliquement et est un peu concave entre les yeux, qui sont grands, et dont l'orbite se relève et a deux petites pointes. La bouche est fendue au bout du museau et médiocre. La mâchoire inférieure avance un peu plus dans l'état de repos; mais la supérieure est assez protractile pour la dépasser un peu; elle a entre ses deux intermaxillaires une échancrure marquée. Des dents en velours ras occupent une bande étroite à chaque mâchoire, et un petit chevron en avant du vomer. Les palatins n'en ont pas, non plus que la langue, qui est petite et peu libre. Les deux ouver-

---

1. Lacépède, t. III, p. 278. — 2. *Ibid.*, p. 290. — 3. Willughby, *App.*, p. 1.

tures de la narine sont au-devant l'une de l'autre, plus près de l'œil
que du bout du museau, rondes et assez grandes; près de l'antérieure est un lambeau et l'épine nasale. Le sous-orbitaire antérieur
est rhomboïdal et large. On sent près de son bord deux ou trois
petites épines. Le postérieur est oblong, et a aussi quelques petites
épines le long de sa ligne moyenne. Le bord du préopercule a trois
dents courtes et larges. Sur le crâne sont deux petites crêtes, terminées chacune par deux épines. De chaque côté, derrière l'œil, il
y en a une sur la tempe, et une plus en arrière, appartenant au surscapulaire. L'opercule osseux se termine par une pointe plate et
assez faible. La membrane des ouïes, fendue jusqu'à l'attache de
l'isthme, vis-à-vis l'angle de la mâchoire inférieure, a sept rayons
faciles à compter[1]. La dorsale commence au-dessus de la naissance
des pectorales; elle a treize épines droites, pointues, d'une longueur
extraordinaire, et dont la membrane ne réunit que les bases. La
première est haute comme les trois quarts du corps sous elle; elles
croissent jusqu'à la sixième, qui a près du double de la hauteur
du corps, et elles gardent presque cette hauteur jusqu'à la onzième;
mais la douzième est tout d'un coup plus petite que la première,
et la treizième encore plus que la douzième. Cette treizième est
attachée par toute sa longueur au premier rayon mou. Il y en a
douze de ceux-ci, tous fourchus, tous unis jusqu'à leurs sommets,
et formant une nageoire haute à peu près comme la moitié des
grandes épines. L'anale est sous cette portion molle de la dorsale,
et à peu près de même hauteur; elle a trois épines médiocres, dont
la troisième est la plus longue, et sept rayons mous, du double plus
longs que cette troisième épine. L'espace nu entre elle et la caudale
est un peu moins du septième de la longueur totale. Celui de derrière
la dorsale n'est pas tout-à-fait si grand, et la hauteur de cette partie
de la queue n'est guère que d'un douzième. La caudale a en longueur près du quart; elle est arrondie et a douze rayons entiers.

Les cinq premiers rayons des pectorales ont plus de moitié de la

---

1. Je ne m'explique point comment Bloch et ses successeurs ne lui en ont donné
que six.

longueur du corps, et s'étendent autant en arrière que les rayons mous de la dorsale et de l'anale, quand ils se couchent, c'est-à-dire jusqu'au milieu de la caudale; mais les rayons suivans diminuent de façon que le quatorzième, qui est le dernier, est trois fois plus court que le premier. La membrane est profondément échancrée entre les rayons, surtout entre les premiers, où l'échancrure va jusque près de la base, de manière cependant qu'il en reste une bande le long de chaque rayon, et même que cette bande s'élargit un peu, auprès de son extrémité.

Les ventrales sortent presque sous la racine des pectorales, et il ne s'en faut que d'un tiers qu'elles soient aussi longues. Leur épine n'a que les deux cinquièmes de leur longueur.

B. 7; D. 13/12; A. 3/7; C. 12; P. 14; V. 1/5.

Il y a de petites écailles sur le crâne, sur la joue au-dessus et au-dessous du sous-orbitaire postérieur, et sur tout l'opercule et le subopercule; mais l'interopercule n'en a point, non plus que le museau, les mâchoires et les membranes des ouïes : celles du corps sont petites, lisses au toucher, presque rondes, et striées vers leur racine de sept ou huit rayons.

La ligne latérale se marque par une suite continue d'élevures simples; elle occupe en avant le tiers supérieur, et suit la courbure du dos.

Voici à peu près l'énumération des lambeaux de cette espèce, telle que nous avons pu la faire sur nos individus les mieux conservés. Le plus grand est sur l'œil[1]; il égale près de moitié de la longueur de la tête, et, quand il est bien conservé, il a ses bords déchiquetés en filamens : il y en a deux petits, minces, sur le bout du museau; deux larges, déchiquetés, au bord du premier sous-orbitaire; trois, un peu moindres, mais également larges et déchiquetés, le long du bord inférieur du préopercule.

La mâchoire inférieure n'en a pas; mais chacune de ses branches est percée en dessous de trois pores.

---

1. On a négligé de représenter ce lambeau sur notre planche.

La couleur de ce poisson est un brun-rouge traversé verticalement par des lignes roses, disposées par paires. Cinq de ces paires
occupent le museau d'avant en arrière : il y en a trois paires sur la
joue, dont les lignes se bifurquent quelquefois à leur partie inférieure; une paire qui descend de la nuque sur l'opercule, jusqu'à
son bord inférieur; deux qui se terminent au haut de l'ouverture
des ouïes et sur la base de la pectorale; et quatorze qui entourent
le corps et la queue; mais il y a quelques variétés à cet égard, et il
y en a surtout beaucoup dans la largeur des lignes roses, qui tantôt
sont fort étroites, tantôt occupent presque autant d'espace que le
fond. Il y a des individus où l'entre-deux de chaque paire est plus
clair que leurs intervalles. Le dessous du corps a le fond rose. Il n'y
a point de lignes sous la tête; mais à la poitrine les intervalles bruns
viennent quelquefois s'unir, en formant des arcs convexes en arrière.
Ces lignes et le brun-rouge qui les sépare s'étendent sur la membrane courte qui unit les bases des épines dorsales; mais le reste de
ces épines est jaunâtre, avec des anneaux bruns; ce qui rappelle
tout-à-fait celles des porcs-épics. Les rayons mous sont aussi jaunes,
et le long de chacun d'eux sont quatre ou cinq gros points bruns.
Les intervalles bruns du corps, ou du moins quelques-uns d'entre
eux, se prolongent aussi un peu sur la base de cette partie de la
nageoire. La partie molle de l'anale et la caudale sont de même
jaunes, semées de gros points bruns, et les intervalles bruns se
prolongent également sur la base de la première; mais sa partie
épineuse est brune ou violette, avec quelques gouttes rondes d'un
blanc de lait opaque. La pectorale est grise ou lilas, le plus souvent avec de grandes taches nuageuses noirâtres dans les intervalles
de ses rayons, et des anneaux blanchâtres sur les rayons eux-mêmes.
A sa base intérieure, qui est du même brun-rouge que le corps, se
voient quelques lignes irrégulières roses, et des gouttes plus ou
moins nombreuses de blanc de lait. Une de ces gouttes, plus grosse
que les autres, se fait remarquer dans le haut de l'aisselle, et la pectorale ne la couvre point quand elle est reployée; il y en a aussi
cinq ou six le long de la ligne latérale. La ventrale est de la même
couleur que la pectorale, c'est-à-dire ou violette ou lilas, avec des

taches nuageuses noirâtres entre ses rayons et sur sa face interne, principalement vers la base, où il y a des gouttes d'un blanc opaque plus nombreuses que sur la pectorale, dont quelques-unes se voient même à la face externe.

Ces gouttes blanches, plus ou moins larges, plus ou moins nombreuses, selon les individus, rappellent celles de l'aisselle pectorale de quelques scorpènes proprement dites, nommément de notre *scorpœna bufo*.

Les grands lambeaux des sourcils sont bruns, variés ou piquetés de blanc à leur base; ceux des côtés du museau et de la tête participent à la couleur des parties voisines.

Ce ptéroïs a le foie petit, noir, composé de deux lobes à peu près égaux. La vésicule du fiel est longue et étroite.

L'œsophage est assez long, et il se dilate en un estomac médiocre, arrondi en arrière. La branche montante, qui a le pylore à son extrémité, est grosse, mais courte. Il y a trois cœcums, gros, médiocrement longs, dont deux sont à droite.

L'intestin fait deux replis avant de se rendre à l'anus; dans la longueur des replis il prend un diamètre beaucoup plus large.

La vessie natatoire est assez grande, ovale, arrondie en avant; ses parois sont fibreuses, très-solides, et brillent d'un bel éclat d'argent.

Nous avons trouvé son estomac rempli de divers petits crustacés.

Son squelette a neuf vertèbres abdominales et quinze caudales. Les trois dernières abdominales ont leurs apophyses transverses descendant obliquement; les autres n'en ont point. Les côtes sont assez courtes et grêles. Les interépineux de la dorsale ont leurs arêtes antérieures et postérieures larges et minces, en sorte qu'ils composent tous ensemble une espèce de cloison verticale. Les trois os inférieurs du carpe sont plus longs que larges, et échancrés sur les côtés. Le bassin est rectangulaire, plein, médiocrement profond. Sa tige osseuse est dirigée en avant.

Bien que l'on ne manque pas de figures de ce poisson, je n'en connais de bonne que celle de M. Bennet, qui ne fait que de paraître[1], et qui elle-même n'est pas tout-à-fait correcte. Celle de Seba (t. III, pl. 28, n.° 1) raccourcit trop les épines dorsales, et ne donne aucune idée de la structure des pectorales. Celle de Bloch (pl. 184) a également mal rendu la structure des pectorales, dont elle n'exprime point les échancrures, et elle leur donne de plus une couleur qu'elles n'ont point. Celle de M. de Lacépède (t. II, pl. 17, fig. 3) représente les épines dorsales et les rayons des pectorales comme si la membrane les réunissait jusqu'à leur extrémité; et celles de Klein[2] et de Valentyn[3], que l'on cite d'ordinaire sous cette première espèce, appartiennent plutôt à la suivante.

Quant aux anciennes de Nieuhof[4] et de Renard[5], elles sont toutes grossières et infidèles.

Les Hollandais des Moluques l'appellent *kalkoen-visch* (poisson dindon); les Malais de ces îles lui ont donné, comme à plusieurs autres scorpènes, le nom d'*ikan-swangi* (poisson sorcier); et ce nom les empêche d'en manger, quoiqu'il soit, dit Valentyn, excellent au goût, très-sain et très-léger.[6]

M. Reynaud l'a entendu appeler *ikan-bambou* par les Malais de Batavia, et selon le recueil de M. Farkhar, ceux de Malacca le nomment *ikan-lingah-lingah*.

On voit aussi le nom de *louw* parmi ceux que lui donne

---

1. *Fishes of Ceylon*, 1.er cah., n.° 1. — 2. *Miss. V*, pl. 4, fig. 6.
3. *Amb.*, fig. 210 et 213. Elles sont un peu moins mauvaises que les suivantes : l'une d'elles est à peu près copiée, mais barbarement enluminée, dans Renard, t. II, pl. 15, fig. 72.
4. *Ind.*, t. II, p. 268, fig. 4. Copié Willughby, *App.*, pl. 2, fig. 3.
5. Un très-jeune individu (t. I, pl. 43, fig. 215). La même figure est répétée tome II, pl. 22, fig. 108, avec d'autres couleurs.
6. Valentyn, *loc. cit.*

Renard; et à Pondichéry, selon M. Leschenault, on l'appelle *anet-toumbi*. On ne le mange pas non plus dans cette ville ni aux environs.

A Ceilan, selon M. Bennet, on l'appelle *gini-maha* (grand feu), et les pêcheurs de ce pays-là, loin de le repousser, assurent que sa chair est blanche, ferme et de bon goût.

Linnæus lui a donné l'épithète de *volitans*[1]; mais il est douteux que ses pectorales, faibles et profondément échancrées comme elles sont, puissent le soutenir dans l'air, et je ne trouve pas qu'aucun observateur lui ait attribué cette faculté. M. Bennet dit même positivement le contraire, d'après les pêcheurs de Ceilan.

MM. Quoy et Gaymard, lors de leur premier voyage, ont rapporté de Timor un ptéroïs qui ressemble presque en tout point au *volitans,* mais qui n'a pas tant de lignes brunes longitudinales sur le museau, qui manque de taches blanches sur la nuque, et dont la tache blanche supérieure de l'aisselle, au lieu d'être ronde, est longue et étroite comme un trait vertical.

Nous doutons que ce soit autre chose qu'une variété.

Le PTÉROÏS ANTENNÉ.

(*Pterois antennata,* nob.; *Scorpæna antennata,* Bl., pl. 185.)

Une seconde espèce, très-semblable à la précédente et venue, comme elle, de la mer des Indes,

a cependant la tête plus courte, surtout de la partie du museau; la crête du grand sous-orbitaire plus rapprochée de l'œil, plus hori-

---

1. *Gasterosteus volitans, Syst. nat.,* 12.ᵉ édit., t. I, p. 491; *Scorpæna volitans,* Gm.

zontale. Il y a des dentelures plus nombreuses aux crêtes des sourcils, du crâne et de la nuque. Ses grands lambeaux des sourcils sont
alternativement minces et dilatés, comme s'ils étaient articulés. Les
parties minces sont blanches, et les parties dilatées et plates sont
brunes, ce qui donne à ces lambeaux quelque ressemblance avec
les antennes de certains insectes : dans les individus bien conservés,
il y a sept de ces dilatations brunes et autant d'intervalles blancs.
Les autres lambeaux de sa tête diffèrent peu de ceux de la première
espèce.

Sa nuque et sa joue n'ont que quatre lignes blanches, qui ne sont
pas disposées par paires. Le corps n'a que dix paires de lignes, et
ces paires elles-mêmes sont rapprochées deux à deux. Les rayons
de ses pectorales sont plus longs, et s'étendent fort au-delà de la
caudale ; leur partie libre n'est point accompagnée d'une bande de
la membrane, mais consiste en un simple filet. Les taches noirâtres
de cette membrane ne sont pas si nombreuses non plus que les lignes
de leur base, et je ne vois qu'une goutte blanche au-dessus de cette
base, et une ou deux vers le bas de l'aisselle. Sur les ventrales sont
une ou deux lignes obliques blanches.

Les nageoires verticales sont comme dans l'espèce précédente.

B. 7 ; D. 12/11 ; A. 3/6 ; C. 13 ; P. 18, tous simples ; V. 1/5.

Le foie du ptéroïs antenné est très-volumineux et d'une couleur
rougeâtre. Les deux lobes qui le composent se portent en arrière,
à peu près à la moitié de chaque hypocondre.

L'œsophage est plus long et plus étroit que dans le précédent. Je
n'ai pu rien voir de l'estomac et des cœcums : ils étaient enlevés. Ce
qui restait du rectum, nous a prouvé qu'il n'est pas dilaté comme
celui du ptéroïs volant.

La vessie aérienne est beaucoup plus grande ; elle occupe toute
la longueur de l'abdomen : elle est plus renflée en avant. Ses parois
sont composées de fibres solides et argentées.

Bloch a donné (pl. 185) une figure de cette espèce assez
exacte, et qui ne pèche guère que pour avoir tronqué de
moitié les lambeaux de dessus les yeux.

Ce ptéroïs paraît beaucoup plus rare que l'autre ; le Cabinet du Roi n'en possède qu'un individu, apporté de l'Isle-de-France par M. Matthieu. Bloch, le seul qui ait avant nous parlé de l'espèce d'après nature, ne dit pas positivement d'où il l'avait reçue.

Le Ptéroïs hérissé.

(*Pterois muricata*, nob.)

M. Geoffroy a trouvé dans la mer Rouge un ptéroïs dont la tête est aussi armée d'épines que celle d'aucune scorpène proprement dite.

Il y en a non-seulement à la narine, à la crête des sourcils, à celle de la tempe, à celle du crâne, où l'on en remarque surtout une grosse et courte, comprimée comme une lame de couteau ; sur le sous-orbitaire elles ne forment pas simplement une crête, mais toute la surface de l'os en est couverte, et elles constituent ainsi une large bande toute hérissée, qui s'étend longitudinalement depuis le milieu du maxillaire jusqu'à l'angle du préopercule, où il s'en trouve plusieurs grosses et courtes, et un peu plus bas un groupe de petites. L'intervalle de ses orbites est plus large et moins concave que dans nos deux premières espèces. Les épines de la dorsale sont aussi hautes à proportion ; mais les pectorales n'ont que le tiers de sa longueur, et la membrane n'en est découpée qu'entre les trois ou quatre premiers rayons, et jusqu'au tiers seulement. Ses ventrales dépassent même ses pectorales.

Voici ses nombres :

B. 7 ; D. 13/11 ; A. 3/7 ; C. 13 ; P. 14 ; V. 1/5.

Ses couleurs nous paraissent semblables à celles des autres espèces : un fond brun et des bandes verticales rouge pâle, rapprochées par paires.

Il y en a quatre paires sur la joue, trois sur la tempe et l'opercule, qui se continuent obliquement vers la pectorale, et quinze ou seize sur le corps; ces paires du corps sont elles-mêmes rapprochées deux à deux.

La pectorale paraît noirâtre, avec des taches blanchâtres sur les rayons, et toute sa face interne a des gouttes blanc de lait éparses sur un fond noir. Il y en a aussi deux ou trois un peu plus grandes dans l'aisselle, et quelques petites sur la base supérieure des ventrales; celles-ci s'alongent en partie en larmes : on en voit aussi à la face inférieure des mêmes nageoires, et il y en a quatre ou cinq sur la ligne latérale. La partie épineuse de la dorsale et de l'anale paraît avoir été variée de noirâtre et de grisâtre. Le reste de ces nageoires et la caudale sont jaunâtres, avec des points noirs sur les rayons, comme dans les espèces précédentes.

On voit des lambeaux à plusieurs des endroits où il s'en trouve sur les autres ptéroïs, mais nos individus étant mal conservés sous ce rapport, nous ne pouvons en faire une énumération complète ; nous ne pouvons même dire s'il y en avait un sur l'œil, ni quelle longueur il avait.

Ce ptéroïs a été retrouvé à l'île de Bourbon par M. Dussumier; il devient assez grand : l'individu de M. Dussumier est loug d'un pied; celui de M. Geoffroy, de quatorze pouces.

M. Bennet donne, dans le second cahier de ses Poissons de Ceilan, un ptéroïs qu'il nomme *scorpæna miles,* et qui est exactement semblable à celui que nous venons de décrire par tous les détails de sa conformation, et même par la distribution de ses taches et de ses lignes, mais dont le fond de la couleur est partout d'un beau rouge de vermillon.

C'est probablement une variété de notre espèce dont l'éclat est occasioné par la saison de l'amour.

Les Cingalais le nomment *ratoo-gini-maha,* c'est-à-dire *grand feu rouge.*

Il se tient dans les endroits rocailleux, et passe pour très-vorace. Les pêcheurs de Ceilan ne sont pas d'accord sur la salubrité de sa chair.

Le PTÉROÏS A JOUE EN SCIE.

(*Pterois geniserra*, nob.)

M. Bélenger nous a envoyé de la côte d'Ava un ptéroïs remarquable

par la multitude de petites épines droites qui sont rangées sur une ligne sur ses derniers sous-orbitaires, et forment ainsi comme un tranchant de scie très-saillant tout au travers de la joue, au lieu de la bande large et âpre de l'espèce précédente : il y en a au moins quinze. Le deuxième sous-orbitaire en a aussi quelques-unes vers le haut, et son bord inférieur en a plusieurs petites, grêles et pointues, dirigées vers le bas. On voit d'ailleurs des épines aux mêmes endroits de la tête que dans le *volitans*, mais toutes plus aiguës, et plusieurs divisées en deux ou en trois. C'est ce que l'on doit dire surtout de celles du bord du préopercule. Par ses nageoires l'espèce paraît ressembler au *muricata;* mais nous ne pouvons les décrire exactement, parce qu'elles sont mal conservées sur notre individu, qui a perdu ses lambeaux et toutes ses couleurs.

D. 13/11; A. 3/8, etc.

Il est long de dix pouces.

Le PTÉROÏS ZÈBRE.

(*Pterois zebra*, nob.)

Nous avons reçu de l'Isle-de-France et des Moluques un ptéroïs presque entièrement semblable à l'antenné,

mais dont les pectorales sont très-différentes; elles n'ont guère que le tiers de la longueur du corps, et n'atteignent pas même la fin de la dorsale. Leurs neuf premiers rayons, tous rameux, sont unis par la membrane jusqu'à leur extrémité, si ce n'est un petit filet au bout des trois premiers. Elle ne s'échancre qu'entre les huit inférieurs, qui sont tous simples et sans branches. Leur couleur est blanchâtre, avec des espèces de bandes irrégulières formées par des suites transversales de taches brunes ou noirâtres. Sur leur base extérieure, des bandes ou lignes tortueuses, pâles, forment une sorte de marbrure qui n'est pas dans l'antenné; mais il y a aussi des gouttes blanches : savoir, quelques petites sur leur base interne, et trois plus grandes dans l'aisselle même, dont une paraît au-dessus. Le reste du corps est comme dans l'*antennata;* mais à la tête les couleurs sont distribuées un peu autrement, et le rouge-brun, au lieu d'une large bande entre deux lignes blanches qui traverse la joue de l'autre espèce, forme deux îles entourées de bandes étroites et courbes de couleurs plus claires. Les ventrales sont brunes, avec quelques petites taches blanchâtres vers leur extrémité. La crête surcilière a cinq ou six petites dents; mais celles du reste de la tête sont disposées à-peu près comme dans le *volitans*. Les lambeaux de l'orbite n'ont que quatre anneaux blancs, et quatre noirs.

B. 7; D. 13/10; A. 3/7; C. 12; P. 16, dont 8 simples; V. 1/5.

Sur un exemplaire plus frais, que MM. Quoy et Gaymard viennent de rapporter de leur deuxième voyage a la Nouvelle-Guinée, nous trouvons plus de taches blanches dans l'aisselle et à la base interne des rayons de la pectorale. Une large bande brune traverse obliquement en passant par l'œil, et se termine sur l'angle inférieur de l'opercule, où elle devient noirâtre et forme ainsi une grande tache noire. On en voit une autre plus pâle sur la base externe des rayons inférieurs de la pectorale.

Nos individus ne dépassent pas cinq pouces.

Le PTÉROÏS A AILES COURTES.

(*Pterois brachyptera,* nob.)

Le Cabinet du Roi possède, d'ancienne date, une sixième espèce de ptéroïs, dont les pectorales sont encore un peu plus courtes qu'au *zebra*, mais disposées de même en ce qui concerne leur membrane. Elle se distingue principalement parce que les crêtes de ses orbites, de son crâne, de sa tempe, et surtout celles de ses sous-orbitaires, sont divisées en une multitude de petites crénelures : elle ne paraît pas avoir eu de bandes sur le corps. Les pectorales ont des bandes transversales brunes sur un fond pâle; lés ventrales sont bordées de même : il y a quelques restes de points blancs à la face interne des unes et des autres. Les autres nageoires n'ont que de petits points bruns.

B. 7; D. 13/9; A. 3/5; C. 10; P. 17, dont 8 simples; V. 1/5.

La taille de ce poisson est de quatre ou cinq pouces.

La figure donnée par Bloch, dans les Nouveaux Mémoires de Stockholm (t. X, pl. 7), sous le nom de *scorpæna Kœnigii*, ressemble extrêmement à cette espèce; mais il n'y marque point la crête du sous-orbitaire, ni les dentelures de celles du crâne. Il dessine comme il suit les nombres des rayons :

D. 12/11; A. 3/5; C. 11; P. 19; V. 1/5.

Le PTÉROÏS RAYONNÉ.

(*Pterois radiata*, nob.)

On trouve dans la Bibliothèque de Banks un dessin de Parkinson, fait à Otaïti, et intitulé *scorpæna radiata,* qui ressemble beaucoup au ptéroïs antenné,

et qui a de même aux pectorales de très-longs rayons simples et dépassant la membrane; mais ses lambeaux des sourcils sont plus courts, minces et sans articulations; ses rayons dorsaux (s'ils n'avaient pas été cassés) sont très-courts : ils n'ont pas le huitième de la hauteur du corps; les bandes, soit du corps, soit de la tête, sont moins régulièrement distribuées : il y en a même une longitudinale au bord supérieur, et une au bord inférieur de la partie nue de la queue.

Son corps est rouge et sa gorge jaune.

Les notes de Solander ne contiennent rien qui se rapporte à cette figure.

Nous plaçons ici cette notice comme une indication pour les naturalistes qui visiteront de nouveau les îles de la Société.

CHAPITRE XII.

Des Tænianotes, des Blepsias et des Agriopes, trois petits genres voisins des Scorpènes.

DES TÆNIANOTES.

Le poisson que M. de Lacépède paraît avoir indiqué sous le nom de *tænianote triacanthe* (t. IV, p. 3o6)[1], forme près des scorpènes proprement dites un petit genre, distingué par l'extrême compression de son corps et par la hauteur de sa dorsale, qui s'unit à sa caudale, tandis que l'anale en reste bien séparée.

La hauteur de son corps n'est que deux fois et un tiers dans sa longueur totale; et son épaisseur ne fait que le quart de sa hauteur. Sa tête, aussi haute que longue, a le tiers de la longueur totale. Les deux épines nasales sont contiguës et ont l'air de n'en former qu'une seule : il y en a trois sur chaque orbite; deux petites, rapprochées de chaque côté sur le crâne, qui est très-court; une à l'os surscapulaire; deux à l'opercule, placées chacune au bout d'une arête saillante; trois petites ou plutôt trois dents au préopercule, qui est arrondi en arc fort ouvert : l'arête du grand sous-orbitaire n'en a qu'une petite à son extrémité. Le sous-orbitaire antérieur a des arêtes irrégulières, rayonnantes, et deux ou trois petites dents à

---

1. Ce n'est qu'avec doute que j'applique ce nom; car les caractères iraient presque aussi bien à un autre poisson, représenté (pl. 3, fig. 2) sous le nom de *tænianote large-raie*, et qui est un de nos apistes, mais qui diffère beaucoup de celui qui, par une inadvertance incroyable, est décrit (p. 3o4) sous le même nom de *tænia-note large-raie*, et qui est un de nos *malacanthes*, le même qui avait déjà paru (t. III, pl. 28, fig. 2) sous le nom de *labre large-raie*.

4.   35

son bord antérieur. La mâchoire inférieure monte obliquement en avant de l'autre. L'individu, mal conservé, ne laisse bien voir ni ses dents, ni ses rayons branchiostèges. Sa dorsale commence presque sur l'œil; le premier rayon est moitié moindre que le second et le troisième, qui ont les trois quarts de la hauteur du corps sous eux. Elle conserve à peu près cette hauteur sur toute sa longueur. Ses rayons sont au nombre de vingt-quatre, dont douze, épineux, assez forts, occupent les deux tiers de sa longueur. Le dernier des mous s'attache presque entièrement à la caudale par une prolongation de la membrane commune. La caudale est arrondie et a douze rayons entiers et quelques petits; sa longueur est à peu près du quart de la longueur totale. L'anale répond à la partie molle de la dorsale, et a trois rayons épineux assez forts, qui vont en s'alongeant, et sept mous. Entre elle et la caudale est un espace nu, aussi long que la queue est haute à cet endroit, et qui fait le neuvième de la longueur totale. Les pectorales en ont le tiers : elles sont moins larges que celles des scorpènes ordinaires ; je leur compte quinze ou seize rayons. Les ventrales sortent exactement sous leur base; mais sont d'un tiers plus courtes. Leur nombre de rayons est l'ordinaire.

D. 12/12; A. 3/7; C. 12; P. 16; V. 1/5.

Ce poisson n'a que de très-petites écailles, que l'on doit bien peu voir quand il n'est pas desséché; il porte un petit lambeau sur l'œil, un sur la narine, et un au bout du museau. Peut-être que dans l'état frais il en offrirait davantage. Sa couleur semble maintenant d'un fauve uniforme.

Il n'a que trois pouces de longueur.

Son origine est inconnue.

———

DES BLEPSIAS.

Parmi ce grand nombre de poissons extraordinaires qui vivent dans le nord de l'océan Pacifique, sur les côtes de

Kamchatka, des îles Aleutiennes, de la terre de Jesso, et vers les îles du Japon, il en est peu de plus singuliers que celui-ci.

Steller en avait fait un *blennius*[1], quoique ses ventrales aient quatre et peut-être cinq rayons; Pallas[2] veut le ranger parmi les vives, mais assurément sans qu'il puisse offrir aucun titre à entrer dans ce genre, car il n'en a ni l'épine operculaire, ni les ventrales jugulaires, ni la première dorsale si petite et si dangereuse. Son préopercule épineux, sa tête comprimée, sa joue cuirassée, ses dents palatines, les rayons simples, courts et à demi séparés du bas de ses grandes pectorales, les lambeaux charnus qui pendent de son museau, le rapprochent, au contraire, des scorpènes; mais parmi les scorpènes elles-mêmes il se distingue par les cinq rayons de sa membrane branchiostège et par sa haute dorsale, divisée en trois lobes inégaux, comme celle des hémitriptères, tandis que sa tête comprimée le sépare de ce dernier genre.

Rien n'est donc si simple et si nécessaire que d'en faire un genre particulier; puisque ses formes l'isolent du reste de la nature, il doit aussi être isolé dans une méthode dont le plus beau titre serait de représenter les productions de cette nature dans leurs véritables rapports.

Le nom de *blepsias* que je lui donne, est un de ceux que les anciens nous ont laissés en si grand nombre, sans aucun trait qui puisse en fixer l'application.

Je nomme l'espèce d'après la forme de sa dorsale.

---

1. *Blennius villosus*, Steller, observ. manuscr.
2. *Trachinus cirrhosus*, Pallas, *Zoogr. ross.*, t. III, p. 237, n.° 172.

Le BLEPSIAS TRILOBÉ.

(*Blepsias trilobus*, nob.)

La description que nous allons en donner, est faite d'après deux individus qui avaient été pris sur la côte nord-ouest de l'Amérique et donnés à Pallas par Merk; ce sont les mêmes d'après lesquels Pallas en a parlé dans sa Zoographie russe (t. III, p. 237), et nous en devons la communication à la complaisance, qui nous a été si utile, du savant M. Lichtenstein.

On trouve aussi l'espèce dans le golfe et même dans le port d'Avatscha, et Steller l'avait observée dans la mer de Penshin, à l'embouchure de l'Utka.

Il ne paraît pas que l'on ait rien remarqué de particulier sur ses habitudes.

L'ensemble de ses formes rappelle assez celles de certains blennies; son corps est alongé, comprimé; sa tête proportionnellement assez petite; sa dorsale et son anale hautes; ses pectorales et sa caudale grandes; ses ventrales très-petites.

Sa hauteur est environ six fois dans sa longueur totale : la longueur de sa tête en fait aussi un sixième; mais elle est d'un tiers moins haute et de moitié moins épaisse qu'elle n'est longue. Son profil ne descend point; mais sa mâchoire inférieure monte obliquement, et au total son museau, quoique court, est assez pointu. Ses yeux sont dirigés de côté, mais tout près du profil, sur lequel l'arcade surcilière s'élève, en sorte que le front est concave entre eux. Leur diamètre est de près du tiers de la longueur de la tête; mais ils sont moitié plus près du bout du museau que de celui de l'opercule. La fente de la bouche descend obliquement jusque sous le tiers antérieur de l'œil. Le maxillaire est tronqué, mais s'élargit peu en arrière. Des dents en velours garnissent les deux mâchoires, le devant du vomer et les palatins; mais la langue ne

paraît pas en avoir.[1] Il y a sur les narines deux petites épines,
comme dans les cottes et les scorpènes. Le premier sous-orbitaire
n'a pas de dentelure; et la traverse qu'un des derniers donne pour
aller joindre le préopercule, n'a qu'une crête sans épines. Le
préopercule est presque arrondi; son bord montant a une épine
crochue; son angle une autre un peu plus longue, et l'on voit
sous son bord inférieur deux festons ou dents très-obtuses.
L'opercule a une crête longitudinale, peu saillante, et finit en
pointe plate et obtuse. La tempe a deux crêtes irrégulières et presque parallèles, dont la supérieure vient du dessus de l'orbite, et
l'autre de son angle postérieur. Les ouïes sont fendues jusque
sous le milieu de l'œil, et ont chacune cinq rayons arqués. Il n'y
a point d'armure à l'épaule. La pectorale a près du tiers de la
longueur du poisson, et est soutenue par douze rayons simples,
dont les trois inférieurs se raccourcissent par degrés. Les ventrales
ne sont point du tout jugulaires, et s'attachent même un peu plus
en arrière que les pectorales, dont elles n'ont guère que le cinquième en longueur. On y distingue une épine courte et trois
rayons articulés; peut-être y en a-t-il même un quatrième, mais
difficile à voir dans le poisson sec. La dorsale commence dès la
nuque et entre les articulations des opercules; elle a sept rayons
épineux, mais flexibles, et vingt-quatre articulés, mais non branchus. Les quatre premiers épineux forment une partie aussi élevée
que le corps à cet endroit, ensuite la membrane s'abaisse beaucoup,
et se relève pour une seconde partie, de moitié moins haute que
la première et soutenue par les trois autres rayons épineux. La
membrane s'abaisse alors presque jusqu'au dos, pour se relever
par degrés avec les cinq premiers rayons mous, et conserve jusqu'aux quatre ou cinq derniers une hauteur supérieure d'un quart
à celle de la première portion. Elle s'échancre un peu derrière chacun des cinq premiers de ces rayons mous; mais sur le reste de la
nageoire elle suit une courbure à peu près uniforme.

---

1. Pallas en place aussi sur la langue; mais je crois que c'est une inadvertance
de sa part.

L'anale commence vis-à-vis du troisième rayon de cette partie molle; elle est d'un tiers moins haute. Tous ses rayons, au nombre de vingt, sont simples, quoique articulés. Sa membrane s'échancre derrière les douze premiers.

La caudale prend le quart de la longueur du poisson; elle est coupée carrément et soutenue par onze rayons articulés et non branchus.   B. 5; D. 7/24; A. 20; C. 11; P. 11; V. 1/3.

L'anus est fort en avant de l'anale, près des ventrales; mais la cavité de l'abdomen se prolonge en arrière jusque sur la fin de l'anale.

Ce poisson n'a pas d'écailles; mais son corps a la surface rude par de petites aspérités ou granelures fines, serrées et pointues, qui me paraissent y être disposées sur trois bandes longitudinales; deux au-dessus de la ligne latérale, une, plus large, au-dessous. Leurs intervalles sont étroits, et même dans un de nos deux exemplaires les deux supérieures sont presque confondues. On voit aussi de ces aspérités sous la gorge et sur une partie de la tempe et de la joue; mais il n'y en a point vers le bout de la queue. La ligne latérale est formée d'une suite de tubulures qui occupe à peu près le milieu de la hauteur.

Les tentacules sont en forme de filets grêles; deux sur le bout de la mâchoire supérieure, et cinq à l'inférieure : savoir, un au bout et deux sous chaque branche. Leur longueur est à peine moitié de celle des mâchoires.

Quoique desséché, un de nos individus montre encore trois bandes bleues en travers sur la joue, et une tache de même couleur à l'extrémité de l'opercule. Les pectorales et les caudales ont chacune six larges bandes en travers, trois brunes et trois blanches ou transparentes, mais mal terminées. La dorsale et l'anale paraissent en avoir eu d'obliques ou d'irrégulières. Le fond de la couleur semble un brun roussâtre.

Nos individus sont longs de cinq pouces et de cinq pouces et demi.

Il paraît que ce sont les seuls que l'on ait vus en Europe.

Steller n'a point laissé de note sur l'anatomie de cette espèce, ni sur ses habitudes.

Le BLEPSIAS BILOBÉ.

(*Blepsias bilobus*, nob.)

Parmi les poissons de la mer de Kamchatka que M. Collee a rapportés au Muséum britannique, il s'en trouve un qui nous paraît former une dernière espèce dans le genre que nous décrivons.

Sa tête est exactement semblable, pour sa forme et ses détails, à celle du précédent; mais nous ne pouvons dire s'il y avait des barbillons : on n'en aperçoit point sur l'individu desséché. Le corps paraît avoir été plus gros à proportion. La partie épineuse de la dorsale n'est point divisée; mais, comme dans le précédent, elle est séparée de la partie molle par une très-profonde échancrure. Les pectorales sont un peu plus grandes; mais les ventrales sont tout aussi petites. L'anale est un peu plus élevée que la partie molle de la dorsale.

Il y a quelques différences dans le nombre des rayons.

D. 8/21 ou 7 — 1/21; A. 19; C. 13; P. 14; V. 1/3.

Le fond de la couleur paraît avoir été rouge. Il y a de légers nuages brunâtres sur le flanc; une bande longitudinale brune sur la dorsale; des bandes irrégulières brunes en travers des pectorales, dont les rayons sont ponctués; des taches obliques ou irrégulières occupent la caudale et le bord de l'anale.

L'individu décrit est long de cinq pouces et demi.

DES AGRIOPES (*AGRIOPUS*, nob.).

Les naturalistes qui se refusent à établir de nouveaux genres, quand ils trouvent des êtres auxquels les caractères des genres anciens ne conviennent point, s'exposent à placer arbitrairement ces êtres nouveaux, et à voir la collocation qu'ils en font contestée et changée par leurs successeurs : ces espèces sont ballottées ainsi de genre en genre, jusqu'à ce que l'on ait obéi aux lois de la raison, et que l'on ait séparé dans la méthode ce qui l'est dans la nature. D'ailleurs ces espèces isolées finissent toujours par trouver quelque congénère qui s'associe à elles, et lèvent ainsi le scrupule que l'on avait de former un genre avec une seule espèce.

Le premier des poissons que nous allons décrire en est un exemple. Gronovius, qui l'a publié en 1772[1], en a fait un *blennius* : c'est encore parmi les blennies que le place Walbaum[2], mais en avouant qu'il n'y appartient pas à proprement parler, et qu'on pourrait bien le ranger ailleurs. En effet, comment admettre un blennie si bien armé, et dont les ventrales sont sous les pectorales et soutenues de six rayons bien complets?

Bloch, dans son *Systema*[3], en fait une *coryphène*, et cela sans témoigner aucune hésitation, bien que lui-même ait indiqué comme un des caractères des coryphènes les écailles qui doivent couvrir leur joue.

Il y avait d'ailleurs, pour ne pas le placer dans ce genre, une foule d'autres raisons, ainsi qu'on le verra à son chapitre: la plus forte c'est qu'il n'appartient pas même à la famille dans laquelle sont les coryphènes, mais que par tout l'ensemble de sa structure il doit venir dans nos joues cuirassées, et assez près de quelques-uns de nos

---

1. *Act. helvet.*, t.VII, p. 47, pl. 3. — 2. *Arted. renov.*, t. III, p. 187. — 3. *Syst.*, édit. de Schn., p. 298.

apistes, dont il s'écarte cependant, parce qu'il n'a pas leurs aiguillons sous-orbitaires.

Il faut avouer toutefois que c'est un des moins cuirassés de toute la famille, car son sous-orbitaire postérieur ne s'articule qu'avec la moitié supérieure du limbe montant de son préopercule.

Ce que sa structure offre de plus singulier, c'est la manière dont les crêtes latérales du crâne se relèvent comme deux murailles, et laissent passer obliquement entre elles les premiers interépineux, en sorte que le premier rayon dorsal semble sortir du crâne même, au-dessus des yeux.

Nous appellerons cette première espèce

L'Agriope lisse.

(*Agriopus torvus*, nob.[1])

C'est un poisson un peu comprimé, dont la plus grande hauteur est à la nuque, et qui va, en diminuant par deux lignes presque droites, jusqu'à la base de la caudale; sa plus grande hauteur est quatre fois et demie dans sa longueur totale, et son épaisseur fait moitié de sa hauteur. La longueur de sa tête n'égale pas entièrement cette hauteur; les yeux sont tout-à-fait dans le haut, en arrière du point milieu, très-saillans, séparés par un espace qui n'a que moitié de leur diamètre. Cet endroit est un peu concave, et descend presque verticalement; mais le chanfrein se relève un peu en ligne concave pour former un museau conique, court, et qui se termine par une petite bouche horizontale très-peu fendue. La mâchoire inférieure et le maxillaire sont d'une brièveté proportionnée à la petitesse de la bouche. Une peau sans écailles, mais assez épaisse,

---

1. *Blennius torvus*, Gronovius, *Act. helv.*, t. VII, p. 47, pl. 3 (copié par Walbaum, *Arted. renov.*, t. III, p. 188, pl. 2, fig. 1); *Coryphœna torva*, Bloch, *Systema*, édition de Schneider, p. 298; *Congiopodus perçatus*, *Arcana or the museum of nat. hist.; London, by G. Smecton*, 1811.

les enveloppe, ainsi que le museau, la joue et toutes les pièces operculaires. L'ouverture antérieure de la narine est un petit trou rond, à bord saillant, entre l'œil et le maxillaire; la postérieure est tout près de l'œil et presque imperceptible : c'est à peine si l'on sent aux mâchoires quelques petites dents en velours; mais il n'y en a ni au palais ni à la langue, ou plutôt il n'y a pas de langue du tout, et l'os hyoïde ne forme aucune élévation sur le plancher de la bouche. Il y a des granulations assez rudes sur les arcades surci- lières et sur une ligne qui les joint en avant de la base du premier rayon dorsal, ainsi que sur le sous-orbitaire postérieur et sur une partie de la tempe et de l'os surscapulaire ; mais les autres os de l'épaule n'en montrent aucune, non plus que le préopercule ni l'opercule. Ces derniers os n'ont aussi aucune dentelure, et l'oper- cule, qui est petit et plus haut que long, ne montre qu'une proéminence anguleuse peu poignante. L'ouverture des ouïes est une fente verticale, qui n'a que la moitié à peu près de la hauteur totale; elle est donc bien éloignée de se rejoindre à celle de l'autre côté, et tout le bas de la cavité des ouïes est fermé par l'union de leur membrane à la poitrine. On ne peut voir les rayons bran- chiostèges qu'à l'aide de la dissection, et l'on découvre alors qu'il n'y en a que cinq, dont l'inférieur est écarté des autres. La poi- trine est saillante et bombée, à cause de la structure des os humé- raux qui la soutiennent. Les pectorales s'attachent très-bas, au-des- sous même de la fente des ouïes; elles n'ont que neuf rayons, nombre certainement très-rare dans les pectorales des poissons. Tous sont simples, quoique articulés, et la membrane est fort échancrée entre les trois derniers. La longueur de ces nageoires est d'un peu plus du cinquième de la longueur totale, et elles n'ont guère que moitié en largeur. Les ventrales sortent sous leur tiers antérieur, et les dépassent d'un quart; elles sont bien libres, épaisses et pointues. Leur épine n'a que moitié de leur longueur. C'est la dorsale qui est de beaucoup la plus puissante des nageoires de ce poisson; elle commence, ainsi que nous avons vu, au-dessus des yeux. Ses premières épines sont très-fortes, très-poignantes, et arquées en arrière. La membrane est échancrée entre elles. La hauteur de la

première est des deux cinquièmes de celle du corps; celle de la
seconde est des quatre cinquièmes, c'est-à-dire du double de la
première. La troisième et la quatrième sont encore de quelque
peu plus grandes; la cinquième égale la deuxième; ensuite elles
diminuent et forment une crête assez basse jusqu'à la vingt-unième,
qui est la dernière, quelquefois même il n'y en a que vingt. Les
quinzième, seizième, dix-septième et dix-huitième, qui sont les
plus basses, n'ont que moitié de la hauteur de la première. Il vient
ensuite des rayons mous, au nombre de treize, de moitié plus élevés
que les dernières épines, et qui n'occupent guère en longueur que
le tiers de l'espace qu'occupent les rayons épineux. Le dernier ne s'attache point par son bord postérieur, et derrière lui la queue est nue
sur un espace qui fait le huitième de la longueur totale, et qui n'a que
le tiers de ce huitième en hauteur. L'anale est sous la première moitié
de la partie molle de la dorsale, et laisse par conséquent à son arrière
un espace nu, double de celui qui est au-dessus; elle est un peu
plus haute que cette partie molle, et a huit rayons, dont un seul
épineux, des deux tiers plus court que le quatrième, qui est le
plus long. La caudale est un peu échancrée en croissant; elle a onze
rayons entiers, et quelques petits dessus et dessous. Sa longueur
est du septième environ du total. L'anus est à peu près au milieu
du poisson. Tout cet animal est revêtu d'une peau épaisse et lisse,
comme un cuir bien préparé, sans aucune apparence d'écailles. La
ligne latérale occupe en avant le tiers supérieur, et demeure parallèle à la ligne du dos, en se marquant d'espace en espace par une
élevure très-mince.

Le fond de la couleur paraît d'un gris-brun foncé. Des mouchetures noirâtres sont semées sur le corps, sur la dorsale et sur les
pectorales; mais il n'y en a point sur la tête ni sur une bande
étroite, au milieu de laquelle marche la ligne latérale; elles semblent au contraire plus serrées au-dessus et au-dessous de cette
bande.

Parmi nos individus il s'en trouve un dont la peau est toute brune,
mais relevée partout en petites bosselures arrondies, comme des
verrues peu saillantes. Nous ne savons s'il appartient à une espèce

différente, ou si ce n'est qu'une variété. Ses formes et les nombres de ses rayons sont les mêmes.

Ce poisson n'est pas petit. Nous en avons plusieurs de plus de deux pieds de long.

Nous n'avons pas observé les viscères de ce poisson; mais nous en possédons de beaux squelettes[1]. Indépendamment des proportions des os de la tête, que l'on peut déjà juger par l'extérieur, il est curieux d'y voir comment les quatre premiers interépineux s'y glissent entre les crêtes verticales des côtés du crâne. Leurs lames latérales sont très-larges, et l'articulation des rayons sur eux se fait comme celle d'une chaîne, par deux anneaux complets.

Il y a dix-huit vertèbres abdominales et vingt-une caudales. La dernière des abdominales a ses apophyses transverses réunies en anneaux; les autres les ont de plus en plus écartées, à mesure qu'elles sont plus antérieures; elles se raccourcissent aussi en avant, et les trois ou quatre premières vertèbres n'en ont pas du tout.

Les os de l'épaule et du bassin ont une forme toute particulière, et offrent aux muscles des nageoires paires des logemens plus profonds que dans aucun autre poisson.

Gronovius, et Bloch d'après lui, disent l'agriope de la mer des Indes; mais sa vraie patrie est le cap de Bonne-Espérance. M. Lichtenstein nous assure l'y avoir vu très-souvent; et feu M. Delalande en a rapporté de là un grand nombre d'individus. Il est assez singulier que, se trouvant dans des parages si fréquentés, et étant en lui-même si remarquable, les naturalistes l'aient si peu connu. Gronovius est, à notre connaissance, le seul qui l'ait décrit d'après nature, et MM. de Lacépède et Shaw n'en ont pas même parlé.

---

1. Qui manquent cependant de l'appareil branchial. C'est pourquoi nous n'avons pu en décrire les dents pharyngiennes; dans l'agriope verruqueux elles sont en fin velours.

Les Hollandais du Cap le nomment *seepaard* (cheval marin); ils le mangent.

L'Agriope verruqueux.

(*Agriopus verrucosus*, nob.)

Le Musée royal des Pays-Bas possède un agriope semblable pour les formes au précédent,

si ce n'est que sa caudale est arrondie et que sa dorsale est moins abaissée au milieu. La peau de la tête et du corps y est toute entière hérissée de tubercules charnus, saillans, qui, vus à la loupe, présentent chacun un cône entouré à sa base de petites papilles. Il y a de ces tubercules, mais plus petits et moins serrés, sur la dorsale et sur l'anale, et l'on en voit même des vestiges sur les autres nageoires.

D. 20/14; A. 1/8; C. 11; P. 9; V. 1/5.

Dans son état actuel (dans la liqueur) ce poisson paraît fauve, avec de grandes taches nuageuses, brunes ou noirâtres; celles du dos sont alongées, et forment deux séries longitudinales. Vers le ventre elles paraissent plus rondes; sur la dorsale ce sont des lignes obliques. Les autres nageoires les ont plus irrégulières. L'iris a un cercle de points bruns. L'individu est long de cinq pouces.

On ignore l'origine de cet individu; mais il est certain que l'espèce est des mêmes parages que la précédente, et qu'elle devient assez grande. M. Valenciennes en a observé un autre de treize pouces au Cabinet de la Société zoologique de Londres, et un d'un pied au Musée de Berlin : tous les deux viennent de la rade du Cap.

Le premier a le corps et la dorsale marbrés de grandes taches noires.

Nous avons disséqué cette espèce : son foie est placé presque en totalité dans l'hypocondre gauche. Il est épais, comprimé et pointu sous le diaphragme; il s'élargit, s'amincit et s'arrondit postérieurement; il enveloppe le côté gauche et la face inférieure de l'œsophage, et son bord offre une petite échancrure, suivie d'une plus large : il n'y a pas de lobe droit. La vésicule du fiel est ovoïde, alongée, égale en longueur au tiers de celle du foie. Le canal cholédoque est long, appuyé sous le foie dans presque toute sa longueur. Après avoir reçu pendant ce trajet un assez grand nombre de vaisseaux hépato-cystiques, le canal se renfle, et va déboucher dans le canal intestinal, assez loin en arrière du pylore. Le canal intestinal de ce poisson est simple; il n'offre aucune dilatation, et il n'y a pas d'appendices cœcales autour du pylore, ce qui est une exception assez notable à la règle observée dans la famille des joues cuirassées, et indiquerait un rapprochement avec celle des blennies et des gobies. A la moitié de la longueur du premier repli il existe un étranglement assez fort, qui indique la place du pylore. Au troisième repli le diamètre de l'intestin est de moitié plus étroit qu'au quatrième. Les parois en sont minces, et la veloutée offre quelques rides longitudinales.

La rate est petite, ovoïde, et placée à droite de l'intestin, dans la crosse du premier repli.

La vessie aérienne est ovale : elle occupe la moitié antérieure de la longueur de l'abdomen. Son diamètre vertical est à peine la moitié du diamètre longitudinal.

Les reins commencent par deux filets grêles, et ils se réunissent bientôt en une seule masse épaisse, qui s'étend jusqu'auprès de l'anus. Les uretères sont très-courts, et versent l'urine dans une petite vessie située entre les reins et le rectum.

L'Agriope du Pérou.

(*Agriopus peruvianus*, nob.)

Au moment même où nous livrons cette feuille à l'impression, il nous arrive de l'île de San-Lorenzo, près Lima, une troisième espèce d'agriope, fort distincte des deux premières, quoique bien évidemment du même genre. Plumier et Feuillée l'avaient déjà observée, et nous en trouvons une assez bonne figure dans les papiers de ce dernier.

Elle est lisse comme la première, et a la même tête; mais sa hauteur n'est que trois fois dans sa longueur totale. On voit deux petites épines sur le haut de son museau, en avant des yeux. Les inégalités de sa dorsale sont beaucoup moins prononcées. Toute sa partie épineuse est coupée en arc peu convexe. Les rayons des deux extrémités diffèrent peu de ceux du milieu pour la hauteur. Sa partie molle, par la même raison, s'élève moins au-dessus des derniers rayons épineux. Les épines mitoyennes, qui sont les plus hautes, ont les deux tiers de la partie de tronc située au-dessous et les derniers rayons épineux sont de moitié plus courts.

Les nombres diffèrent peu.

D. 18/13; A. 1/7, etc.

Du reste, toutes les formes de cet agriope sont les mêmes que dans les deux autres. Dans l'état sec, la peau de son tronc a de très-fines stries verticales; mais on n'y aperçoit d'ailleurs aucune âpreté. Sa couleur paraît avoir été brune. Des lignes ou bandes obliques plus brunes s'aperçoivent à la dorsale. La figure de Feuillée le représente verdâtre, semé de mouchetures oblongues noirâtres.

Notre individu n'est long que de quatre pouces; celui de Feuillée en avait huit.

CHAPITRE XIII.

Des *Apistes* et des *Minoüs* (*Apistus et Minous*, nob.).

DES APISTES.

Pour ne point trop multiplier les êtres, nous réunirons en un seul chapitre quelques poissons analogues aux scorpènes par la dorsale indivise et les dents palatines; mais dont les rayons pectoraux, beaucoup moins nombreux, sont tous branchus, et qui ont de plus pour caractère particulier une longue épine au sous-orbitaire, et une autre au préopercule; épines qui, par la mobilité des os auxquels elles appartiennent, deviennent, quand elles s'écartent de la joue, des armes très-offensives, dont ces poissons peuvent faire usage au moment où l'on s'y attend le moins, et d'autant plus dangereuses qu'on ne les aperçoit qu'avec peine dans l'état de repos : c'est de là que nous tirons le nom générique ἄπιστος (*perfidus*).

Ce genre se divise en deux petites tribus; l'une qui a le corps écailleux, comme les scorpènes proprement dites et les sébastes, et l'autre qui l'a nu, comme les cottes, et comme les genres, qui vont suivre, des pélors et des synancées. Dans l'une et l'autre subdivision il y a des espèces qui portent un rayon libre sous la pectorale, et d'autres qui en manquent.

Tous ces poissons viennent de la mer des Indes.

Apistes à corps écailleux, à rayon libre sous les pectorales.

L'APISTE A LONGUES PECTORALES.

(*Apistus alatus*, nob.[1])

Dans la première subdivision de ce sous-genre nous placerons d'abord une espèce des Indes, remarquable par ses longues pectorales, par le filet libre qui est au-dessous, et par les trois barbillons de sa mâchoire inférieure.

C'est le deuxième *woorrah-minoo* de Russel (n.° 160 B), que cet auteur regarde à tort comme un trigle, à cause de son rayon libre.

M. Leschenault nous l'a envoyé de Pondichéry, où les indigènes l'appellent *sintoumbi.*

Sa forme est en petit à peu près celle d'un bars, et il n'a rien des tubercules, ni des carènes saillantes des scorpènes. Sa plus grande hauteur, à peu près au milieu, est quatre fois et demie dans sa longueur; son épaisseur fait les trois quarts de sa hauteur. Sa tête est trois fois et un tiers dans sa longueur; elle est nue, granulée; son profil presque en ligne droite avec le dos; sa mâchoire inférieure avance un peu plus que l'autre; ses yeux sont placés à la ligne du profil, et rapprochés de manière que leur intervalle ne fait que moitié de leur diamètre, quoique ce diamètre ne fasse que le quart de celui de la tête. Le premier sous-orbitaire a deux petites pointes qui croisent sur la racine du maxillaire, et une très-longue et très-aiguë, qui, dans l'état de repos, se couche le long du bord supérieur du maxillaire, et se porte aussi loin que lui. Le grand sous-orbitaire est plat, large, et couvre toute la joue. Le préopercule a à son angle une épine pointue et

---

1. *Woorrah-minoo*, Russel, n.° 160 B; *Sintoumbi*, Leschenault, manuscrits, n.° 28.

deux dents plates au-dessous. L'opercule n'a point d'arêtes, et se termine par deux pointes plates. Les ouïes sont très-fendues, et leur membrane a six rayons. Trois barbillons grêles pendent sous la mâchoire inférieure, un à la symphyse et un sous chacune de ses branches. Des dents en velours garnissent les mâchoires, le devant du vomer et les palatins. La dorsale a quinze épines à peu près égales, excepté la quatorzième, et sa hauteur est de près des deux tiers de celle du corps. Neuf rayons mous les suivent, et sont un peu plus hauts qu'elles. L'anale a trois épines et huit rayons mous. Entre ces deux nageoires et la caudale est un intervalle du dixième environ de la longueur totale, un peu plus long en dessous. La caudale a presque le quart de cette longueur; elle est un peu pointue au milieu, et a douze rayons. Les pectorales sont d'une forme singulièrement pointue, et ont presque moitié de la longueur du corps. C'est leur premier rayon qui est le plus long; les autres vont, en diminuant rapidement, jusqu'au dixième, qui est le dernier, et qui n'a que le cinquième de la longueur du premier. Le filet libre qui est au-dessous en a la moitié. Les ventrales sortent un peu plus en arrière que les pectorales, et n'ont pas tout-à-fait moitié de leur longueur. Leurs rayons sont comme à l'ordinaire : le dernier s'attache à l'abdomen sur moitié de sa longueur.   B. 6; D. 15/9; C. 12; A. 3/8; P. 10; V. 1/5.

Tout le corps de ce poisson, sauf la tête et les nageoires, est couvert de petites écailles ovales, un peu plus longues que larges, dont la partie visible a cinq ou six petites dents, et la partie cachée un éventail de douze rayons. La ligne latérale est droite, formée de tubes simples, et parallèle au dos au tiers de la hauteur.

La tête et le corps paraissent argentés. (M. Russel dit que le dessus est rougeâtre.) Les pectorales sont noirâtres, excepté leur bord supérieur, qui est blanc; mais dans le frais, selon M. Russel, elles tirent sur le pourpre à leur face externe, et sur le vert à l'interne. On voit une grande tache noire sur la dorsale de sa neuvième à sa onzième épine, et trois bandes obliques noirâtres sur sa partie molle. Il y a aussi quelque chose de noirâtre vers la pointe de l'anale, et trois ou quatre lignes anguleuses de la même couleur sur la caudale.

Ce poisson reste petit, et ne passe guère quatre ou cinq pouces.

M. Leschenault nous apprend qu'il n'est pas commun, et qu'on ne le pêche que lorsque la mer est calme; on ne le mange pas : les pêcheurs de Pondichéry redoutent sa piqûre autant que celle du scorpion.

Nous n'avons pu examiner les viscères de l'*apistus alatus* : le seul individu que nous avons eu à notre disposition, avait été éventré. Il lui restait cependant sa vessie aérienne bien intacte.

Elle est double; l'antérieure est beaucoup plus petite que la seconde, qui est renflée en arrière sur ses côtés.

L'Apiste caréné.

(*Apistus carinatus*, nob.; *Scorpæna carinata*, Bl.)

Le *scorpæna carinata* de Bloch[1] ne peut pas différer beaucoup de l'espèce que nous venons de décrire; car il lui donne

un barbillon au menton et deux à la mâchoire inférieure, un doigt libre sous une pectorale noire, une dorsale tachetée de noir, de petites écailles âpres et dentelées, et une caudale pointue, tous caractères que nous venons de remarquer dans notre *apistus alatus;* mais il lui attribue diverses carènes osseuses à la tête, et treize épines seulement à la dorsale; et il ne parle pas de l'aiguillon sous-orbitaire. Sur ce dernier point, je ne doute pas qu'il n'ait commis un oubli. Il met les nombres comme il suit :

B. 6; D. 13/7; A. 3/7; C. 22[2]; P. 10; V. 2.[3]

---

1. *Systema*, édition de Schneider, p. 193.

2. C'est sûrement douze.

3. Ce dernier nombre est sans aucun doute une faute d'impression. Malheureusement l'ouvrage en est plein.

Ce poisson avait été envoyé à Bloch de Tranquebar, et n'était long que de quatre pouces.

L'Apiste des Israélites.

(*Apistus Israelitarum*, Ehrenb.)

M. Ehrenberg a rapporté de la mer Rouge un apiste qui ressemble aussi singulièrement à celui de Russel,

qui a les mêmes barbillons, la même épine au sous-orbitaire, le même rayon libre sous la pectorale, la même tache noire à la dorsale, et où seulement on ne voit pas de bandes noires sur la dorsale molle, ni sur l'anale. Ses pectorales paraissent moins longues, et sa dorsale un peu plus basse.

B. 7? D. 15/7; A. 3/7; C. ..; P. 10, et 1 libre; V. 1/5.

Ce petit poisson a le dos roussâtre, les côtés et le dessous du corps blanchâtres; la dorsale épineuse, variée de brun et de blanc, avec une grande tache noire du dixième au onzième rayon; la pectorale noirâtre antérieurement, et jaunâtre bordée de bleu à sa face interne; le reste de ses nageoires est blanchâtre.

Sa longueur est de quatre pouces.

Cet apiste vole comme les dactyloptères et les prionotes. M. Ehrenberg l'a observé près de Tor, et chaque fois que la mer était agitée, il lui en tombait quelques-uns dans sa nacelle. Comme c'est le seul poisson volant de la mer Rouge, et qu'il est surtout abondant sur la côte du désert où les Israélites errèrent pendant si long-temps, il est venu à l'idée de ce savant voyageur que ce pourrait bien être de lui qu'il faudrait entendre ce que l'Exode[1] raconte des cailles qui servirent à une certaine époque de nourriture à ce peuple. Les interprètes au-

---

1. Exode, ch. XVI, v. 13.

ront traduit par caille un mot hébreu qui avait primitivement un sens tout différent.

Les Arabes le nomment *gherad el bahr*, ce qui signifie *sauterelle de mer*.

Apistes écailleux sans rayons libres.

L'APISTE AUSTRAL.

(*Apistus australis*, nob.; *Cottus australis*, J. Wh.)

A la suite de ces apistes à longues pectorales et à rayons libres, viendra un poisson du port Jackson, qui a pour caractère particulier la nudité de la partie antérieure et supérieure de son dos, où les écailles manquent comme à sa tête, tandis que le reste de son corps en a de petites, âpres, semblables à peu près à celles de notre *scorpæna porcus.*

Sa hauteur fait un peu plus du quart de sa longueur; et son épaisseur moitié de sa hauteur. La longueur de sa tête égale presque la hauteur de son corps. Ses mâchoires sont à peu près égales. Il y a une épine à chaque nasal, trois petites sur chaque orbite, une petite, précédée d'une arête, sur chaque côté du crâne, une sur la tempe, une à l'os surscapulaire, deux à l'opercule, toutes petites, et plutôt des terminaisons d'arêtes que des épines véritables; mais l'épine postérieure de son sous-orbitaire antérieur est une longue et forte pointe très-aiguë, qui se prolonge sous l'œil jusqu'au bord du préopercule, et que le poisson peut écarter à volonté. La première du préopercule est presque aussi grande, et se prolonge jusqu'au bord de l'opercule : elle est suivie de quatre autres, de plus en plus petites. Du reste, les formes de ce poisson ressemblent à celles des scorpènes, si ce n'est que ses pectorales sont plus étroites et n'ont que treize rayons, tous rameux. Je ne lui trouve que six rayons branchiostèges; mais ses dents sont les mêmes qu'aux scorpènes.

B. 6 ; D. 16/8 ; A. 3/5 ; C. 11 ; P. 13 ; V. 1/5.

L'espace nu de son dos est circonscrit de chaque côté par une ligne qui part du haut de l'orifice branchial, et monte obliquement en se rapprochant de la dorsale jusqu'à son dernier rayon épineux.

Je ne lui vois pas de lambeaux.

Sa couleur paraît un gris brunâtre, plus pâle en dessous avec des marbrures plus brunes, qui forment surtout quatre bandes; une au droit des pectorales, une sous le commencement de la dorsale molle, une autre sur le bout de la queue, et la dernière sur le tiers postérieur de la caudale. Il y a des points bruns dans les intervalles.

La longueur de notre individu est de trois pouces.

Nous l'avons reçu par MM. Quoy et Gaymard, naturalistes de l'expédition de M. Freycinet.

Le *cottus australis* de John White[1] nous paraît une mauvaise représentation de cette espèce.

Sa forme générale est la même. On y voit distinctement son aiguillon sous-orbitaire, qui ne dépasse pas l'œil; son préopercule semble en avoir cinq ou six assez grands, et son opercule deux. On discerne quinze épines et huit rayons mous à sa dorsale, trois épines et sept rayons mous à son anale; ses autres nombres sont indéchiffrables. Ses écailles paraissent très-petites; et son corps, d'un gris roussâtre, montre trois bandes verticales, incomplètes et nuageuses d'un gris noirâtre.

L'individu est long de quatre pouces.

Bloch[2] suppose que ce *cottus australis* de White est le même que son *scorpæna malabarica*, auquel il attribue

---

1. *Voyage to New-South-Wales*, p. 266.
2. *Systema*, édition de Schneider, p. 194.

une tête écailleuse, des écailles à la base des nageoires verticales, et les nombres de rayons :

B. 6; D. 12/13; A. 3/5; C. 12; P. 19; V. 1/5.

Mais ces écailles à la tête et les nombres des rayons dorsaux ne s'accordent pas avec ce que l'on voit dans la figure, et font déjà pressentir, ce qui est vrai en effet, que le *scorpæna malabarica* est une *sébaste*, comme nous l'avons vu ci-dessus (p. 249).

C'est probablement aussi par une faute d'impression que Bloch fait habiter son poisson en Amérique; on aura mis *America australis* pour *Asia australis*.

L'APISTE VIVE.

(*Apistus trachinoides*, nob.)

Un des plus remarquables parmi tous ces petits apistes a été envoyé de Java par MM. Kuhl et Van Hasselt. Les trois premiers rayons épineux de sa dorsale, placés sur la nuque, sont tellement écartés des autres, et la membrane qui les unit au reste de la nageoire est si basse, qu'ils forment, pour ainsi dire, une nageoire distincte, en sorte qu'au premier coup d'œil on est tenté de prendre le poisson pour une vive; mais l'on se désabuse promptement quand on remarque que les rayons suivans sont encore épineux sur presque toute la longueur de la dorsale.

Ses formes sont à peu près en petit celles du *scorpæna scrofa*. La tête ressemble beaucoup à celle d'une scorpène; le profil ne descend presque pas. Les yeux, médiocres, sont séparés par un intervalle du double de leur diamètre. La mâchoire inférieure monte obliquement au-devant de l'autre. Il y a des dents en velours aux mâchoires, au-devant du vomer et aux palatins. L'orbite et le crâne n'ont que de légères arêtes sans aiguillons. Le sous-orbitaire antérieur a deux pointes aiguës, dont la supérieure, un peu plus longue que l'autre, ne dépasse pas le dessous du milieu de l'orbite. Le grand sous-orbitaire ne se marque que par quelques rides saillantes. Le préopercule, arrondi, a une épine assez courte, suivie de trois petites dents plates; l'opercule a deux arêtes et deux petites pointes. On ne compte que six rayons aux ouïes, dont la membrane est bien échancrée. La première épine dorsale répond au dessus du bord du préopercule, et les deux suivantes partent presque du même point; la quatrième est sur le tiers antérieur de la pectorale; la quinzième et dernière, sur le tiers antérieur de l'anale : toutes sont droites, assez fortes, peu inégales. La fin de la dorsale ne se compose que de quatre rayons branchus, dont le quatrième est attaché au-dessus de la queue par toute sa longueur, sans arriver pour cela tout-à-fait à la caudale. L'anale a trois épines et aussi quatre rayons branchus, dont le dernier s'attache comme celui de la dorsale, mais reste encore un peu plus loin de la caudale. Celle-ci est arrondie, et de douze rayons entiers, avec quelques rayons plus courts en dessus et en dessous. La pectorale, assez aiguë, de moins du quart de la longueur totale, a douze rayons, tous branchus. La ventrale, composée comme à l'ordinaire et à moitié attachée, est d'un quart plus courte.

D. 15/4 ; A. 3/4 ; C. 12 ; P. 12 ; V. 1/5.

Le corps de ce petit poisson montre, quand il commence à se dessécher, de très-petites écailles comme absorbées dans la peau; son épiderme forme de très-fines rides verticales. La ligne latérale droite et au cinquième supérieur se marque par des tubercules obliques.

La couleur générale paraît un brun roux, pointillé de blanchâtre sur les côtés de la tête et sous la mâchoire, qui se change en blanchâtre argenté sous la gorge et la poitrine. La dorsale est traversée presque verticalement par quatre ou cinq bandes irrégulières, noirâtres, entre lesquelles sont de petites lignes grises. L'anale a deux ou trois de ces bandes, et les mêmes lignes entre elles. Il y en a

une à la base de la caudale, sur le reste de laquelle sont des lignes
de points bruns, peu marquées, sur un fond blanc. La pectorale
est aussi traversée par des lignes de points ou de petites taches
brunes. La ventrale est blanchâtre, et a le bout noir; quelquefois il
y a aussi une tache en travers, noirâtre.

Nos individus n'ont que deux pouces et demi de longueur.

L'APISTE DRAGONNE.

(*Apistus dracœna*, nob.)

M. Dussumier a rapporté de la côte de Malabar une
espèce qui participe du caractère singulier de la précédente.

Sa dorsale est profondément échancrée après le troisième rayon;
mais ses trois premiers rayons sont plus forts, moins séparés. Elle
n'a en tout que douze épines, suivies de huit rayons mous; l'épine
de son sous-orbitaire est très-grande, ainsi que celle de son préopercule : cette dernière n'a au-dessous d'elle que trois dentelures
obtuses. Les deux arêtes du préopercule sont faibles.

B. 7; D. 12/8; C. 11; A. 3/6; P. 12; V. 1/5.

Ce poisson est gris-brun au dos et aux flancs, blanchâtre à la
gorge, à la poitrine et au bas-ventre. Sa dorsale est grise, avec des
nuages bruns, et une forte tache noire, qui s'efface quelquefois,
entre la sixième et la neuvième épine. La pectorale et l'anale sont
aussi gris-brun, avec des taches et des points nuageux d'un brun
plus foncé. Les ventrales, attachées au ventre sur presque toute leur
longueur, ont du brun vers le bout. La caudale est presque toute
blanche, avec deux ou trois lignes de points grisâtres, peu sensibles.

L'APISTE TÆNIANOTE.

(*Apistus tœnianotus,* nob.)

Le poisson que M. de Lacépède a nommé sur ses planches *tœnianote large-raie* (t. IV, pl. 3, fig. 2), mais qui

4.   38

diffère infiniment de celui auquel il donne le même nom
dans son texte (*ib.*, p. 3o4), doit encore être placé ici.

Il est très-reconnaissable à son museau court et obtus, à sa dorsale naissant entre les yeux, très-haute dans son commencement, et
se continuant jusqu'à la queue, à laquelle elle s'unit, mais par une
très-courte membrane.

Sa hauteur est trois fois et deux tiers dans sa longueur; son
épaisseur fait moitié de sa hauteur, et la longueur de sa tête
n'égale pas entièrement cette hauteur. C'est à la brièveté du museau
qu'est due celle de la tête. Le profil descend presque verticalement.
Sa bouche est oblique et peu fendue. Le premier sous-orbitaire est
fendu en deux pointes aiguës, dirigées en arrière, dont la supérieure,
qui est la plus grande, ne dépasse pas cependant le milieu du dessous de l'œil. Le grand sous-orbitaire se montre à peine au travers
de la peau. La grande épine du préopercule est arquée, et n'atteint
qu'au milieu de la largeur de l'opercule; elle en a trois petites au-
dessous d'elle. L'opercule a deux arêtes, terminées chacune par une
épine; mais on n'en voit pas aux narines, ni à l'orbite, ni au crâne.
Je ne peux lui découvrir que cinq rayons aux branchies. Ses palatins ont des dents, mais sur une très-petite plaque. Les autres sont
comme dans les scorpènes.

Le premier rayon de la dorsale répond au dessus du bord antérieur de l'orbite, et termine dans le haut la ligne verticale du profil.
Elle est assez courte, quoique forte; la seconde est quatre fois plus
haute, et égale la hauteur du corps aux pectorales; ensuite elles
diminuent jusqu'à la cinquième, qui n'a que moitié de cette hauteur; et les suivantes, jusqu'à la dix-septième, demeurent comme
la cinquième. La nageoire se termine par huit rayons mous, et se
relève un peu au cinquième et au sixième. Le dernier s'unit par
une membrane à la partie de la queue et aux petits rayons supérieurs de la caudale. Celle-ci est rhomboïdale, et a douze rayons
entiers. Sa longueur fait le quart du total. L'anale a trois épines et
six rayons mous, et laisse un petit espace nu entre elle et la caudale. Les pectorales sont assez pointues, aussi du quart de la lon-

gueur totale, et n'ont que onze rayons, tous rameux. Les ventrales sortent un peu plus en arrière, et se portent aussi loin. Leur nombre est l'ordinaire.

B. 5? D. 17/8; A. 3/6; C. 12; P. 11; V. 1/5.

Le corps est entièrement couvert de très-petites écailles, presque absorbées dans l'épiderme. La ligne latérale demeure parallèle au dos, et est en avant au tiers de la hauteur. Elle se marque par une suite de tubes, et d'espace en espace par une petite branche.

Dans la liqueur ce poisson paraît d'un roux-brun uniforme, excepté une tache noirâtre ovale qu'il a sur la dorsale, à la cinquième et à la sixième épine.

La longueur de notre individu est de près de quatre pouces.

Cet apiste tænianote a le foie médiocre, formé d'un seul lobe ovale, alongé, et placé le long du côté gauche de l'œsophage. La vésicule du fiel est très-petite, attachée à l'angle droit antérieur du foie, presque sous le diaphragme. Le canal cholédoque est très-fin, mais il est long; il descend le long de l'œsophage pour aboutir dans le duodénum, auprès d'un cœcum isolé dont nous parlerons plus bas.

L'œsophage est large, assez long, et se continue avec l'estomac sans que l'on puisse l'en distinguer. Il se termine en un cul-de-sac pointu, à peu près à la moitié de la longueur de l'abdomen.

Il y a quatre cœcums au pylore, deux à gauche et deux à droite. Un de ceux-ci est beaucoup plus haut que l'autre, et s'ouvre dans le duodénum même. C'est auprès de celui-ci que donne le canal cholédoque. L'intestin fait deux replis courts, avant de se rendre à l'anus; il se dilate vers le rectum.

La vessie natatoire est assez grande, un peu déprimée dans le milieu, et renflée vers les extrémités. Les reins sont gros, courts, plus en arrière que la vessie aérienne, et versent l'urine dans une vessie simple, longue et assez grande.

La figure de M. de Lacépède a été dessinée d'après un individu long de trois pouces, à demi desséché et dont la queue était mutilée.

Mais ce qu'il est nécessaire de remarquer ici, c'est que la description de l'espèce nommée dans le texte (t. IV, p. 3o3 et 3o4) *tænianote large-raie,* n'a nul rapport avec cette figure. D'après cette description, il doit avoir

quarante-huit rayons à la dorsale et autant à l'anale; une couleur générale bleue; une raie noire et très-large le long de chaque côté du corps; une longueur de quatre à cinq décimètres; le palais sans dents; des écailles petites, rudes, dentelées; un aiguillon à la pièce postérieure de chaque opercule; une tache blanche sur le lobe inférieur de la queue, etc.

J'ai vérifié que cette description est tirée de l'une de celles de Commerson, qui nomme le poisson *chelio tænia laterali vitta atrata, ventre et macula caudæ argenteis,* ou le *tubleu* de l'Isle-de-France.

C'est le même dont une figure, gravée dans M. de Lacépède (t. III, pl. 28, fig. 2), a donné lieu à établir l'espèce du *labre large-raie* (*ib.* p. 455 et 526); mais ce n'est pas plus un labre qu'un tænianote, et il appartient à notre genre *malacanthe,* dans lequel entre aussi la prétendue *vive* des colons de la Martinique, ou le prétendu *coryphène Plumier.* Nous le décrirons amplement quand nous traiterons de la famille des labroïdes.

Je ne trouve sur notre poisson actuel, notre *apiste tænianote,* qu'une figure peinte dans le Recueil de Corneille de Vlaming (n.° 247) sous le nom de *sambia dourié.*

L'APISTE A LONGUE ÉPINE.

(*Apistus longispinis,* nob.; *Scorpæna spinosa,* Gmel.?)

MM. Quoy et Gaymard ont rapporté d'Amboine un petit poisson très-semblable au précédent,

mais dont les épines sous-orbitaire et préoperculaire sont plus longues (la première s'étend jusque sous l'arrière de l'orbite), le profil
moins vertical, les épines de la dorsale peu différentes en hauteur,
et où son dernier rayon laisse encore une partie de queue entre la
membrane qui s'attache à la queue et la caudale : celle-ci est à peu
près carrée.

B. 6; D. 14/8; A. 3/5; C. 12; P. 10; V. 1/5.

Ce petit poisson, long de deux à trois pouces, est couvert de
taches ou de nébulosités brunes sur un fond rosé, et a le ventre
blanchâtre, piqueté de brun. Quelques individus ont une tache rose
entre le cinquième et le huitième aiguillon de la dorsale, une au-
devant de l'anale et une sur le dos de la queue. On voit une tache
blanche de chaque côté sur la ligne latérale, vis-à-vis la dixième
épine dorsale; mais cette tache disparaît dans plusieurs individus.
Les nageoires sont marbrées et piquetées de brun. Il y a une bande
brune sur la base de la caudale.

Un individu de cette espèce du Cabinet de Berlin, et
provenu de celui de Link, y passe pour le *scorpœna spinosa* de Gmelin, et la description de ce *scorpœna* lui
convient en effet sur tous les points.

L'Apiste brun-verdatre.

(*Apistus fusco-virens,* Quoy et Gaym.)

Les mêmes naturalistes ont observé et dessiné à Amboine un autre apiste, qu'ils ont nommé *brun-verdâtre,*
parce qu'il est en effet de cette couleur, plus sombre sur le dos,
plus pâle sous le ventre, et semé de points ou de petites taches, les
unes rousses, les autres noirâtres. Sa dorsale a des points noirâtres,
qui forment des séries obliques sur sa partie molle : il y en a aussi
en travers de la caudale. Les autres nageoires sont rougeâtres. Sa
forme est assez alongée; ses épines dorsales sont à peu près égales.
Son sous-orbitaire a deux forts aiguillons, dirigés un peu vers le

bas; le préopercule en a deux petits et un long, très-pointu, dirigé en arrière et un peu vers le haut. Quelques individus ont une tache violette au milieu de la longueur de la dorsale, sur sa base.

B. 6; D. 15/7; A. 3/4; C. 15; P. 10; V. 1/5.

Ce poisson passe dans le pays pour faire des blessures dangereuses, que l'on attribue, à tort sans doute, à une sorte de venin dont la peau qui recouvre les aiguillons serait enduite.

L'Apiste chaboisseau.

(*Apistus cottoïdes*, nob.; *Perca cottoides*, Linn.)

C'est très-probablement ici que doit se placer le *perca cottoides*, décrit par Linnæus dans la seconde partie de son Musée d'Adolphe-Fréderic (p. 84), et qui, aux caractères du genre et à des nombres à peu près tels qu'on en compte dans plusieurs apistes, joint pour caractère particulier,

des taches rondes et brunes, éparses sur le corps, et faisant deux lignes sur les nageoires.

Malheureusement sa description est trop abrégée, et ne nous apprend pas même s'il a ou non des écailles. Ce poisson venait de la mer des Indes. [1]

---

1. *Mus. Ad. Freder.*, t. II, p. 84.

Perca cottoides.

Pinnis dorsalibus unitis, cauda indivisa, pinnis omnibus, lineis duabus punctatis. Habitat in India.

Piscis quasi medius inter percas et cottos.

Caput sub oculis, spina gemina reflexa; maxillæ scabræ : opercula branchiarum spinoso serrata; membrana branchiostega octo.

Corpus : linea lateralis rectá, quasi catena parum elevata; maculæ fuscæ, quasi puncta ex duabus lineis, sparsæ per omnes pinnas; puncta majuscula, fusca, orbiculata, sparsa per caput et dorsum.

Pinna dorsalis 14/6, incipit in medio frontis et desinit paulo ante caudam.

P. 14; V. 1/4; A. 8/7; C. 10, *cauda integra.*

L'Apiste de Bougainville.

(*Apistus Bougainvillii,* nob.)

Nous devons au dernier voyage autour du monde, exécuté par M. le baron de Bougainville, un petit apiste voisin du *longispinis,* et couvert de même de petites écailles noirâtres.

Son profil est presque vertical; son épine sous-orbitaire, quand elle est contre la joue, dépasse le bord postérieur de l'orbite; elle a une petite épine à sa base antérieure. L'épine préoperculaire est moitié plus courte, dirigée un peu vers le haut, et le bord du préopercule en a au-dessous de celle-là trois ou quatre autres beaucoup plus petites. La première épine dorsale est placée au-dessus des yeux, et de moitié seulement plus courte que la seconde. La septième est subitement d'un tiers plus petite que la sixième et la huitième : il y en a douze en tout. La membrane est échancrée, aux deux tiers, après les six premières. Il y a aussi un intervalle nu entre la fin de la dorsale et la caudale. La longueur des pectorales est de plus du quart de celle du poisson. Les ventrales sont un peu plus courtes. La caudale a un peu plus du cinquième, et se termine carrément.

D. 12/9; A. 3/5; C. 11; P. 11; V. 1/5.

La ligne latérale est parallèle au dos, et se marque par une suite de vingt-cinq élevures qui ont l'air de petites pointes couchées sur la peau.

Ce poisson n'est long que de deux pouces et demi.

L'Apiste de Bélenger.

(*Apistus Belengerii,* nob.)

M. Bélenger a envoyé de Mahé, sur la côte de Malabar, un petit apiste remarquable par un corps plus élevé au milieu, où sa hauteur fait le tiers de sa longueur. Son profil est oblique; sa bouche descend en arrière; son épine sous-orbitaire ne passe guère le milieu du dessous de l'œil; elle en a une petite à sa base en avant. Celle du préopercule l'égale à peu près, et se dirige directement en arrière. Il y en a deux, mais excessivement courtes, aù-dessous. L'opercule osseux se termine par trois pointes. La première épine dorsale répond vis-à-vis le bord postérieur de l'œil, et est presque aussi haute que la seconde, qui a les deux tiers de la hauteur de la tête, ce qui dure jusqu'à la cinquième, où la membrane est fortement échancrée. Il y a un intervalle entre le dernier rayon et la caudale. Celle-ci est coupée carrément, et comprise quatre fois et demie dans la longueur totale. Les pectorales sont un peu plus longues; mais les ventrales le sont un peu moins.

D. 12/8; A. 3/6; C. 11; P. 13; V. 1/5.

Ses écailles sont très-fines, et sa ligne latérale est disposée comme dans l'espèce précédente. Tout le corps est gris, finement pointillé de brun, excepté la poitrine et l'abdomen, qui sont blanchâtres. Les nageoires sont de la couleur du corps, et il y a une tache noire sur la dorsale de la cinquième à la huitième épine.

Ce petit poisson est long de deux pouces un quart.

On le nomme *toumba* à Mahé.

L'APISTE A BARBILLONS.

(*Apistus barbatus*, nob.)

MM. Kuhl et Van Hasselt ont envoyé de Batavia un apiste remarquable

par deux barbillons qu'il a sous le bout antérieur de la mâchoire inférieure. L'épine de son premier sous-orbitaire en a une très-petite à sa base, et s'étend aussi loin que le maxillaire. Le second sous-orbitaire n'en a point, et est seulement un peu inégal. L'épine du préopercule atteint le bord de l'opercule Le reste du bord du préopercule n'a que deux ou trois épines, à peine sensibles. L'opercule osseux se divise en trois pointes : il y a une épine au surscapulaire; et sur le crâne, en avant du premier aiguillon dorsal, il y en a deux très-petites, ou plutôt deux petits tubercules. La dorsale commence sur le milieu des orbites par un aiguillon quatre fois moindre que le second, qui est le plus long, et qui égale les deux tiers de la hauteur du corps; le troisième est un peu plus court : à compter du quatrième ils sont à peu près égaux. Il y en a treize et huit mous, dont le dernier s'attache au corps et atteint la caudale. Tout ce poisson est couvert d'une peau très-finement ridée en rides verticales , et où l'on ne voit pas d'écailles proprement dites , mais seulement de très-petits points saillans, disposés en quinconce sur la partie dorsale. Les pectorales sont arrondies, ainsi que la caudale et les parties molles de la dorsale et de l'anale. Les ventrales sont plus courtes que les pectorales.

B. 7; D. 13/8; A. 3/5 ; C. 10; P. 12; V. 1/5.

Ce poisson a le dos brun roussâtre avec des marbrures et des nuages plus bruns. Le dessous est blanchâtre; sa dorsale est brunâtre , plus brune en arrière. On voit sur sa caudale un ruban bleuâtre et un liséré jaunâtre.

Sa taille est de quatre pouces.

Il a été pris dans la rivière de la Bouana, à Java, près de la mer.

Apistes sans écailles.

L'Apiste noir.

(*Apistus niger,* nob.)

La seconde subdivision des apistes, celle qui manque d'écailles sur le corps, commencera par un petit poisson que M. Leschenault nous a envoyé de Pondichéry, et qui tient le milieu, pour la forme, entre ceux de Bougainville et de Bélenger, quoiqu'il s'en distingue par sa nudité.

4.   39

Ses épines sous-orbitaires et préoperculaires sont aussi fortes que dans celui de Bélenger; mais la brièveté de sa première épine dorsale et la hauteur de la seconde et de la troisième le rapprochent davantage de celui de Bougainville. Il a cependant le profil plus oblique, la tête plus longue; sa tempe et son surscapulaire ont deux petites crêtes. On ne lui voit pas d'écailles; mais sa peau, assez serrée, a de petites élevures qui sembleraient des poils, si l'on ne s'apercevait qu'elles ne sont pas libres.

B. 6; D. 13/8; A. 3/6; C. 10; P. 12; V. 1/5.

Dans la liqueur il paraît noirâtre. Les nageoires paires et les caudales sont rayées et pointillées de gris et de brun. On voit aussi des lignes et des points semblables sur la mâchoire inférieure.

M. Leschenault nous apprend que les indigènes des environs de Pondichéry nomment ce poisson *karoun-katel-toumbi*; qu'on le pêche à l'embouchure de la rivière d'Ariancoupang, et qu'il ne parvient qu'à la longueur de quelques pouces. Nos individus n'en ont que deux et demi.

Ce nom de *toumbi* doit avoir du rapport avec celui de *toumba*, usité à la côte de Malabar pour l'espèce de Bélenger.

L'APISTE MARBRÉ.

(*Apistus marmoratus*, nob.)

Feu Péron a rapporté de Timor un poisson qui a les mêmes longues épines au sous-orbitaire et au préopercule que les précédens, et dont le corps entier est dénué d'écailles et de tout ce qui pourrait les rappeler. Il surpasse les autres apistes en grandeur, ainsi que par l'éclat et le tranché de ses marbrures.

Sa forme est oblongue. Sa plus grande hauteur au tiers antérieur est trois fois et demie dans sa longueur; et son épaisseur deux fois dans sa hauteur. La longueur de sa tête est un peu

moins du tiers de sa longueur totale. La ligne du dos est convexe;
le profil descend obliquement; la mâchoire inférieure avance un
peu plus que l'autre. L'œil est près de la ligne du profil, et occupe
le deuxième quart de la longueur de la tête. La bouche est fendue
jusque sous le milieu de l'œil. Le premier sous-orbitaire a deux
petites pointes en avant, et il en produit une en arrière qui, lorsqu'elle est couchée contre la joue, s'étend jusqu'auprès du bord du
préopercule, mais que le poisson peut redresser de la manière la
plus dangereuse pour ceux qui voudraient le saisir. Le grand sous-
orbitaire cuirasse le haut de la joue comme dans les scorpènes,
mais n'a d'autre inégalité qu'une légère crête. Immédiatement derrière lui, le préopercule produit une pointe qui n'a qu'un quart de
moins en longueur que celle du premier sous-orbitaire, et qui est
tout aussi aiguë. Le reste de son bord est arrondi et a trois dents
obtuses. Les épines nasales sont peu marquées; il n'y en a point
aux orbites. Deux lignes légèrement saillantes relèvent les côtés du
crâne, sans y former d'épines; mais il y en a une légère à l'os scapulaire. L'opercule osseux se termine par deux pointes. Les dents
sont en velours ras, sur une bande à chaque mâchoire, sur un
triangle en avant du vomer, et sur une bande à chaque palatin. La
membrane des ouïes est bien fendue, ne s'attache point à l'isthme,
et a sept rayons.

Les épines dorsales sont fortes et très-pointues. La première est
immédiatement derrière le bord postérieur du crâne. Les plus
grandes, de la troisième à la sixième ou septième, ont les deux
tiers de la plus grande hauteur du corps. Il y en a treize, suivies
de dix rayons mous. L'anale en a trois, également longues et pointues, surtout la deuxième, et six rayons mous. Ces deux nageoires
s'arrondissent en arrière, et leur dernier rayon est attaché de fort
près au corps. La caudale est un peu arrondie, et a douze rayons.
Les pectorales n'ont que onze rayons, tous branchus, excepté le
premier, qui est fort grêle : aux ventrales on trouve le nombre ordinaire. Elles sortent un peu plus en arrière que les pectorales, et
s'attachent au corps sur les deux tiers de leur longueur.

B. 7; D. 13/10; A. 3/6; C. 12; P. 11; V. 1/5.

Tout ce poisson est enveloppé d'une peau molle, spongieuse, sans écailles. Dans la liqueur, le fond de sa couleur paraît gris ou jaunâtre, avec de grandes et belles marbrures irrégulières d'un brun pourpré, qui s'étendent sur ses nageoires comme sur le reste de sa surface. La poitrine et le ventre n'en ont point. Les ventrales n'ont que quelques nuages.

Notre plus grand individu n'a que huit pouces.

L'apiste marbré a le foie très-grand, presque entièrement situé dans le côté gauche. Un petit lobe triangulaire passe sous l'œsophage et va dans l'hypocondre droit. La vésicule du fiel est petite, globuleuse; le canal cholédoque est très-long; il longe le lobe droit du foie, reçoit des vaisseaux hépato-cystiques du lobe gauche, et descend le long de l'œsophage, pour s'ouvrir dans le duodénum, au-devant des cœcums.

L'œsophage est assez large et assez long; ses parois sont épaisses et plissées longitudinalement. L'estomac n'est en quelque sorte qu'un prolongement de l'œsophage en un cul-de-sac arrondi; ses parois sont minces et sans plis en dedans. De l'arrière de l'estomac naît une branche assez grosse, qui remonte vers le diaphragme. Le pylore se trouve à peu près au milieu de cette branche, il est entouré de six cœcums très-courts et étroits; un seul, un peu plus gros que les autres, mais pas plus long, se trouve sur la partie supérieure de la branche montante, dont la continuation est le commencement de l'intestin.

L'intestin de cet apiste est très-long. Il remonte d'abord jusqu'auprès du diaphragme, où il se plie pour descendre presque auprès de l'anus; de là il remonte pour se replier dans la crosse du premier pli. Il descend alors droit jusqu'à l'anus, depuis le pylore jusqu'à l'endroit du second repli qui est à la pointe de l'estomac. Le diamètre de l'intestin est médiocre et égal partout; il y a à cet endroit une valvule assez forte; et alors commence le rectum, dont les parois sont très-minces, et qui est dilaté au point que sa capacité est plus grande que celle de l'estomac.

La rate est petite, en ovale alongé, de couleur brune, et placée sur l'intestin, auprès du pylore.

Les ovaires de l'individu que j'ai ouvert, étaient pleins d'œufs
plus petits que de la graine de pavot. Ils n'occupent que les deux
tiers postérieurs de l'abdomen.

Ce poisson est muni d'une très-petite vessie natatoire, presque
ronde, simple, à parois minces et argentées. En dedans elle a trois
corps glanduleux, dont deux sont très-petits, et placés de chaque
côté d'un troisième, qui est gros et alongé. Les reins sont petits et
remontés vers le diaphragme. Le péritoine est incolore.

Nous avons trouvé dans son estomac des débris de crabes.

Le squelette de l'apiste marbré a onze vertèbres abdominales et
dix-sept caudales, toutes comprimées et à peu près aussi hautes que
longues. Dans les deux dernières abdominales les apophyses transverses descendent, et se rapprochent presque en apophyses épineuses. Ses côtes sont grêles et fourchues. Le premier interépineux
de l'anale est long, fort, et placé obliquement. Les trois premiers
de la dorsale ne font ensemble qu'une lame triangulaire. Du reste,
ce squelette n'a rien de particulier que l'on ne puisse juger par
l'extérieur.

DES MINOÜS.

Nous terminons ce chapitre par deux poissons qui ont
tous les caractères des apistes, notamment leurs dangereuses épines sous-orbitaires; qui ont même un rayon
libre sous la pectorale, comme nos deux premières espèces d'apistes, et qui, par cette circonstance, jointe à
l'absence de dents aux palatins, aussi bien que par leur
corps nu, comme dans la seconde division des apistes,
lient les apistes aux pélors, dont nous parlerons bientôt.

C'est principalement l'absence de dents aux palatins qui
nous oblige d'en faire un genre particulier, dont nous
tirons le nom de celui qu'ils portent à la côte de Coromandel.

Le MINOUS WOORA.

(*Minous woora*, nob.; *Woora-minoo*, Russ., n.° 159 A.)

Le premier a été décrit par Russel (n.° 159), et nommé *woorah-minoo*, comme l'apiste ailé; il l'a rangé de même parmi les trigles. Cependant il diffère sensiblement de l'apiste ailé par ses pectorales beaucoup plus courtes, et qui n'ont pas tout-à-fait le tiers de sa longueur; par son corps nu et par sa tête carrée et granulée, qui lui donne, aussi bien que son rayon libre, un rapport sensible avec les trigles, en sorte que M. Russel ne manquait pas de motifs pour le placer comme il l'a fait; mais il tient évidemment de plus près au grand genre des scorpènes par sa dorsale indivise, et même par le nombre et la position des arêtes et des épines dont sa tête est armée.

Sa forme est à peu près celle des petites scorpènes de la mer des Indes; mais le dernier aiguillon de son premier sous-orbitaire, et le deuxième de son préopercule, se prolongent, comme dans tous les apistes, en épines que l'animal peut redresser, et dont il se fait des armes offensives redoutables. Les autres aiguillons de sa tête sont placés à peu près comme ceux du *scorpœna scrofa*, et les égalent au moins en rudesse et en saillie. L'intervalle des yeux est concave et sillonné longitudinalement. Le bord de l'orbite est crénelé; le grand sous-orbitaire a dans son milieu une petite élévation d'où partent des lignes saillantes en rayons. Des dents en velours garnissent les deux mâchoires et une bande en avant du vomer, mais non les palatins, ni la langue. Sa membrane des ouïes a sept rayons; quoique assez échancrée, elle s'attache aux côtés de l'isthme. Il y a un barbillon grêle sous le milieu de chacune des branches de la mâchoire inférieure. La dorsale commence entre les pointes des deux dernières épines du crâne; elle s'élève peu et n'est pas sensiblement échancrée; ses épines sont

menues, au nombre de onze, et très-enveloppées dans la peau,
ainsi que ses rayons mous, au nombre de douze, dont le dernier
est court et attaché au corps. Les pectorales sont un peu pointues,
de près du tiers de la longueur totale : on n'y compte que onze
rayons, et le doigt libre d'au-dessous. Les ventrales, plus courtes
qu'elles, s'attachent au corps sur moitié de leur longueur, et ont,
comme à l'ordinaire, une épine et cinq rayons mous. Je ne trouve
à l'anale que dix rayons, dont un seul épineux. La caudale commence presque immédiatement derrière la dorsale et l'anale; elle est
un peu arrondie, et a onze rayons.

D. 11/12; A. 1/9; C. 11; P. 11 — 1; V. 1/5.

La peau n'a aucunes écailles. La ligne latérale est droite et ne
suit pas la courbure du dos, en sorte qu'en arrière elle s'en
approche et disparaît sous la fin de la dorsale. Elle ne se marque
que par de petites lignes un peu élevées, dont les trois ou quatre
premières font un peu de saillie.

Ce singulier petit poisson paraît gris, et a les nageoires bordées
de noirâtre, excepté la caudale, où l'on voit des bandes irrégulières
grises et blanchâtres. Dans l'état frais, selon M. Russel, il est pourpre foncé, et a le ventre rose, avec les bords des nageoires noirâtres; la partie postérieure de la dorsale est pourpre, ainsi que les
bandes de la caudale; les nageoires paires sont rougeâtres.

Nos individus n'ont que trois pouces.

Dans ce premier minoüs le foie est composé de deux lobes à
peu près égaux, épais, mais peu étendus; ils ne dépassent pas le
cardia. La vésicule du fiel est petite, étroite, alongée : son canal
cholédoque est long; il longe le lobe droit du foie, se replie sous
l'œsophage, et va s'ouvrir dans le duodénum, assez loin du pylore.

L'œsophage est gros, plissé en dedans; il se dilate en un cul-de-
sac pointu, qui est l'estomac. Sa branche montante naît de sa pointe
postérieure. A la hauteur du cardia l'on voit le pylore muni de trois
appendices cœcales, dont une est à droite : c'est la plus longue; les
deux autres sont très-courtes. Le duodénum remonte encore vers
le diaphragme entre les deux lobes du foie : l'intestin fait ensuite
deux replis avant de se rendre à l'anus.

La rate est noire, globuleuse, très-petite, et située sur l'intestin, auprès du pylore. Les vésicules séminales occupent la longueur de l'abdomen.

Ce minoüs a une vessie aérienne excessivement petite, globuleuse, simple, à parois minces, argentées; elle est située sur l'œsophage, tout près du diaphragme.

Les reins sont petits; ils débouchent dans une vessie urinaire profondément divisée en deux lobes. Le péritoine est incolore.

Nos individus viennent de l'Isle-de-France. M. Russel a décrit les siens à Vizagapatam.

Le Minous monodactyle.

(*Minous monodactylus*, nob.; *Scorpæna monodactyla*,
Bl. Schn.)

MM. Kuhl et Van Hasselt ont envoyé de Batavia, sous le nom de *scorpæna biaculeata*, un minoüs très-semblable au précédent, et qu'au premier coup d'œil on serait tenté de croire de même espèce,

mais qui n'a que dix-neuf rayons à la dorsale, dont dix épineux et neuf mous. La crête de son deuxième sous-orbitaire a aussi trois dents tranchantes, qui ne sont pas dans l'autre. Du reste, tout est pareil pour les formes; les barbillons y sont les mêmes, ainsi que le rayon libre.

D. 10/9; A. 1/8, etc.

Celui-ci est gris roussâtre; trois bandes brunes, larges, mal terminées et interrompues, règnent longitudinalement sur toute sa partie supérieure. Sa dorsale en a quatre ou cinq, presque verticales. Il y en a deux verticales sur sa caudale, et deux en travers sur sa pectorale; mais celles-ci sont peu marquées. L'anale et les ventrales ont les bords largement noirâtres.

Ce petit poisson ne passe pas deux pouces.

Nous nous sommes assurés que c'est le *scorpæna mono-*

dactyla de Bloch (*Systema posth.*, p. 194, n.° 9). L'indi-vidu original, conservé à Berlin, ne diffère pas du nôtre.

Le foie de ce minoüs est situé en travers sous l'œsophage, et un peu plus porté à gauche qu'à droite; il est épais, mais court. La vési-cule du fiel est très-petite, globuleuse, et cachée sous le lobe droit du foie. Le canal cholédoque est de longueur médiocre, et descend déboucher sur la partie antérieure de la crosse du duodénum.

L'œsophage est assez long; il se termine en un sac conique d'une longueur égale, qui est l'estomac. La branche montante, de moitié plus courte, s'élève à peine au-dessus du cardia. Il y a cinq appen-dices cœcales au pylore; deux, presque aussi longues que l'esto-mac, sont placées à sa gauche; une impaire, sous l'estomac, est un peu plus courte; la quatrième, plus longue que les deux premières, est cachée entre les replis de l'intestin; enfin, une cinquième, très-petite et pliée sur elle-même, est placée entre l'œsophage et la branche montante de l'estomac. Le duodénum remonte dans la fourche du foie, en faisant un grand arc; puis il s'appuie le long de l'estomac et un peu en arrière de sa pointe. L'intestin se plie et remonte jusque dans l'arc du duodénum; il se plie de nouveau, et offre de suite une dilatation telle que le rectum a un diamètre presque trois fois plus grand que celui du reste de l'intestin. Il se rétrécit un peu avant de déboucher à l'anus.

Les organes de la génération ont une longueur à peu près égale à celle de l'estomac; ils ne s'étendent pas au-delà de ce viscère, et communiquent avec le cloaque par un sac unique assez large.

Il y a une vessie aérienne, plus petite qu'un grain de chenevis, argentée, et placée sur l'œsophage, peu en arrière du diaphragme. Les reins ont leur partie antérieure grosse et développée; ils ne s'étendent pas au-delà des organes génitaux, et versent l'urine par deux uretères courts qui débouchent dans une vessie urinaire, longue et cylindrique. Le péritoine est mince et de couleur de chair, chargé de petits points noirs.[1]

---

1. Ce minoüs porte sur notre planche XCV le nom d'*apiste monodactyle*.

CHAPITRE XIV.

Des Pélors (*Pelor,* nob.).

Dans cette famille des joues cuirassées, si abondante
en poissons de figure singulière, et parmi ces genres voisins des scorpènes, qui se font presque tous remarquer
par leur laideur, il en existe un plus difforme et, on peut
le dire, plus monstrueux que tous les autres, et que nous
avons cru devoir désigner par un nom qui rappelât sa
difformité : c'est le genre des *pélors,* dont Pallas a décrit une espèce sous le nom de *scorpœna didactyla.* Sa
tête écrasée en avant, ses yeux saillans et rapprochés, les
épines hautes et presque isolées de sa dorsale, le font
distinguer dès le premier aspect; et à ces formes inso-
lites se joignent des caractères précis : l'absence d'écailles
sur le corps; celle de dents aux palatins, et deux rayons
libres sous les pectorales. Les deux premiers de ces
caractères sembleraient devoir rapprocher les pélors des
cottes, le troisième des trigles; mais la dorsale indivise les
sépare des uns et des autres pour les ramener près des
scorpènes.

Ils tiennent de près aux apistes de la dernière subdivision, dont, indépendamment de leurs formes étranges,
ils diffèrent en ce point qu'ils ne possèdent pas ce grand
aiguillon du premier sous-orbitaire qui caractérise les
apistes et les fait redouter.

Tous les pélors connus, et ils sont peu nombreux,
il paraît même que les individus n'en sont pas communs,
viennent de la mer des Indes.

Le PÉLOR A FILAMENS.

(*Pelor filamentosum*, nob.)

Nous en décrirons d'abord l'espèce la plus facile à caractériser par les filamens du haut de sa pectorale. On la doit aux naturalistes de l'expédition de M. Duperrey, qui l'ont rapportée de l'Isle-de-France. Elle nous paraît entièrement nouvelle. Commerson ne l'a pas connue, et ce n'est pas celle que Pallas a décrite.

Il serait impossible sans le secours du dessin de donner une idée de l'inconcevable bizarrerie des formes que la nature s'est plue à imprimer à ce poisson.

Ses joues concaves; ses yeux relevés et rapprochés; les épines de sa dorsale, droites, séparées, chargées d'arbuscules; les filamens de sa pectorale; les doigts libres et crochus qu'elle a sous elle; ses ventrales attachées au ventre et réduites à des espèces de crêtes, tout, jusqu'à la singularité des couleurs, qui pénètrent même dans l'intérieur de sa bouche, semblerait en faire un jeu horrible de la nature, si la constance de ses caractères ne montrait que c'est une espèce aussi réelle qu'aucune autre, et soumise à des lois tout aussi précises.

Son corps est alongé; son ventre renflé; son dos élevé au-dessus de sa tête, qui est petite, et dont le profil, concave, interrompu par la saillie des yeux, se renfle pour former la bouche qui le termine.

La hauteur de son corps, aux pectorales, où le dos est le plus haut et le ventre le plus renflé, fait le tiers de sa longueur; mais à l'anus, où l'enflure du ventre n'a plus lieu, elle n'en fait plus que le cinquième. Son épaisseur fait les deux tiers de sa hauteur.

La longueur de sa tête fait le quart de sa longueur totale. Le crâne est très-court, plus large que long, et très-concave entre la nuque et les yeux. Les yeux ont leurs orbites saillans, verticalement au-dessus du crâne et du museau. Leur intervalle est lui-même très-saillant, mais moins qu'eux, plus large que long, relevé dans son milieu d'une tubérosité. Une arête osseuse, dont la courbe est concave, va de cet intervalle au bout du museau, qui se relève beaucoup, et cependant moins que les yeux. L'intervalle dès yeux, à ce bout du museau, est plus que double de la longueur du crâne. Cette partie du museau, vue de haut, est aussi large que longue; et de chaque côté de son arête mitoyenne elle est creusée en une large concavité, dont les bords extérieurs, relevés de quelques tubercules, sont formés par les sous-orbitaires et le préopercule, en sorte qu'il y a un grand espace entre l'œil et les sous-orbitaires, et que le bord inférieur de l'orbite n'est point osseux. Le préopercule a en arrière une pointe obtuse, et l'opercule deux, mais qui paraissent peu au travers de la peau.

L'ouverture de la bouche est au bout du museau; l'intermaxillaire en forme le bord supérieur, qui est demi-circulaire et vertical. La mâchoire inférieure, plane et aussi demi-circulaire, remonte obliquement pour fermer la bouche. Le maxillaire s'élargit à son bord externe, et ne peut guère se cacher sous le sous-orbitaire. Des bandes de dents en fin velours ras garnissent les deux mâchoires et le devant du vomer; mais il n'y en a aucunes aux palatins, ni à la langue, qui est large, triangulaire, assez charnue et médiocrement libre.

Les ouïes sont assez fendues, quoique leur membrane s'attache de chaque côté à l'isthme; elles ont sept rayons, dont le dernier est difficile à voir sans dissection. Dans le haut de leur ouverture une petite production cartilagineuse de l'opercule intercepte une petite échancrure ronde, qui a l'air d'un trou particulier, et dont il est possible que le poisson se serve pour respirer quand il ne veut pas entièrement ouvrir ses ouïes.

La dorsale commence immédiatement à la nuque, c'est-à-dire presque sur les yeux; elle s'étend jusqu'à la caudale. Quinze épines droites, fortes et pointues, occupent plus des deux tiers de sa longueur, dont le reste est soutenu par huit rayons mous et bran-

chus. Les trois premières de ces épines sont garnies, presque
jusqu'à la pointe, par la membrane; mais les suivantes en sont
dégagées pour leurs deux tiers supérieurs, qui sont cependant
enveloppés de la peau; et cette peau a même sur chacune d'elles
plusieurs de ces lambeaux déchiquetés que l'on voit dans tant de
scorpènes. La hauteur de ces épines est à peu près des deux tiers de
celle du corps. La partie molle est arrondie et garnie de membrane
jusqu'au bout des rayons. La caudale s'arrondit en éventail, et a
douze rayons. L'anale commence sous la onzième épine, et finit,
comme la dorsale, tout près de la caudale; elle est très-basse et a
trois rayons épineux et sept mous, entre lesquels la membrane est
un peu échancrée. La pectorale est fort grande; sa longueur est
comprise trois fois et demie dans celle du corps; et quand elle
s'étale, elle est plus large que longue : elle a dix rayons compris
dans sa membrane, et il y en a deux libres. Les deux premiers se
prolongent en filamens grêles; le neuvième et le dixième ne sont pas
branchus; le onzième et le douzième, ou les deux doigts libres,
ont en effet la membrane qui les unit aux autres échancrée jusqu'à
leur base, et sont plus gros que ceux de la nageoire. Le second est
le plus long. La ventrale commence sous l'origine de la pectorale;
elle a, comme à l'ordinaire, une épine et cinq rayons mous, et
comme ceux-ci vont en s'alongeant, et que le dernier est attaché au
ventre par toute sa longueur, chaque ventrale a l'air d'être une
crête, comme paraît aussi à peu près la nageoire anale.

B. 7; D. 15/8; A. 3/7; P. 10 — 2; V. 1/5.

Tout ce poisson est enveloppé d'une peau molle et spongieuse,
hérissée en différens endroits de filamens mous ou de lambeaux
plats et déchiquetés. Les principaux de ces lambeaux sont placés
comme il suit : deux grands sous la lèvre inférieure; un de chaque
côté sur le museau, en avant du sous-orbitaire et vis-à-vis des précédens; un en arrière de la bouche; un au bord saillant de la joue,
tenant au grand sous-orbitaire; trois à l'opercule, vers le bas; plusieurs petits à la face externe de la pectorale et le long des côtés du
corps : il y en a entre autres une suite qui est le seul vestige de ligne

latérale. La peau a de plus, de chaque côté vers le dos, un certain nombre de petites élevures ou tumeurs molles comme des pustules, mais qui cèdent sous le doigt.

Sa couleur n'est pas plus facile à décrire que sa forme. Qu'on se le représente gris, marbré de taches brunes de différentes grandeurs et tout semé de petits points blancs, comme s'il était un peu saupoudré de farine. De petites taches blanches et noires se montrent sur le crâne et sur l'opercule, et des teintes roses diversifient le brun sur la tête : il y a des points bruns et blancs jusqu'au palais et à la langue. La face interne de la pectorale est blanche, avec des teintes roses; un large bord, tout semé de taches rondes, noirâtres, serrées, et vers sa base, près du bord supérieur, trois grandes taches noires, séparées par des intervalles blanc de lait : extérieurement elle est marbrée et pointillée comme le corps. Sa dorsale l'est de même. Les ventrales sont toutes brunes, et l'anale l'est pour la plus grande partie. La caudale a plus de blanc dans sa moitié antérieure; son bord est tout varié de taches noirâtres sur un fond blanc. Le liséré est tout noirâtre. Il y a du pointillé blanc sur le brun de ses rayons. Le ventre est blanchâtre.

Ce pélor filamenteux nous montre un foie assez gros, situé en travers sous l'œsophage, et se prolongeant dans chaque côté de l'abdomen en un lobe alongé et arrondi en arrière. Le droit, plus court que le gauche, soutient la vésicule du fiel, qui est blanche, ronde, de grandeur moyenne. Le canal cholédoque est gros, assez long, et après avoir reçu plusieurs vaisseaux hépato-cystiques, il débouche dans le premier des cœcums de gauche.

L'œsophage est large, assez long, chargé en dedans de plis nombreux, parallèles et longitudinaux; il se dilate en un sac arrondi en arrière, qui est l'estomac. Ses parois sont plus minces que celles de l'œsophage, et sans plis à l'intérieur. De l'arrière de l'estomac, et en dessous, il remonte vers le diaphragme une branche à parois épaisses, qui se termine dans la fourche du foie. Le pylore, ouvert à l'extrémité de cette branche, est muni de quatre appendices cœcales, grosses, mais peu longues : il y en a deux de chaque côté. L'intestin commence par avoir un diamètre assez large, et des parois très-minces; il se porte ainsi un peu en avant de l'anus : là il se courbe pour remonter jusqu'auprès du pylore; et dans toute cette portion, son diamètre est très-étroit, et ses parois sont très-épaisses. L'intestin fait alors un nouveau repli pour se rendre directement à l'anus; il se dilate peu à peu, de sorte que le diamètre du rectum devient aussi grand que celui du duodénum.

La rate est très-petite, alongée, placée sur le duodénum auprès du pylore.

Les ovaires, quand ils sont pleins, occupent toute la longueur de l'abdomen; les œufs sont très-petits.

Il y a une vessie natatoire, à peine aussi grosse qu'un petit pois, à parois argentées : elle est située presque à la hauteur du pylore, entre la fourche que forment les deux reins par leur réunion.

Les reins sont gros et courts; ils se réunissent en un seul lobe, qui ne dépasse pas l'arrière de l'estomac. L'uretère est long, et, arrivé aux trois quarts de la longueur de l'abdomen, il se dilate en une vessie urinaire, alongée, étroite, à parois blanches et épaisses.

Ce poisson se nourrit de crustacés. Nous avons trouvé des débris de squilles dans son estomac.

Le PÉLOR TACHETÉ.

(*Pelor maculatum,* nob.)

MM. Lesson et Garnot ont rapporté de Waigiou un pélor ressemblant à notre première espèce par ces caractères extraordinaires qui en font une sorte de monstre, et s'en distinguant néanmoins par les points suivans, qui nous paraissent bien spécifiques.

Les orbites sont réunis par une arête transverse, qui ne porte pas de tubercule. Il y a à la dorsale seize épines et neuf rayons mous. Les premiers rayons de la pectorale ne se prolongent point en filets.

La couleur est partout noirâtre, mouchetée et piquetée de noir plus foncé. Trois grandes parties blanches se montrent sur la dorsale, et trois taches blanches et rondes de chaque côté du dos. Les yeux, plus petits que dans l'espèce précédente, sont entourés de blanc. Il y a de grosses taches rondes et blanches sur les joues, une sur la base de la crête du front, et une large et transverse sur l'occiput en arrière des yeux. Le ventre est rayé et moucheté de blanc. La pectorale à l'extérieur est noire, avec une large bande transversale blanche. Sa face interne est blanche, avec un bord noir tout moucheté de blanc, et une base noire à six ou huit lignes irrégulières blanc de lait. L'aisselle est grise, mouchetée de noir. La caudale a deux bandes noires et deux blanches, dont celle du bord porte deux fines lignes noires. La gorge et la poitrine sont blanchâtres. La langue est blanche, mouchetée de noir. Dans le frais, d'après la figure et la description que ces voyageurs en ont prises, le blanc ou le pâle des nageoires et même du corps, est plus ou moins jaune, et la face interne des ventrales d'un jaune vif, avec des losanges d'un noir lustré.

Les habitans de Waigiou nomment ce poisson *inoff*.

Le PÉLOR OBSCUR.

(*Pelor obscurum*, nob.; *Scorpœna didactyla*, Pall.)

Un troisième pélor, pris par les mêmes naturalistes au port Praslin, à la Nouvelle-Irlande, et semblable au second pour les formes,

est d'un brun-roux légèrement pointillé de gris, et blanchâtre en dessous. Deux taches, blanc de lait, se montrent sur chaque joue. Sa pectorale, toute brune en dehors, a du côté interne le bord noir, avec une rangée de petits points blancs, puis une bande blanchâtre, puis une large base noire rayée de blanc. Sa caudale a, comme la précédente, deux bandes blanches sur un fond brun; mais on ne voit ni à la dorsale ni au dos les taches blanches des deux précédens.

Autant qu'on peut en juger par la description de Pallas [1],

----

1. *Spicil. zool.*, t. VII, p. 26, pl. 4.

où les couleurs ne sont pas indiquées en détail, c'est cette espèce-ci que ce savant naturaliste a eue sous les yeux, et qu'il avait nommée *scorpœna didactyla*. Cette épithète ne peut lui être conservée, puisque les deux doigts libres sont communs à tout le genre *pélor*.

Le *trigla rubicunda*, décrit par Hornstedt dans les Mémoires de l'Académie de Stockholm[1], et qui est devenu le *synanceia rubicunda* de Bloch[2], n'est autre chose qu'un pélor; et même on ne voit pas trop comment on pourrait le distinguer de cette troisième espèce.

C'est peut-être aussi celle que représente Seba (t. III, pl. 28, n.° 3); mais cette figure est bien mauvaise.

Le PÉLOR DU JAPON.

(*Pelor japonicum*, nob.)

Il y a des pélors jusque sur les côtes de la Chine et dans les mers du Japon. J'en avais trouvé dans un imprimé japonais, que j'ai eu souvent occasion de citer, une figure très-reconnaissable, marbrée de gris et de noirâtre, et je croyais être réduit à l'indiquer à l'attention des voyageurs, lorsque M. Valenciennes a rapporté le poisson lui-même de Berlin. Il fait partie de la collection du Japon que M. Langsdorf a cédée au Musée de cette ville, et dont M. Lichtenstein a bien voulu nous permettre de profiter pour notre ouvrage.

Son nom japonais est *ogosse*.

Il paraît plus alongé que les autres; sa tête est comprise quatre fois et demie dans sa longueur totale. L'arête qui joint ses orbites,

---

1. Nouveaux Mémoires, t. IX, p. 45, pl. 3.
2. *Systema*, édition de Schneider, p. 196.

fait un angle obtus en avant. Le premier sous-orbitaire a trois
pointes à son bord antérieur, et une saillante sur son milieu : il y
en a une double sur le milieu de celui qui cuirasse la joue. Le
bord du préopercule en a trois, dont la supérieure, qui est la plus
longue, en a une petite sur sa base. Il y a deux arêtes et deux
pointes à l'opercule. La tempe a une crête divisée en deux pointes,
et sur l'arrière du crâne il y en a de chaque côté une divisée en
trois. La dorsale a seize épines aiguës, presque de la hauteur du
corps, sorties à moitié de la membrane, et dont les trois premières
sont séparées des autres par une échancrure plus profonde. Elles
sont suivies de sept rayons mous seulement. L'anale commence
vis-à-vis la treizième épine ; elle en a elle-même deux, suivies de
onze rayons mous. Les pectorales et les ventrales sont disposées
comme dans les autres espèces : il n'y a pas de filets aux pectorales ;
mais les deux rayons inférieurs y sont, comme dans les autres,
plus longs que ceux qui les précèdent, simples, quoique articulés,
et libres sur les trois quarts de leur longueur.

D. 16/7 ; A. 2/11 ; C. 13 ; P. 10/2 ; V. 1/5.

A l'état sec ce poisson paraît brun, tout pointillé et vermiculé
d'un brun plus foncé. Ses pectorales sont vermiculées aussi et à
leurs deux faces ; sa caudale de même. Ses ventrales paraissent
avoir été d'une couleur plus uniforme, et sa dorsale avoir eu de
plus grandes marbrures. Sous l'orbite on aperçoit les restes de
deux petites taches blanc de lait. Je ne puis bien juger de tout
ce qu'il avait à l'état frais de tentacules et de barbillons ; mais,
malgré son desséchement, on lui voit encore deux barbillons
dentelés à la mâchoire inférieure, des arbuscules aux épines, et
quelques lambeaux vers la tête et sur la ligne latérale.

Sa longueur est de neuf pouces.

CHAPITRE XV.

Des Synancées (*Synanceia*, Bl. Schn.).

Bloch, dans son *Systema,* a détaché ce genre de celui
des scorpènes, et en effet il n'y avait aucun moyen de les
laisser confondus : les synancées n'ont point d'épines à la
tête, et celle-ci n'est pas plus comprimée que dans beaucoup de cottes ; leur vomer et leur palais manquent de
dents ; et leurs pectorales, bien qu'à peu près de même
forme que celles des scorpènes, n'ont que des rayons rameux. Elles surpassent d'ailleurs toutes les scorpènes par
leurs formes hideuses et leur peau dégoûtante. Les pélors
seuls peuvent le leur disputer à cet égard. Toutes les espèces connues viennent aussi des mers orientales.

La Synancée horrible *ou* Sorcière.

(*Synanceia horrida,* Bloch; *Scorpæna horrida,* Linn.[1])

On ne sait comment s'y prendre pour donner par des
paroles l'idée d'un être aussi hétéroclite ; et même pour le
faire concevoir au moyen du dessin, il faudrait le représenter par toutes ses faces. Au total cependant, ce qui le
fait tant différer en apparence des espèces voisines, tient
à ce que l'intervalle des yeux est saillant, au lieu d'être
creux, et à ce que le grand sous-orbitaire s'écarte loin de
l'œil ; ce qui laisse entre l'œil et les os une grande et profonde fosse, dont on apercevait déjà quelque chose dans
les pélors.

---

1. La *pythonisse,* Bl., pl. 183 ; *l'horrible,* Lacép., t. III, p. 261, et t. II, pl. 17,
fig. 2.

Sa bouche est fendue sur le bout du museau et verticalement. De là le museau va en s'élevant un peu entre deux grandes fosses rondes, dont les joues sont creusées, et à l'endroit des yeux le front s'élève subitement en une colline transversale un peu échancrée dans son milieu, derrière laquelle le crâne s'abaisse encore subitement. C'est au bas des faces latérales de cette colline transverse et saillante, formée par le front, que sont percés les très-petits yeux du poisson, qui se dirigent sur les côtés; mais quand on regarde sa tête avec peu d'attention, on est tenté de croire que la grande fosse hémisphérique de la joue, creusée sous l'œil, est le véritable orbite. [1]

Le crâne est divisé en trois faces, toutes les trois à peu près carrées et légèrement concaves; une horizontale, au milieu, derrière la colline du front, et une oblique, descendant de chaque côté et formant la tempe. La face mitoyenne se relève à la nuque presque aussi haut que le front, et donne de chacun de ses angles un tubercule auquel est attaché l'os surscapulaire. Le bord postérieur de la fosse hémisphérique de la joue est garni en arrière par une continuation du bord postérieur de l'orbite qui appartient au frontal postérieur, et son bord externe l'est par le deuxième sous-orbitaire, en sorte que cette fosse répond à l'espace nu qui est entre l'œil et les sous-orbitaires, comme dans le pélor. Le premier sous-orbitaire forme un gros tubercule qui croise sur le milieu du maxillaire; et le second en donne un autre, également gros, qui se trouve placé au bas de la grande fosse hémisphérique de la joue. Le préopercule en a un petit à l'endroit de son angle; et deux, l'un derrière l'autre, au milieu de son bord montant. L'opercule en a deux à l'endroit de ses angles. Ces tubercules sont grossis encore par la peau qui passe sur eux, et qui s'y gonfle. Cette même peau forme trois lobes obtus et épais le long du bord inférieur du préopercule, et un large et arrondi au premier sous-orbitaire; et elle a sur le bas du grand

---

1. Bloch l'a si bien cru que dans sa figure c'est dans cette fosse qu'il a placé l'œil, ce qui est entièrement faux. L'œil est plus haut et plus petit, ainsi que l'ont très-bien représenté Gronovius et M. de Lacépède.

sous-orbitaire et sur l'opercule plusieurs petites verrues. Les lèvres sont garnies de beaucoup de très-petits filamens, et l'on voit deux petits lambeaux sur le bout du museau. Il n'y a de dents qu'aux mâchoires et aux pharyngiens, et elles sont en velours. La langue, le vomer, les palatins, les arcs branchiaux, en sont dépourvus. La langue est large, charnue, et fort libre.

Les rayons branchiostèges se voient très-difficilement, et il faut les disséquer pour les compter. Aussi Gronovius, Bloch et leurs copistes n'en annoncent-ils que cinq ; mais je me suis assuré qu'il y en a sept et de très-forts. Dans le haut de l'ouverture des ouïes se trouve la même petite échancrure ou le même petit anneau que l'on voit dans le pélor, et qui laisse arriver l'air ou l'eau sans que le reste de l'ouïe ait besoin de s'ouvrir.

Cette tête si étrange est aussi large que longue, et presque aussi haute que large. Sa longueur n'est guère que deux fois et demie dans sa longueur totale. Le corps est en forme de massue courte et grosse. La queue va en s'amincissant et se comprimant. Tout le dos est couvert de grosses verrues, terminées chacune par un petit bouton. Les treize rayons épineux de la dorsale sont enveloppés, jusque très-près de leur pointe, d'une membrane verruqueuse : elle s'échancre cependant bien davantage derrière les trois premiers, surtout derrière le second, qui semble faire avec le premier une nageoire distincte. La peau monte autour des rayons eux-mêmes, et forme sur leurs deux côtés des lobes frangés. La partie molle de la nageoire est petite, et n'a que six rayons rameux, dont le dernier très-fourchu. Les rayons de cette dorsale n'ont pas le tiers en hauteur de la partie du corps qui est sous eux en avant ; mais comme ils diffèrent peu entre eux, les derniers égalent la hauteur de la portion de queue sur laquelle ils sont implantés. L'anale répond à la seconde moitié de la dorsale ; elle a trois épines petites et cinq rayons mous. La caudale est petite, un peu arrondie, et a quatorze rayons.

Les pectorales sont placées obliquement, et entourent la poitrine comme une fraise. Les ventrales adhèrent au ventre, sur leur longueur, comme dans le pélor filamenteux. Je ne trouve que quinze rayons aux premières; les autres en ont comme à l'ordinaire six, dont un épineux.

B. 7; D. 13/6; A. 3/5; C. 14; P. 15; V. 1/5.

Dans la liqueur ce poisson paraît d'un brun fauve, plus pâle en dessous. Les figures et les descriptions nous le représentent de même dans l'état frais.

La longueur des individus que l'on a en Europe, est de huit à dix pouces.

Le foie de la synancée horrible se compose de deux lobes, dont le gauche est très-gros, à peu près trièdre. Il recouvre presque en entier le côté gauche de l'estomac. Le lobe droit est petit et ne se prolonge pas au-delà du pylore. La vésicule du fiel est globuleuse et suspendue à un long canal cholédoque, assez gros, surtout auprès de son insertion, qui se fait dans le duodénum, non loin du pylore.

L'œsophage est gros, long, plissé en dedans de gros plis parallèles. L'estomac est ovale, de grandeur moyenne; ses parois sont épaisses, charnues, chargées en dedans de grosses rides nombreuses et irrégulières. En dessous et vers le milieu de l'estomac il naît une branche qui remonte auprès du cardia. Là se trouve le pylore muni de quatre gros cœcums assez longs.

L'intestin, d'un diamètre médiocre, commence par se porter, entre les lobes du foie, vers le diaphragme; il descend ensuite jusqu'à l'arrière de l'estomac; il se courbe en cet endroit, se rétrécit beaucoup, et remonte, en faisant plusieurs ondulations, jusque dans la crosse du premier repli; il se fléchit de nouveau, se dilate considérablement, et se rend ainsi droit à l'anus.

La rate est ovale, très-aplatie, et attachée entre les replis supérieurs de l'intestin.

Les vésicules sont étroites, mais longues.

La vessie aérienne est simple, petite, attachée dans la partie antérieure de l'abdomen. Sa forme est celle d'un ovale dont la pointe est en arrière; ses parois sont minces et argentées, et sur le devant elle a en dedans un organe glanduleux, très-épais relativement à sa capacité.

Les reins sont petits, et ils versent l'urine dans une énorme vessie urinaire, arrondie, simple et dont les parois sont minces.

J'ai trouvé dans l'estomac des débris de crustacés.

Cette espèce doit être rare, car de tous nos voyageurs M. Diard seul nous en a envoyé un individu de Java, et seulement en 1826. Celui que M. de Lacépède a fait représenter, avait été acheté en Hollande, et on ignorait sa patrie.

Les notices publiées à son sujet sont très-succinctes.

Gronovius se borne à dire qu'il l'avait reçu du Bengale.[1] On voit par Renard qu'il habite aussi la mer des Moluques. C'est sa figure 199 (fol. 39), intitulée *ikan-swangi-touwa*, qui représente cette espèce : elle est moins mauvaise que beaucoup de celles qui remplissent son Recueil. *Ikan-swangi* (poisson sorcier) est un nom que les Malais donnent à plusieurs espèces auxquelles leur laideur fait attribuer des qualités mal-faisantes.

La figure de Bloch (pl. 183)[2], faite sans doute sur un individu sec, pèche par la position fausse de l'œil, et parce que les lobes et les autres ornemens des épines dorsales ne s'y voient point, non plus que les inégalités de leur membrane. Celles de Gronovius (*Zooph.*, pl. 11, 12 et 13), quoique meilleures, ne donnent pas non plus ces détails, et ils ne sont bien rendus que dans celle de M. de Lacépède (t. II, pl. 17, fig. 2). On en cite communément une de Valentyn (fig. 170) comme étant de cette espèce; mais elle appartient à notre *scorpœna diabolus*.

---

1. Gronovius, *Zooph.*, p. 88.
2. Copiée dans Shaw et dans l'Encyclopédie méthodique.

La Synancée brachion.

(*Synanceia brachio,* nob.[1])

Ce poisson est appelé par les Nègres de l'Isle-de-France *fi-fi,* ou *le hideux,* et ils l'ont en horreur. En effet, rien n'est plus affreux ; on ne dirait pas un poisson, mais une mole, un grumeau informe de bouillie ou de gelée corrompue. *Totum corpus,* dit Commerson, *muco squalidum, et quasi ulcerosum.* Sa tête et ses membres sont enveloppés comme dans un sac par une peau épaisse, molle, spongieuse, toute ridée et verruqueuse, comme celle d'un lépreux, variée et mélangée, sans ordre et comme par petits nuages, de blanchâtre, de gris, de brun, de diverses teintes : quelquefois elle paraît entièrement noirâtre ; mais toujours elle est gluante et désagréable au toucher ; à peine sur cette tête grosse ou caverneuse laisse-t-elle apercevoir les petits yeux : la dorsale semble plutôt une suite de petits tubercules qu'une nageoire ; les larges et courtes pectorales paraissent destinées à entourer le cou comme une fraise plutôt qu'à servir d'organes de natation ; et ce poisson, si laid, a la vie très-dure et subsiste long-temps hors de l'eau. La peau peut former, comme celle des pélors, dans le haut de ses ouïes, au-dessus de la pointe de l'opercule, un petit anneau qui demeure ouvert, indépendamment de l'ouïe elle-même, en sorte que le poisson, quand il le veut, respire par là, en laissant le reste de son opercule branchial fermé, et par conséquent sans exposer ses branchies au desséchement.

---

1. *Scorpène brachion,* Lacépède, t. III, p. 272, pl. 12, fig. 1 ; *Scorpœna brachiata,* Shaw, t. IV, 2.ᵉ part., p. 274 ; *Synanceia verrucosa,* Bl. Schn., p. 195, tab. 45 ; *Synanceia sanguinolenta,* Ehrenb., *Pisc.,* pl. 3.

Commerson rapporte qu'on lui présenta un de ces poissons encore vivant, quoique éloigné de la mer.

Les habitans de l'Isle-de-France le regardent plutôt
comme une sorte de reptile que comme un poisson, et
les pêcheurs y redoutent sa piqûre beaucoup plus que
celle des vipères et des scorpions. Il y a apparence toutefois que les blessures qu'il fait ne sont pas plus envenimées
par elles-mêmes que celles des autres poissons de cette
famille, et que les accidens qui en sont la suite, viennent
de la profondeur à laquelle des aiguillons minces et pointus peuvent pénétrer, et tout au plus de la mucosité qui
les enduit et qu'ils font pénétrer dans la plaie, où ses ra-
vages sont proportionnés à la chaleur du climat.

Ce poisson est fait comme une massue courte et grosse. Sa longueur n'est guère que le double de sa hauteur aux pectorales, qui
elle-même surpasse à peine son épaisseur à cet endroit.

Il a, comme l'uranoscope, les yeux dirigés vers le ciel, et la
gueule fendue verticalement sur le bout du museau, en forme d'arc
de cercle, et assez protractile ; ses maxillaires s'élargissent bien en
dehors. Une bande étroite de dents en velours garnit chaque mâchoire ; mais il n'y en a ni au vomer, ni aux palatins, ni à la langue.
La largeur de la tête tient à la saillie renflée de son grand sous-
orbitaire et de son opercule. Une fosse large et assez profonde
occupe l'intervalle de ses yeux, et il y en a une moindre à chaque
tempe ; mais tout le reste des formes assez bizarres de sa tête disparaît dans l'animal entier sous l'épaisseur spongieuse de sa peau ;
elle cache à l'œil et les sous-orbitaires et le préopercule, et s'étend
même par-delà les bords de l'opercule, en sorte qu'on ne peut
compter les rayons branchiaux qu'à la face interne de la membrane branchiostège ; le nombre en est de sept. Leurs membranes
et la peau qui les enveloppe s'attachent de chaque côté à l'isthme,
en laissant entre elles un assez grand espace, en sorte que les fentes
des ouïes, quoique assez grandes, ne reviennent pas en avant sous

la gorge. Aucune des pièces de la tête n'est épineuse; elles ont seulement des plis saillans et irréguliers, mais qui ne s'aperçoivent que dans l'animal desséché ou dans le squelette. La nageoire dorsale commence immédiatement derrière la nuque. L'épaisseur de la peau qui l'enveloppe fait qu'elle semble seulement une espèce de carène sur le dos du poisson, dont le bord est divisé en un certain nombre de tubercules, de chacun desquels sort une épine. Il y a treize de ces rayons épineux, et en arrière une partie molle, arrondie, petite, et qui n'a que sept rayons rameux, ou six, dont le dernier très-fourchu. Celui-ci est le plus court et s'attache entièrement au dos; l'anale répond à la seconde moitié de la dorsale, et a trois épines et cinq rayons mous, dont le dernier très-fourchu : on pourrait dire six. La caudale est petite et arrondie; elle commence immédiatement derrière la dorsale et presque derrière l'anale, et n'a que douze rayons entiers. Sa longueur ne fait que le septième de celle du corps. La pectorale a son premier rayon un peu bas, vis-à-vis le deuxième angle de l'opercule. Sa partie supérieure est arrondie et a presque en longueur le tiers de celle du corps; elle descend ensuite et se porte obliquement en avant sous la gorge, en sorte que, si on prenait sa longueur depuis son rayon antérieur ou inférieur jusqu'à son extrémité arrondie, elle égalerait la moitié de celle du corps. On y compte dix-huit rayons, tous branchus à leur extrémité, tous enveloppés dans une peau molle, épaisse et verruqueuse, dont leurs extrémités, un peu saillantes, rendent les bords comme crénelés. Cette nageoire n'est point portée sur un bras particulier, comme pourraient le faire croire la description de M. de Lacépède et le nom de *brachion* qu'il a donné à cette espèce. Les ventrales, moitié moins longues que les pectorales, mais sortant plus en arrière qu'elles, s'attachent au ventre par tout leur bord interne. Leur nombre de rayons est l'ordinaire (1/5).

B. 7; D. 13/6; A. 3/5; C. 12; P. 18; V. 1/5.

Les individus, soit noirâtres, soit grisâtres, que nous avons sous les yeux, ont tous le bord des pectorales et des ventrales blanchâtre. Il y a sur la caudale deux bandes blanchâtres ou grises, l'une sur son tiers postérieur, l'autre sur son extrémité. On aperçoit aussi une indication de bande transverse sur le tiers postérieur de la pectorale.

Le plus grand de ces individus n'a qu'environ dix pouces de longueur.

La synancée brachion a le foie plus petit que la précédente.

Son estomac est plus grand; ses quatre cœcums sont plus longs.

Le canal intestinal fait les mêmes replis que dans la précédente, mais il est plus long, moins flexueux, et son diamètre est plus égal. On ne remarque de rétrécissement qu'un peu avant le rectum.

La rate est grosse et située sous l'estomac entre les deux cœcums de droite.

Les ovaires étaient remplis d'œufs très-nombreux et très-petits.

La vessie aérienne est plus petite que celle de la synancée horrible : elle est ovoïde, aplatie, à parois épaisses, fibreuses.

Les reins sont petits; ils se déchargent dans une grande vessie bifurquée.

L'estomac ne contenait qu'un sable coquillier, vaseux, assez fin.

Le squelette de ce poisson montre à nu toutes les tubérosités et les arêtes des os que l'on aperçoit à l'extérieur au travers de la peau. Son épine a dix vertèbres abdominales et treize caudales. Les trois dernières vertèbres abdominales ont en dessous chacune une apophyse verticale, simple, comprimée et très-large d'arrière en avant. Celle qui les précède l'a transverse et divisée en deux branches écartées. Les antérieures ont le corps très-court. Les cinq premières côtes sont simples, assez longues, et se dirigent horizontalement. La première paire, qui est la plus forte, se fixe même, par son extrémité, à l'angle supérieur de l'os claviculaire, en sorte qu'elle tient l'épaule écartée. Nous retrouverons cette disposition dans les batrachus. Les os du rang externe du carpe, au nombre de trois, sont larges, courts, et fort échancrés sur les côtés.

Les os du bassin forment un rectangle solide, dont les bords latéraux, saillans en dessous, rendent la capacité assez grande. Une tige osseuse, dirigée en avant, est attachée au milieu de leur bord postérieur.

Cette espèce avait été brièvement décrite en 1769 à l'Isle-de-France par Commerson, et il en avait formé un genre qu'il nommait *spurco;* mais sa description ne paraît pas avoir été connue de M. de Lacépède, qui n'a pu parler de ce poisson [1] que d'après un dessin au crayon, laissé aussi par Commerson [2]. Ce dessin, assez mal fait, surtout relativement aux pectorales, a induit M. de Lacépède en quelques erreurs sur la manière dont ces nageoires sont attachées et sur le nombre de leurs rayons.

Il nous paraît que c'est le même poisson que Bloch [3] a représenté sous le nom de *synanceia verrucosa,* mais d'après un individu desséché au moins en partie. Les différences des nombres qu'il donne, et de ceux que nous avons observés, se réduisent à peu près à rien. Il dit :

B. 7; D. 12/7; A. 3/6; C. 14; P. 17; V. 1/5.

C'est encore cette espèce que M. Ehrenberg (*Zool.,* pl. 3) nomme *synanceia sanguinolenta.* Il donne pour ses nombres :

D. 13/6; A. 3/6; C. 12; P. 18; V. 1/5.

A la vérité, il ne lui attribue que quatre rayons branchiaux; mais c'est un nombre inadmissible.

Nos individus sont venus de l'Isle-de-France, de Waigiou, de l'île Strong et de celle de Borabora; nous les devons à M. Mathieu, à MM. Quoy et Gaymard, et à MM. Lesson et Garnot. Il est donc prouvé que l'espèce habite toutes les parties chaudes de la mer des Indes et de l'océan Pacifique.

---

1. Hist. des poiss., t. III, p. 259 et 272.
2. *Ib.,* pl. 12, fig. 1.
3. *Systema pisc.,* édit. de Schn., pl. 45.

La SYNANCÉE DOUBLE-FILAMENT.

(*Synanceia bicapillata,* nob.[1])

M. de Lacépède a aussi fait graver (t. II, pl. 11, fig. 3)
un dessin de Commerson qui semblerait représenter le
poisson précédent,

si ce n'est qu'on y voit deux longs traits qui partent de la nuque,
et qui paraissent annoncer deux filets dont nous ne trouvons pas
de traces dans nos individus. Du reste, tout est pareil, sauf ce qui
peut tenir à l'état plus ou moins desséché, dans lequel était le
poisson quand on l'a dessiné.

Malheureusement il n'existe pas de note relative à ce
dessin dans les papiers de Commerson, et c'est uniquement
ment sur cette figure que M. de Lacépède a établi son
espèce de la *scorpène double-filament* (t. III, p. 258 et 270).
Dans tous les cas il est certain que c'est une synancée très-
voisine de la précédente. Le dessin indique les nombres
des rayons comme il suit :

D. 13/7[2]; A. 3/5; C. 12; P. 17.

Le recueil manuscrit de peintures fait aux Moluques
pour Corneille de Vlaming, nous offre trois figures de
poissons semblables pour la forme à ces brachions, et qui
peut-être n'en diffèrent que par l'inhabileté du peintre :
une brune à nageoires fauves ou rousses, intitulée *calot;*
une grise avec des bandes verticales noirâtres, tachetées
de roux et des taches rousses sur le gris; la troisième,
à peu près pareille, mais où le gris est remplacé par du

---

1. *Scorpène double-filament,* Lacép. ; *Scorpœna bicapillata,* Sh.

2. Shaw, ayant mal lu le nombre 13, donne à l'espèce dix-huit épines dorsales.
C'est une erreur que nous remarquons ici pour qu'on ne la copie pas.

brun fauve. On y nomme ces deux-ci *loubang-batou* (tête de diable) mâle et femelle.

Valentyn donne des copies de ces dernières, mais grossières et infidèles (n.ºs 17 et 342), et les notices qu'il y joint ne portent pas toutes les deux le même nom ni les mêmes détails. Son n.° 17, qui est le mâle selon de Vlaming, est aussi appelé en malais *ikan-loebang-batoe;* mais en hollandais il le nomme *spelong-visch* (poisson de caverne), et il le dit très-bon à manger. Son n.° 342, qui est la femelle de Vlaming, est intitulé en malais *ikan-sowangi-jang warna-roepanja* (poisson sorcier bien tacheté), et l'auteur ajoute qu'on ne le mange point, quoiqu'il n'ait rien de mauvais, mais à cause de son nom, qui fait trembler les indigènes seulement à l'entendre prononcer.

J'ai fait ces rapprochemens pour qu'on voie combien il y a peu de sûreté dans ces notices et ces nomenclatures, que des écrivains hollandais ont adaptées à ces figures faites par des peintres indiens.

La Synancée alongée.

(*Synanceia elongata*, nob.)

M. Leschenault a envoyé de la côte de Coromandel une synancée dont la tête ressemblerait assez à celle du brachion, mais dont le corps est bien plus alongé à proportion, et que nous nommons, à cause de cette circonstance, *synanceia elongata.*

Ses yeux sont encore plus complétement dirigés vers le ciel que ceux du brachion, et au point qu'on la prendrait pour un uranoscope, si l'on ne faisait pas attention à la position de ses ventrales. Aussi MM. Kuhl et Van Hasselt, qui l'ont trouvée à Java, l'avaient-ils nommée *uranoscopus indicus*.

Sa hauteur aux pectorales est près de cinq fois dans sa longueur; et son épaisseur au même endroit n'est que d'un cinquième moindre que sa hauteur.

Sa tête est aussi large que longue, et d'un quart moins haute que large. Sa longueur fait moins du quart du total. Le dessus en est plat, mais très-inégal par les bosselures des arêtes et des tubercules. Les yeux sont plus petits et plus écartés l'un de l'autre que dans le brachion. Les trois faces du crâne sont presque dans le même plan, et celle du milieu est plus longue que large. Les arêtes qui les séparent ont une ou deux tubérosités à chaque angle. Le préopercule a quatre tubercules ou dents un peu crochues. L'opercule est fort petit, très-remonté vers le haut, et a ses deux arêtes et ses deux pointes ordinaires. Les petites échancrures rondes, formées au-dessus de lui, ont l'air de deux trous ronds, presque comme les ouvertures des ouïes du callionyme. La dorsale règne tout le long du dos jusque fort près de la caudale. Ses trois premières épines sont un peu plus dégagées que les suivantes, mais celles-ci sont tellement enfermées dans la chair du dos, qu'elles présentent une suite de petites pointes, plutôt qu'une vraie nageoire. La dorsale s'amincit cependant par degrés où commencent les rayons mous, mais là encore elle n'est pas très-haute. L'anale répond à ses deux tiers postérieurs. La caudale est coupée carrément; la pectorale est coupée obliquement, et la ventrale adhère au ventre comme dans les autres synancées.

B. 7; D. 9/15; A. 2/13; C. 11; P. 14; V. 1/5.

La peau est à peu près lisse, sauf quelques verrues éparses et très-petites. La ligne latérale en a, de distance en distance, de plus marquées; elle est partout très-voisine du dos. Arrivée à la caudale, elle se courbe pour se continuer sur le milieu de cette nageoire. La couleur paraît un brun foncé; mais la gorge et la région pectorale sont d'un gris-brun pâle; le tout est pointillé, dans les petits individus, de gris pâle, mais devient plus égal dans les grands. Une série de points blanchâtres suit le long de la base de la pectorale et de l'anale. Les tubercules de la plus grande partie de la ligne latérale se marquent aussi en blanchâtre, et elle conserve une suite de points de cette couleur sur la caudale. Le bord supérieur de la caudale a deux petites taches, et l'inférieur trois de cette couleur. Enfin, les pointes de tous les rayons des nageoires sont blanchâtres.

Nous n'en avons pas de plus de quatre pouces ou quatre pouces et demi; la plupart n'en ont que trois.

Le squelette a dix vertèbres abdominales et dix-huit caudales. Ses os du carpe ne sont pas échancrés. La tige osseuse de son bassin se dirige en arrière. Ses côtes sont beaucoup plus petites que dans le brachion, et ne soutiennent point l'épaule, dont les os sont aussi beaucoup moins développés.

Les pêcheurs de Pondichéry nomment ce poisson en tamoule *karoun-toumby*. Il abonde toute l'année dans leur baie; mais on ne le mange pas.

La SYNANCÉE URANOSCOPE.

(*Synanceia uranoscopa,* Bl. Schn.)

Autant qu'on peut juger de l'alongement d'un poisson par ses nombres de rayons, le *synanceia uranoscopa* de Bloch[1] devait être d'une forme générale encore plus longue que l'espèce précédente. Il lui donne

B. 6; D. 31; A. 20; C. 16; P. 12; V. 6;

mais il fallait probablement B. 7.

Ce qu'il y ajoute ressemble d'ailleurs beaucoup au brachion.

---

1. *Systema*, édit. de Schn., p. 195.

Une peau mince, molle, lâche, enveloppant la dorsale, l'anale et les ventrales de manière à ne laisser paraître que les extrémités des rayons ; les ventrales attachées à l'abdomen sur leur longueur ; la ligne latérale voisine du dos ; des cirrhes très-courts aux lèvres, aucuns sur le reste du corps ; des dents très-courtes.

Il avait reçu ce poisson de Tranquebar.

La Synancée rongée.

(*Synanceia erosa*, Langsd.)

M. Langsdorf a rapporté des mers du Japon, et cédé au Musée de Berlin, une synancée qu'il nomme *synanceia erosa*, et qui forme une espèce bien caractérisée.

Elle est courte. Sa tête prend le tiers de sa longueur. Tous les os en sont inégalement bosselés, et leur surface toute creusée de petites fossettes confluentes, comme s'ils eussent été rongés par des vers. D'un orbite à l'autre va une barre transverse, vermiculée comme le reste ; au-devant de cette barre est une fosse carrée, profonde et lisse ; et derrière elle, sur le crâne, en est une autre, également carrée, profonde et garnie d'une peau lisse. Le sous-orbitaire qui couvre la joue a son milieu saillant en forme de cône évasé. Il y a cinq grosses dents ou épines obtuses au bord du préo-percule, deux arêtes terminées aussi en pointes obtuses à son oper-cule. Son corps et ses nageoires sont lisses.

B. 7 ; D. 13/9 ; A. 3/7 ; C. 14 ; P. 14 ; V. 1/5.

A son état sec ce poisson paraît brun, teint de pourpré ; une tache blanchâtre est vers le haut de sa pectorale, et se prolonge en un ruban étroit, suivi de quelques lignes brunes près du bord. La seconde moitié de la caudale a aussi des lignes transversales brunes sur un fond transparent.

La longueur de l'individu est de quatre pouces.

CHAPITRE XVI.

Du Monocentris et de l'Hoplostèthe.

DU MONOCENTRIS,

Et particulièrement du MONOCENTRIS DU JAPON.

(*Monocentris japonicus*, Bl. Schn.)

Le monocentris de Bloch[1], ou le lépisacanthe de Lacépède[2], n'a pas seulement la joue cuirassée, mais le corps
entier ; il le dispute au moins à cet égard au malarmat,
avec lequel d'ailleurs il n'a aucun rapport de conformation. Ce serait plutôt à une sciène que l'on serait tenté,
avec Thunberg, de le comparer, à cause de la forme bombée de son crâne et de ses deux dorsales ; mais, indépendamment de son armure, il suffit de ses huit rayons branchiaux et de ses dents palatines pour montrer que ce n'est
pas à ce genre qu'il appartient. Houttuyn l'avait rangé
parmi les épinoches, et il faut convenir qu'il en a les
grandes épines aux ventrales, la première dorsale rem-
placée par des épines libres, et que plusieurs épinoches
sont aussi en partie cuirassées ; mais les épinoches n'ont
que trois rayons aux branchies, et la forme de leur tête
est toute différente.

En un mot, le monocentris doit faire un genre particulier, qui entre sans trop de violence dans la famille
des joues cuirassées, puisque son sous-orbitaire vient se

---

1. *Systema*, p. 100, pl. 24. — 2. T. III, p. 321.

joindre à son préopercule, comme dans les autres genres de cette famille.

Ce poisson extraordinaire n'a été pêché jusqu'ici que dans les mers du Japon; M. Thunberg l'en a rapporté le premier. C'est sur un échantillon que ce savant voyageur avait donné à son retour, avec beaucoup d'autres espèces, à un conseiller de la Compagnie des Indes à Batavia, nommé Radermacher, que Houttuyn a publié en 1782 la première description de l'espèce dans les Mémoires de Harlem [1], sous le nom de *gasterosteus japonicus*. Thunberg lui-même en publia une autre, avec une figure fort exacte, en 1790, dans les Mémoires de Stockholm [2], sous le nom de *sciæna japonica*, et sans connaître, ou du moins sans citer celle de Houttuyn. La description de Thunberg a servi de base à l'établissement du genre *monocentris* de Bloch, qui a paru en 1801 dans son *Systema* (p. 100 et 101), avec une copie de la figure de Thunberg et une note dans laquelle Schneider rend vraisemblable l'identité de ce poisson avec celui de Houttuyn. Pendant ce temps M. de Lacépède prenait dans Gmelin l'extrait de la description de Houttuyn, et en tirait les caractères de son genre *lépisacanthe*, qui est le même que le *monocentris*, mais qui n'a paru qu'un an ou dix-huit mois après, en l'an 10 (1802 à 1803). La troisième description faite sur nature sera celle que nous allons donner : elle a pour sujet un individu recueilli, comme les autres, dans la mer du Japon. M. Tilesius l'y a pris pendant son voyage

1. Mémoires publiés par la Société hollandaise des sciences de Harlem, t. XX, 2.ᵉ part., p. 329. — 2. Nouveaux Mémoires de l'Académie des sciences de Suède, t. XI, p. 102, pl. 3.

avec l'amiral Krusenstern, et ce savant naturaliste a eu la
générosité de l'offrir au Cabinet du Roi.

Il était assez naturel de croire qu'un poisson si singulier aurait été remarqué par les habitans du pays où il
naît; mais je n'en ai pas trouvé de figure ni dans l'Encyclopédie japonaise qui est à la bibliothèque du Roi, ni
dans l'ouvrage japonais sur les poissons de la bibliothèque
du Muséum, ni dans aucun des recueils chinois de poissons qui m'ont passé sous les yeux.

Son corps est court, comprimé; sa circonscription verticale à
peu près ovale, terminée en arrière par une petite queue; sa hauteur n'est guère que deux fois et un tiers dans sa longueur totale;
et la longueur de sa tête y est plus de trois fois. Son épaisseur
ne fait pas tout-à-fait moitié de sa hauteur. Les épines qui remplacent la première dorsale sont situées presque sur le milieu du
dos. La courbe de sa nuque commence de cet endroit, et, descendant au profil, devient plus convexe au museau.

Sa tête a, comme dans les sciènes, des arêtes saillantes qui, sur
le crâne et le front, représentent des espèces d'ogives gothiques;
mais ces arêtes ne sont pas recouvertes par la peau. Leurs som-
mités se montrent au dehors, émoussées et extrêmement âpres à
cause des petits grains serrés qui les hérissent. Leurs intervalles ou
les espaces caverneux qui les séparent ne sont fermés que par des
membranes transparentes. On voit quatre de ces espaces sur le
crâne; un sur la tempe et sur l'œil, qui n'est divisé que sous la
membrane par trois cloisons osseuses; un rhomboïdal entre les
yeux; deux en avant de celui-là, sur le devant du front; un au-
devant de l'œil qui s'unit à son semblable sous l'union des deux
précédens et sur le devant du museau. Les sous-orbitaires, qui
couvrent toute la joue, en ont un grand sous l'œil et trois derrière, et le long du limbe du préopercule; ce limbe lui-même en
a un très-alongé à sa partie montante et un petit à son angle : il y
en a un, enfin, à l'interopercule et trois ou quatre à la branche

de la mâchoire inférieure. Du reste, le préopercule n'a que deux ou trois dentelures, à peine sensibles, vers son angle. L'opercule est médiocre, très-âpre, et se termine par deux angles assez obtus, dont l'inférieur est précédé d'une arête. L'œil est dirigé sur le côté, au tiers supérieur de la hauteur, et à peu près au milieu de la longueur de la tête; un espace convexe, égal au double de leur diamètre, sépare les deux yeux. Une ouverturé d'une arête osseuse au-devant de l'œil rassemble les deux orifices de la narine. La bouche, fermée, monte un peu obliquement; elle est fendue jusque sous l'œil : ouverte, elle est presque circulaire. Le maxillaire a sur sa partie élargie un endroit âpre comme les arêtes du reste de la tête. Les dents des deux mâchoires sont en velours très-ras[1], sur une bande étroite. Chaque palatin a dans son milieu une bande semblable; mais, chose singulière, le devant du vomer n'en a aucunes. Les ouïes sont assez fendues, mais leur membrane ne s'échancre que jusque sous l'angle de la mâchoire inférieure; elle a huit rayons[2]. Les os de l'épaule, âpres comme l'opercule et toutes les écailles, n'ont cependant ni écailles ni dentelures.

Les écailles du corps, larges, anguleuses, âpres, finement dentelées au bord, et d'une dureté osseuse, forment ensemble une cuirasse aussi fixe que celle du malarmat. Il n'y en a que douze, treize ou quatorze sur une ligne longitudinale, suivant qu'on la prend plus ou moins haut, et six ou sept sur une verticale : ce sont, suivant les endroits, des rhombes, des pentagones ou des hexagones irréguliers. Celles des trois lignes du milieu de chaque côté sont plus larges que longues. Dans les autres les deux dimensions s'égalisent à peu près : chacune d'elles a une carène longitudinale, saillante, terminée d'ordinaire par une pointe peu sensible, et les grains serrés qui lui donnent sa rudesse, sont disposés en

---

1. Elles ne paraissent guère plus que l'âpreté qui couvre toutes les parties extérieures, et c'est ce qui en aura fait nier l'existence à Thunberg, aussi bien qu'à Houttuyn.

2. Houttuyn n'en compte que cinq; mais c'est une erreur, due sans doute à ce que l'individu qu'il a décrit avait été desséché les ouïes fermées. Le nôtre, desséché aussi, les a bien ouvertes.

lignes rayonnantes. Il n'y a de ligne latérale que les carènes de la
troisième série longitudinale d'écailles, qui sont plus relevées, plus
rudes et plus continues que celles des autres séries. La poitrine et
le ventre sont cuirassés comme tout le reste : la poitrine est plate ;
mais le ventre, à compter des ventrales jusqu'à l'anus, a trois arêtes
fortes, produites par la continuité de celles des écailles qui le garnissent, et qui sont plus saillantes que celles des flancs ; elles se
rapprochent en arrière pour former sous l'anus une avance à trois
pointes. Une rangée de quatre ou cinq écailles plus petites que les
autres garnit de chaque côté la base de la seconde dorsale et de
l'anale, et la peau de la base de la dorsale n'a que des écailles encore beaucoup plus petites, destinées à laisser quelque mobilité à
cette nageoire.

La première dorsale consiste en cinq ou six [1] épines grosses,
âpres et striées, articulées de manière qu'elles se couchent les unes
sur les autres, sans toutefois qu'on puisse dire qu'elles se cachent
entre les écailles du dos ; mais lorsqu'elles se redressent, les unes
se dirigent à gauche, les autres à droite. La seconde et la troisième
égalent à peu près la moitié de la hauteur du corps : la première
est de moitié plus courte, la quatrième des deux tiers, la cinquième
est toute petite ; encore plus la sixième, lorsqu'elle existe.

La seconde dorsale, séparée de la première par deux écailles,
a onze rayons mous. L'anale lui répond et en a dix. Derrière ces
deux nageoires est une portion de la queue, du huitième à peu
près de la longueur totale, d'un tiers moins haute que longue, et
de moitié moins épaisse. La caudale la termine et a vingt rayons
entiers ; quatre très-petits, finissant en pointe, sont sur sa base, et
trois dessous. Les pectorales n'ont que le cinquième de la longueur
totale : on leur compte douze ou treize rayons. Les ventrales sortent
précisément sous leur base, et consistent dans une grosse épine
striée, âpre, qui a plus du quart de la longueur totale, et qui s'articule de manière à pouvoir se fixer dans une direction perpendi-

---

1. Thunberg en compte six, Houttuyn quatre ; moi je n'en ai que cinq, dont
la cinquième est plate et tronquée comme une écaille.

culaire au côté du corps, comme les épines des pectorales des silures, ce qui, joint aux épines du dos, doit procurer au poisson
une défense formidable. Quand il la replie contre le corps, elle se
loge dans un sillon qui est derrière l'arête latérale du ventre. Je
soupçonne que, dans un poisson frais, on trouverait dans l'aisselle
de cette épine quelques rayons mous très-petits, et il me semble
en voir des restes. L'anus est aux trois cinquièmes de la longueur
totale.

B. 8; D. 6 — 11; A. 10; C. 20; P. 13; V. 1/ ?

L'individu envoyé par M. Tilesius, qui a servi de sujet
pour cette description, n'a pas tout-à-fait six pouces de
longueur sur deux et demi de hauteur et un pouce d'é-
paisseur.

Ceux qu'ont décrits Houttuyn et Thunberg n'étaient
pas plus grands, en sorte qu'on peut croire que c'est la
taille ordinaire de l'espèce.

A l'état sec il est d'un gris jaunâtre, et les lignes anguleuses qui
séparent ses écailles sont d'un brun foncé, ce qui le fait paraître
enveloppé d'une espèce de réseau. Ses nageoires sont de la couleur
du fond.

On ne sait rien ni sur les habitudes de ce poisson, ni
sur son anatomie, qui seule pourra constater définitive-
ment la place qu'il doit occuper dans l'ordre naturel.

DE L'HOPLOSTÈTHE (*Hoplostethus*, nob.) [1],

Et particulièrement de l'Hoplostèthe de la Méditerranée.

(*Hoplostethus mediterraneus*, nob.)

Voici encore un échantillon de ces richesses que la Méditerranée recèle dans ses abymes, et qui n'attendent, pour être révélées aux naturalistes, que des yeux qui sachent les voir et des plumes qui veuillent prendre la peine de les publier.

Ce poisson, d'un genre entièrement nouveau et très-remarquable, a été pris en été par des pêcheurs de Nice, et recueilli par M. Verani, habile pharmacien de cette ville, qui a bien voulu le remettre pour nous à M. Laurillard. Sa rareté doit être extrême; car ni M. Risso ni M. Verani n'en ont jamais vu d'autre individu, et nous n'en trouvons aucune trace dans les auteurs. Il a plus d'un trait de ressemblance avec les myripristes, sans en avoir cependant les innombrables dentelures; mais ses rapports de physionomie et de structure de tête avec le lépisacanthe sont encore plus marqués, quoique son corps ne soit pas si bien armé à beaucoup près, et qu'il offre encore des différences de détail.

Le dessous de son thorax a de fortes écailles carénées, comme dans les clupées : c'est de cette circonstance que nous avons tiré son nom générique *hoplostèthe* (d'ὅπλον,

---

1. Ce poisson ne nous étant parvenu qu'au moment où cette feuille s'imprimait, nous n'avons pas eu le temps de le faire graver. On en distribuera la figure avec le cinquième volume.

armure, et στῆθος, poitrine). Par le fait cependant, c'est plutôt sous le bassin que sous la vraie poitrine qu'est placée cette espèce de cuirasse.

Au reste, tout nous porte à croire maintenant que le *trachychte* de la Nouvelle-Hollande, dont nous avons parlé d'après Shaw dans notre troisième volume (p. 171), est du même genre que notre *hoplostèthe*; il en a la forme, les épines scapulaire et préoperculaire, les nombres de rayons aux ouïes et aux ventrales, la carène dentée sous le ventre; seulement cette carène est plus forte, et la dorsale et l'anale sont plus courtes, plus hautes et plus pointues. Si, ce que nous avons tout lieu de le penser, sa joue est cuirassée et son vomer dépourvu de dents, il devra être réuni à notre hoplostèthe, et alors nous supprimerons ce nom générique, et nous appellerons l'espèce actuelle *trachychthys mediterraneus*.

Le corps de ce poisson, sans la queue, ferait un bel ovale, un peu comprimé, dont la tête seule occupe les deux cinquièmes. La longueur de cet ovale est double de sa hauteur, et il faut y joindre la portion de queue derrière la dorsale et l'anale; portion qui, avec la caudale, forme moitié de la longueur de l'ovale, ou le tiers du tout.

L'épaisseur du corps est des deux cinquièmes de sa hauteur. La longueur de la tête est deux fois et deux tiers dans la longueur totale, et elle est d'un cinquième plus haute que longue. Son profil s'abaisse en arc de cercle jusqu'à la bouche, ouverte à peu près à moitié de la hauteur, mais qui descend en arrière. Le front et le museau sont transversalement convexes, le museau même est bombé un peu au-dessus de la bouche; mais toute cette convexité n'est soutenue que par des arêtes saillantes, à bords âpres, interceptant des cavités fermées par une peau mince et transparente. Deux de ces arêtes, partant de la nuque, entourent une ellipse et se réunis-

sent entre les yeux en une seule, qui, descendue au bout du museau, se bifurque et envoie de chaque côté une double branche,
qui enveloppe la narine. Une arête part de chaque côté du bord
antérieur de l'œil, remonte au-dessus de l'œil; arrivée sur son
milieu, se partage en deux branches qui, après avoir intercepté
une petite ellipse, se réunissent en une épine plate et âpre, qui
me paraît appartenir au mastoïdien.

Les côtés de la tête offrent la même structure celluleuse. Le
sous-orbitaire, qui entoure l'œil d'un cercle étroit, envoie en
rayons des arêtes âpres, au nombre de cinq ou six, dont les deux
dernières rejoignent le rebord antérieur du limbe du préopercule;
les autres se terminent sur la joue. Tous leurs intervalles sont
occupés par une peau tendue et transparente. Ce rebord antérieur
du limbe, qui est vertical et fort élevé, envoie trois arêtes semblables, et de son angle une forte épine, toutes âpres à la surface,
toutes réunies par une peau transparente, qui ferme les vides interceptés entre ces proéminences. Le bord même du préopercule est
mince et légèrement crénelé. L'opercule est trois fois aussi haut
que long, marqué de lignes âpres, en rayons, et vers son quart
supérieur d'une arête transverse, qui se termine par une épine.
Au-dessus et près de l'articulation le bord a encore une légère
proéminence. A l'os surscapulaire est aussi une épine âpre et plate,
un peu en arrière de celle du mastoïdien; et la peau est également
tendue entre ces deux épines et le bord du surscapulaire.

L'œil est encore plus grand que dans le lépisacanthe; son diamètre est du tiers de la hauteur de la tête; sa distance au bord de
l'opercule est plus que double de celle où il est du bout du museau. Il est aussi fort rapproché du profil supérieur, et la distance
d'un œil à l'autre est moindre que leur diamètre. La narine est
percée de deux grands orifices, tout près du bord antérieur de
l'œil. L'un de ces orifices est ovale, du double plus grand que
l'autre, et placé au-dessus et un peu en arrière. Le petit, qui répond à l'antérieur des autres poissons, et qui est ici l'inférieur,
n'est séparé du grand que par une bride membraneuse, mince.

La bouche est fendue jusque sous le milieu de l'œil, un peu

échancrée en avant entre les intermaxillaires, lesquels sont minces
et garnis d'une âpreté fine et serrée, plutôt que de véritables dents.
Le maxillaire, d'abord rond, grêle et lisse, s'élargit beaucoup en
arrière, et y forme un large triangle qui ne peut se retirer sous le
sous-orbitaire, et dont la surface est très-âpre, excepté dans une
partie de son milieu, qui est lisse. La mâchoire inférieure a aussi,
au lieu de dents, une bande étroite d'une fine âpreté. Sur son extrémité est une tubérosité qui répond à l'échancrure de la supérieure. Ses branches ont leur moitié supérieure inégale, et l'inférieure divisée par des arêtes en une petite cellule et une grande,
tendues de membranes, comme celles de la joue et du crâne. Il
n'y a point de dents au vomer, c'est à peine si l'on sent une légère
âpreté, non pas à la surface, mais le long du bord externe des
palatins. Quand les opercules s'écartent, la gueule est assez grande :
il n'y a point de vraie langue; mais l'extrémité de l'hyoïde y forme
une saillie considérable.

Les dents pharyngiennes supérieures et inférieures sont en velours ras, très-fin. Les râtelures du côté externe de la première
branchie sont longues et recouvertes d'aspérités très-fines; celles
du côté interne sont très-petites. La seconde branchie porte des
râtelures de moitié plus courtes que les premières; ce n'est que
sur la troisième et sur la quatrième qu'il y a des houppes rudes.
Les peignes des branchies sont aussi remarquablement courts.

Nous avons déjà parlé de l'opercule. Le sous-opercule complète
obliquement son bord inférieur. L'interopercule est assez grand et
singulièrement échancré dans son milieu; mais le préopercule le
cache presque entièrement. La membrane des ouïes est fendue jusque
sous le bord antérieur de l'œil; mais une petite membrane mince
occupe son angle et l'unit à la partie antérieure de l'isthme, qui est
comprimé et tranchant. Il y a huit rayons branchiostèges arqués
et aplatis; le dernier est très-mince. L'opercule porte intérieurement,
vers le haut, une petite portion de branchie.

L'épaule n'a d'autre armure que l'épine du surscapulaire, dont
nous avons déjà parlé. L'huméral a seulement au-dessus de la pectorale un angle saillant en arrière, mais obtus et arrondi.

La pectorale est attachée au quart inférieur de la hauteur, de
forme oblongue, du quart de la longueur totale ; elle a quinze
rayons, dont le premier et le dernier sont fort petits. Les ventrales
sortent exactement sous la base des pectorales, et sont d'un tiers
moins longues ; leur épine, encore d'un tiers moins longue que
les rayons, est forte, âpre et sillonnée. Leurs autres rayons sont
au nombre de six, nombre rare parmi les acanthoptérygiens. Elles
ne s'attachent point au tronc par leur bord interne.

La dorsale commence un peu plus en arrière que l'à-plomb de
la base de la pectorale ; elle a six épines rudes et pointues, qui
vont croissant depuis la première, qui est la plus petite, jusqu'à la
sixième, qui a le tiers à peu près de la hauteur du corps. Treize
rayons branchus les suivent, qui dépassent à peine cette sixième
épine. La dorsale occupe une longueur égale à près du tiers de
tout le poisson. L'anale est moitié moins longue et aussi haute ;
elle commence sous le milieu de la dorsale, ne se porte pas plus
loin en arrière, et a trois rayons épineux, âpres et striés, et dix
mous. De ces trois épines la première se montre à peine ; la seconde
est encore très-courte ; mais la troisième égale les rayons mous.
La portion de queue derrière la dorsale et l'anale est du cinquième
de la longueur totale, près de moitié moins haute que longue, et
n'a guère en épaisseur que le quart de sa hauteur.

La caudale est complétement divisée, jusqu'à sa racine, en deux
lobes, dont le supérieur a dix rayons entiers, l'inférieur neuf. Il y
a de plus à chacun en dehors un rayon simple moitié plus court,
et cinq autres encore plus courts, qui y forment de petites épines
comme aux caudales des *holocentrums* et des *myripristis*.

Ni la tête, ni les nageoires n'ont d'écailles. Sur le corps on en
compte environ soixante dans une rangée longitudinale, et près
de trente par rangée verticale vers les pectorales. Celles des flancs
et du ventre sont minces, lisses, plus larges que longues, irrégulièrement ovales, sans troncature ni éventail. A la loupe on y voit
des stries concentriques, très-fines. Celles du dos ont leur partie
visible couverte d'une âpreté serrée, mais très-marquée ; celles de la
ligne latérale sont plus grandes que les autres, surtout en arrière,

plus larges que longues, rhomboïdales, avec un lobe saillant du
côté radical, et ont chacune une large tubulure ouverte du côté
de la peau d'un trou fort marqué. La ligne latérale même est toute
droite, et partant de l'épine surscapulaire, où elle est au tiers supérieur, se rend à la queue, où elle occupe le milieu de la hauteur.

Depuis les ventrales jusqu'à l'anus, sur une longueur égale au
septième de celle du poisson, est l'espèce de cuirasse dont nous
ferons le caractère principal du genre, et qui se compose de onze
pièces écailleuses ployées en V, à carènes inférieures tranchantes,
et terminées chacune par une petite épine courte et pointue.

Dans la liqueur ce poisson paraît argenté, avec une légère teinte
roussâtre sur le dos, et les nageoires jaunâtres. Son large iris doit
avoir été doré. Son palais, sa langue et ses arcs branchiaux sont
teints en noir.

Notre individu est long de huit pouces et demi, sur trois pouces
un quart de plus grande hauteur.

L'estomac de l'hoplostèthe est petit, et a peu de capacité, à cause
de l'épaisseur de ses parois. Il est comprimé latéralement, et beaucoup plus haut que large. Des rides épaisses, nombreuses et très-
sinueuses sillonnent sa surface interne. La branche montante se
relève du fond du sac; elle est presque aussi longue que l'estomac.
Il y a bien autour du pylore une trentaine de cœcums grêles et
assez alongés. L'intestin ne fait que deux replis peu éloignés l'un
de l'autre. Sa membrane externe, ainsi que celle des appendices
cœcales, est blanche; et l'extérieur de celle de l'estomac et de la
branche montante est noir comme de l'encre. Le foie est composé de deux lobes épais, à peu près égaux, arrondis et divisés en
arrière en plusieurs petits lobules minces et pointus. Les laitances
sont très-grosses, s'étendant depuis la pointe de l'estomac jusqu'au
fond de l'abdomen. Leur couleur est brune. La vessie aérienne est
simple, ovoïde, et est placée sur l'estomac, qu'elle dépasse de peu,
de sorte que sa longueur fait à peine le tiers de celle de l'abdomen.
Ses parois sont minces et argentées; les corps rouges sont réunis
en une seule masse assez grosse vers le bas de la vessie.

Les reins forment deux masses assez grosses derrière le diaphragme, immédiatement sous les renflemens de l'oreille. Ils se prolongent dans la plus grande partie de l'abdomen en un filet mince, et ils vont se réunir pour devenir un lobe unique, triangulaire, très-gros, qui s'étend jusqu'auprès de l'anus. Le péritoine est argenté à l'extérieur, et brun-noirâtre en dedans.

Nous n'avons pas encore pu nous procurer le squelette de ce singulier poisson; nous ne pouvons donc ajouter que quelques mots sur son ostéologie.

Il y a onze vertèbres abdominales, dont les cinq premières sont plus grosses que les autres. Les côtes sont grêles, simples, et ne descendent pas jusqu'au sternum; elles n'entourent que la moitié supérieure de la cavité abdominale.

Les cavités de l'oreille sont très-renflées, et forment sous le crâne deux forts tambours osseux, séparés par la simple cloison interne. La pierre de l'oreille est très-grande; sa surface externe est un peu relevée de manière à avoir l'apparence d'une pyramide à quatre faces très-surbaissée, et dont le sommet est placé près du côté inférieur. On remarque vers le haut quelques sillons verticaux. La face interne est plane et relevée par deux arêtes horizontales. Le pourtour est découpé et dentelé; le côté antérieur est coupé carrément; le postérieur se termine par un angle assez aigu.

CHAPITRE XVII.

Des Épinoches (*Gasterosteus*, Linn.)

Les épinoches sont les plus petits de nos poissons d'eau douce, et ce sont aussi à peu près les plus communs; il n'est pas de ruisseau, pas de mare où l'on n'en voie, ou qui même n'en fourmillent en certaines saisons. La forme de leur tête n'a rien de singulier, et l'on a peine d'abord à se faire l'idée qu'ils aient la joue cuirassée; car le sous-orbitaire qui la couvre est lisse et ne se distingue point sous la peau. Cependant sa position et l'espace qu'il recouvre, sont les mêmes que dans les trigles et les autres genres de cette famille, et nous avons dû en conséquence y placer aussi ce petit genre.

Le nom français vulgaire de ces poissons, et ceux qu'on leur donne dans la plupart des langues de l'Europe, s'expliquent assez par les épines dont leur dos est armé, ainsi que par celles qui leur tiennent lieu de nageoires ventrales.

Celui de *gasterosteus,* qui leur a été imposé par Artedi, a pour objet d'exprimer la cuirasse osseuse qui garnit le dessous de leur ventre, et qui est formée par leurs os du bassin et une partie de ceux de l'épaule, plus grands, plus épais et moins cachés par les tégumens que dans beaucoup d'autres poissons.

C'est dans les espèces qui réunissent à ces caractères d'un ventre cuirassé, de rayons épineux et libres sur le dos, de ventrales à peu près réduites à une seule épine, celui de trois rayons seulement aux ouïes, que nous concentrons avec Artedi le genre des épinoches; nous en retranchons par conséquent, ainsi que M. de Lacépède, le *gasterosteus spinarella* de Linnæus, ou le *céphalacanthe,* dont les ventrales ont cinq rayons; le *gasterosteus japonicus* de Houttuyn, ou le *monocentris,* qui a huit rayons aux ouïes, et nous en éloignons bien davantage encore de nombreux poissons de la famille des scombres, tels que les *gasterosteus ductor, occidentalis, lysan ovatus, carolinus, canadus,* et *saltator,* qui n'y ont été placés qu'à cause des épines libres de leur dos, et que nous reproduirons ailleurs dans divers sous-genres, principalement dans celui que nous appelons *liche.*

*L'*Épinoche a queue nue *et l'*Épinoche a queue armée.

*(Gasterosteus leiurus et Gasterosteus trachurus, nob.;
Gasterosteus aculeatus, Linn.)*

La plus grande de nos épinoches de France, dont les naturalistes n'ont fait jusqu'à présent qu'une seule espèce, sous les noms trop peu caractéristiques d'*épinoche à trois épines* et de *gasterosteus aculeatus,* pourrait bien, comme nous le verrons, en comprendre deux fort distinctes, et même davantage; mais comme leurs différences n'ont point été remarquées, il est difficile de discerner dans leur histoire ce qui appartient en propre à l'une et à l'autre.

Il s'en trouve à peu près partout où il y a quelque ruisseau, quelque mare ou quelque flaque d'eau; je les vois citées dans les Faunes de toute l'Europe. Ce sont les *rogatka* des Russes[1]; les *spig* ou *skœt-spig* des Suédois[2];

---

1. Georgi, Histoire naturelle de Russie, t. VII, p. 1926. — 2. *Faun. suec.,* édit. de Retzius, p. 338.

les *hund-stigel* ou *grund-stirel* ou *tind-œret* des Danois[1];
horn-sille, etc., des Norvégiens; les *stichling* ou *stachel-*
fisch des Allemands[2]; *stech-büttel* des Prussiens; *steckel-*
bars des Hollandais; *stickle-back, barn-stickle* des Anglais, etc. En France, outre les noms plus généralement
reçus d'*épinoche* et d'*épinarde,* on les nomme *ripe* dans
quelques provinces sur la Loire[3]. Les Italiens les appellent
spinarella, et quelquefois *stratzariglia,* terme de mépris,
comme qui dirait *mauvais haillon.*

Il y en aurait jusque dans le Groënland, où Fabricius
nous apprend qu'on les nomme *hakilisak,* s'il était sûr
qu'il a vu la même espèce et non pas quelqu'une de
celles de l'Amérique, dont nous parlerons plus bas.

Gesner seul[4] dit qu'il n'y en a point en Suisse; mais
nous savons le contraire.

Pennant raconte que dans les marais du comté de Lincoln ces petits poissons abondent plus que partout ailleurs,
et qu'à Spalding, dans ce comté, ils se montrent de temps
en temps (une fois en sept ou huit ans) en quantités sur-
prenantes, et remontent en colonnes épaisses la rivière de
Welland, sur laquelle est cette ville. Il y en a tant qu'on
en répand sur les terres pour les fertiliser, et qu'un seul
homme, à l'une de ces époques, en prit assez pour gagner
quatre schellings par jour, bien qu'il ne les vendît qu'un
demi-pence (le vingt-quatrième d'un schelling) le boisseau.
Ces apparitions subites et innombrables ont fait croire que
des inondations successives enlèvent les épinoches de toute

---

1. Müller, *Prodr. zool. dan.*, p. 47. — 2. Bloch, 2.ᵉ part., p. 75. — 3. Au
Mans, Bélon, p. 328; à Orléans, Defay, *Mém.*, p. 88. — 4. Gesner, édition de
1606, p. 9. *Reperiuntur cum aliis tum Argentorati, et Vitebergæ in Albi. Nulli
apud nos.*

la surface des marais pour les accumuler dans quelques cavités souterraines, d'où elles sont obligées de sortir quand
leur nombre y devient excessif. Peut-être serait-il plus
simple de penser qu'en certaines années les circonstances
deviennent particulièrement favorables à leur multiplication, comme cela a lieu pour les lemmings, pour les cam-
pagnols et d'autres petits animaux, qui paraissent à l'im-
proviste pour dévaster les campagnes.

En admettant qu'il n'y en ait qu'une espèce, elle ne vi-
vrait pas seulement dans l'eau douce. Les auteurs du nord
surtout nous disent qu'on prend aussi des épinoches dans
la mer[1]. Selon Schonevelde, dans le golfe d'Ekreford, en
Holstein, sur la Baltique, les pêcheurs en retirent quelquefois dans leurs filets de quoi remplir plusieurs tonnes,
et ils en nourrissent leurs cochons[2]. Elles ne sont pas moins
abondantes près de ces langues de sable qui longent la
côte de Prusse et que l'on nomme *Nehrung*. Klein nous
apprend qu'elles y paraissent tous les ans en quantité pro-
digieuse, et que l'on en extrait une huile épaisse par la
cuisson.[3]

Cette extrême multiplication est assez étonnante, car
les œufs des épinoches sont gros, et elles ne peuvent en
pondre beaucoup. Il est vrai, d'un autre côté, qu'elles
craignent peu les autres poissons, attendu que des épines
aiguës et fortes les défendent contre eux : elles résistent
même à des ennemis intérieurs et extérieurs qui les tour-
mentent sans cesse ; par exemple au *binocle du gasteroste*,
qui s'attache à leur peau et leur suce le sang, et au *bo-
thriocephalus solidus*, espèce de la famille des *tænia*, qui

---

1. Retzius, *Faun. suec.*, *loc. cit.* — 2. Schonev., *Icht.*, p. 11. — 3. Klein,
Miss. IV, p. 48.

leur remplit quelquefois presque tout l'abdomen en comprimant leurs intestins et les réduisant à un fort petit espace. Elles peuvent aussi subsister assez long-temps hors de l'eau, surtout quand elles tombent dans de l'herbe humide.

Bloch assure qu'elles ne vivent que trois ans, et son assertion n'a pas été combattue par des faits. Ce sont des poissons fort agiles, vifs dans leurs mouvemens et d'une nature active. Henri Backer dit qu'ils sautent verticalement à plus d'un pied hors de l'eau, et que dans une direction oblique ils font encore des élans plus considérables lorsqu'il s'agit de passer par-dessus des pierres ou d'autres obstacles. Leur voracité est excessive. Backer a vu une épinoche dévorer en cinq heures de temps soixante-quatorze poissons naissans de l'espèce de la vandoise, dont chacun était long de trois lignes. Aussi aucun poisson ne fait-il plus de tort aux étangs que les épinoches, et il est d'autant plus fâcheux de les voir s'y introduire, qu'il est très-difficile de les extirper.

Comme aliment on les estime fort peu, soit à cause de leur petitesse, soit à cause des écailles osseuses et des épines qui les hérissent. Je ne vois guère que Bélon et Rondelet qui en aient parlé comme d'un objet de commerce sous ce rapport : ils assurent l'un et l'autre qu'on en prend assez dans le Nar pour en porter aux marchés de Narni et des villes voisines; mais peut-être cette assertion doit-elle s'entendre de quelques-unes des espèces propres à l'Italie, que nous décrirons à la suite de la nôtre.

Théophraste[1] parle d'un petit poisson d'Héraclée sur le

---

1. Théophraste, *De piscib. in sicco degentibus.*

Lycus, en Bithynie, qu'il nomme *centriscus* (κεντρίσκος), et que l'on comptait parmi ceux qui naissaient spontanément de la corruption. Ce nom de *centrisque*, qui se rapporte à des aiguillons (κέντρον); sa terminaison diminutive, qui indique une petite taille; son habitation dans l'eau douce; enfin, cette origine fabuleuse, que plusieurs écrivains du moyen âge ont aussi attribuée à notre épinoche, ont fait croire que l'épinoche pourrait bien être le centrisque, et Klein s'est déterminé en conséquence à faire de *centriscus* le nom du genre. Cette conjecture est au moins aussi bien fondée que la plupart de celles sur lesquelles reposent les applications faites par les modernes de la nomenclature des anciens. Il est cependant très-faux que l'épinoche naisse par une génération spontanée. Rien n'est plus aisé que d'y reconnaître les deux sexes, et nous en avons vu bien souvent les œufs, qui sont assez gros pour de si petits poissons.

Dans nos ruisseaux des environs de Paris les épinoches fraient aux mois de Juillet et d'Août. Nous avons vu des femelles pleines d'œufs dans les derniers jours du mois d'Août. Fabricius leur assigne aussi le mois de Juillet au Groënland; mais Bloch dit que ce frai a lieu en Avril et Juin, et nous trouvons dans les manuscrits de Baldner que c'est en Avril. Peut-être cette différence tient-elle à celle que nous soupçonnons dans les espèces.

Nous avons trouvé en effet, comme nous l'avons annoncé au commencement de cet article, dans les eaux de la France deux sortes d'épinoches à trois rayons; les unes (*gasterosteus trachurus*, nob.) revêtues tout du long de bandes écailleuses, les autres (*gasterosteus leiurus*, nob.), qui n'en ont que dans la région pectorale : mais pour tout le reste ces poissons se ressemblent tellement qu'on peut en faire une description commune.

Elles ne passent pas trois pouces en longueur. Leur corps est comprimé et alongé en fuseau ; leur museau est pointu et leur queue fort mince. Leur hauteur est quatre fois dans la longueur prise du bout du museau à la naissance de la caudale , et leur épaisseur est deux fois et demie dans la hauteur. La longueur de la tête est le quart de la longueur totale. Le profil supérieur descend par une ligne légèrement convexe, et l'inférieur monte obliquement depuis l'angle de la mâchoire jusqu'au bout du museau, et va joindre en droite ligne la courbe légèrement convexe du ventre. L'œil est grand ; son diamètre fait un peu plus du quart de la longueur de la tête , et il est éloigné du bout du museau de la longueur de son diamètre. Les sous-orbitaires, au nombre de trois, couvrent tout l'espace entre l'œil, la bouche et le préopercule ; le troisième, de forme à peu près carrée, va s'unir dans l'angle rentrant du préopercule : ils n'ont ni épines, ni dentelures. Le préopercule et les autres pièces operculaires en sont également dépourvus ; mais la surface de tous les os est finement striée en divers sens. L'opercule est grand, triangulaire, à bord postérieur arrondi. Le subopercule est étroit et coupé en arc de cercle ; l'interopercule est alongé : tous deux sont presque cachés sous le préopercule et l'opercule ; et on pourrait prendre aisément le sous-opercule pour un rayon branchiostège. Les deux orifices de la narine sont percés dans une petite fossette qui est placée sur le bord antérieur du premier sous-orbitaire, et plus près de l'œil que du museau. La bouche est un peu protractile ; quand elle est fermée, la mâchoire inférieure avance un peu plus que la supérieure : toutes deux ont des dents fines et en velours sur une bande étroite, mais il n'y en a point au vomer, ni aux palatins, ni à la langue. Le dessus du crâne est nu et finement strié, mais sans crêtes ni tubérosités. L'ouverture des ouïes est grande ; on compte trois rayons à la membrane branchiostège. La structure de l'épaule mérite d'être particulièrement étudiée ; je n'y vois pas de surscapu-

laire, à moins qu'il ne soit uni au crâne et confondu avec ses os.
Le scapulaire est très-petit et légèrement granuleux. L'huméral a
au-dessus de la base de la pectorale une crête longitudinale, terminée par une petite pointe. La pectorale, plus éloignée de l'ouïe
qu'à l'ordinaire, en est écartée par un espace lisse assez large,
sous lequel est une longue plaque osseuse un peu rude, qui se
rend depuis le milieu de l'isthme, où elle se joint à son analogue, jusqu'à l'os du bassin. Entre les plaques des deux côtés
et le bassin est sous la poitrine un espace lisse et triangulaire. On
pourra être tenté de croire que ces deux plaques qui bordent
la poitrine appartiennent encore à l'os huméral, mais cela n'est
point. L'inspection du squelette montre qu'elles font partie de
l'un des deux os qui sont attachés à celui-là et qui portent le
carpe, de celui que nous regardons comme l'analogue du *cubitus*.
C'est lui qui se montre ici à découvert dans toute sa branche inférieure.

La cuirasse du ventre est formée par les os innominés, qui
s'unissent par une suture médiane en un triangle nu et strié, dont
la base est en avant, et qui se termine en arrière par une longue
pointe : il n'adhère pas à l'os huméral, comme à l'ordinaire ; les
angles latéraux de sa base touchent seulement à l'extrémité des
plaques cubitales que nous venons de décrire ; mais chaque os innominé donne de son bord externe et près de sa base une branche
plate, qui monte derrière la pectorale, et s'attache aux troisième,
quatrième et cinquième grandes écailles latérales du corps ; cette
branche paraît au travers de la peau et est finement striée : elle
forme, comme on voit, une portion d'armure latérale, qui joint
la cuirasse du ventre avec celle des côtés. C'est dans l'angle rentrant que cette branche fait en arrière avec le reste de l'os innominé, que s'articule l'épine de la ventrale ; épine forte, pointue,
striée et grenue, dentelée sur ses bords, surtout au supérieur ; du
septième de la longueur totale ; articulée de manière que le poisson, quand il le veut, peut la maintenir fixément dans une direction transversale. A l'état de repos elle se retire sur le bord externe
de l'os innominé. Dans son aisselle est une petite membrane, con-

tenant un rayon mou, très-grêle, et qui n'a pas moitié de la longueur de l'épine. Ces ventrales s'attachent sous l'extrémité postérieure des pectorales, en sorte que l'on a peine à comprendre
comment tous les auteurs ont laissé l'épinoche parmi les thora-
ciques, même ceux qui, comme M. de Lacépède, mettent les cirrhites et les chéilodactyles parmi les abdominaux. La pectorale
s'attache presque à égale distance de l'ouïe et de la branche montante de l'os innominé; la peau, également nue et lisse devant et
derrière, lui laisse toute liberté pour ses mouvemens : cette nageoire est petite, du huitième de la longueur totale, arrondie et
composée de dix rayons, tous articulés et à articulations peu
rapprochées. La moitié antérieure du dos est cuirassée par cinq
plaques osseuses; une petite sur la nuque, deux grandes à peu
près rondes, creusées d'un sillon longitudinal, au milieu duquel
sur chaque plaque s'articule une des deux premières épines dorsales : la quatrième plaque est ordinairement petite et sans épine;
mais la cinquième, petite aussi, en a toujours une. Ces trois épines
sont fortes, pointues, larges à la base, grenues à leur surface antérieure, dentelées en scie à leurs bords, creusées en arrière d'un
sillon, et munies chacune à leur base postérieure d'une petite membrane : les deux premières ont environ le tiers de la hauteur du
corps; la troisième est beaucoup plus courte. La première est sur
la base des pectorales; la seconde répond juste au dessus de celle
des épines ventrales, et la troisième au dessus de la pointe postérieure de l'os innominé. Quelquefois cette troisième épine manque.
D'autres fois il y en a, au contraire, une de plus qu'à l'ordinaire,
articulée sur la quatrième plaque du dos. Immédiatement derrière
la troisième épine s'élève la dorsale molle, petite nageoire triangulaire, à dix ou onze rayons, dont le premier est simple et plus
long que les autres, qui sont tous branchus; les derniers sont fort
petits. A peu près aux deux tiers de la longueur du corps, non
compris la caudale, s'ouvre l'anus. Derrière lui et tout près naît
l'anale, petite nageoire triangulaire, à neuf rayons, et de même
forme que la dorsale molle. Au-devant de l'anale est une petite
épine très-courte, qui se redresse indépendamment de cette na-

geoire; la caudale est petite, arrondie, et a douze rayons entiers
et trois ou quatre plus courts dessus et dessous.

Les épinoches en général n'ont point de véritables écailles; mais
il y a dans celle dont nous parlons une série de bandes osseuses,
placées verticalement le long de chaque côté, plus hautes que
larges, qui garnissent chacun de ses flancs sur une étendue plus
ou moins considérable; et je dois même rendre le lecteur attentif
à cette diversité qu'aucun observateur, à ma connaissance, n'a
encore fait remarquer, et qui est précisément ce qui me paraît
indiquer parmi les épinoches de notre pays une différence cons-
tante d'espèce.

Certaines d'entre elles, et c'est, à ce qu'il me semble, le plus
grand nombre, du moins aux environs de Paris, n'ont à chaque
flanc que quatre ou cinq de ces bandes, allant depuis l'épaule
jusque derrière la branche montante de l'os innominé. Dans le
haut elles s'articulent aux plaques impaires qui règnent sur la partie antérieure du dos; les deux premières sont petites, la troisième
descend jusqu'à la hauteur du bord supérieur de la pectorale; les
trois suivantes sont celles auxquelles s'articule la branche montante
de l'os innominé; puis il en vient une sixième, ordinairement la
dernière, qui ne descend que jusqu'à moitié du corps. Le reste du
corps et de la queue est lisse, et l'on voit au travers de la peau les
divisions des muscles. Un léger repli de la peau forme de chaque
côté de la queue une petite carène saillante.

Mais d'autres épinoches, d'ailleurs très-semblables aux précédentes, n'ont point leur série de plaques terminée à la sixième.
Cette armure se continue tout le long du corps et de la queue,
dont elle enveloppe même la carène latérale, qu'elle rend plus
forte et plus tranchante. Leur nombre est alors de trente ou trente
et une, savoir, vingt-cinq ou vingt-six jusqu'au pied de la carène
latérale de la queue, et cinq petites sur cette carène : elles sont
toutes pointillées et légèrement carénées à l'endroit qui répond à
la ligne latérale; elles ne laissent de nu que le bord supérieur du
corps, le long de la dorsale molle, et le bord inférieur, derrière
les branches montantes des os innominés et le long de l'anale.

Cette différence ne tient point au sexe ni à l'âge; nous trouvons des mâles et des femelles avec ces deux vêtemens, et à peu près de la même taille et de même couleur.

Il reste à savoir si ce n'est point une variété qui tienne à d'autres causes.

L'Épinoche demi-armée.

(*Gasterosteus semiarmatus*, nob.)

Ce qui pourrait le faire soupçonner, c'est qu'il existe une épinoche à queue nue, dont les lames latérales sont au nombre de douze à quinze, et s'étendent jusque sous le commencement de la seconde dorsale; mais peut-être celle-ci doit-elle être regardée comme d'une troisième espèce : elle a les épines des ventrales un peu plus longues à proportion que la plupart des autres. M. Vroriep l'a trouvée au Havre, et M. Baillon en a pris en grand nombre dans la petite rivière de Braie, près d'Abbeville. Nous croyons remarquer que la branche qui unit la cuirasse ventrale aux plaques latérales, est plus étroite que dans les individus à queue cuirassée.

L'Épinoche demi-cuirassée.

(*Gasterosteus semiloricatus*, nob.)

Ce qui pourrait encore faire penser qu'il ne s'agit que de variétés, c'est que M. Baillon a pris dans la Somme d'autres épinoches, qui ont vingt-deux ou vingt-trois lames sur chaque flanc, couvrant le corps jusqu'à l'origine de la carène de la queue. La plaque de l'épaule y est aussi large que dans l'épinoche à queue armée.

Nous n'avons pu trouver aux environs de Paris que des épinoches à queue nue; il nous en est venu de pareilles des départemens de la Somme et de l'Oise, de la Rochelle et de quelques autres lieux : nous avons observé celle à queue cuirassée dans les ruisseaux des côtes de Normandie, et encore récemment M. Deslongchamps nous l'a envoyée de Caen, et M. Baillon en a pris dans le Hable-d'Ault, lac saumâtre de l'embouchure de la Somme, près du Tréport. C'est la seule qui se trouve dans les étangs des environs de Berlin, et elle y est en quantité innombrable. Peut-être est-ce l'espèce qui habite plus fréquemment près des bords de la mer, et qui peut entrer dans l'eau salée. Des observations ultérieures nous apprendront sans doute bientôt ce qui en est.

Ce sont des épinoches garnies tout de leur long de ces bandes qu'a décrites Artedi dans ses *Species* (p. 96).[1] A la vérité, il ne leur en donne que vingt-six de chaque côté; mais c'est qu'il n'a pas compté celles qui garnissent la crête latérale de la queue, et qui sont plus serrées que les autres.

Il a été suivi par M. Haüy, dans le Dictionnaire des poissons de l'Encyclopédie (p. 409), et par M. de Lacépède (t. III, p. 300).

C'est aussi une de ces épinoches cuirassées que représente Bloch (pl. 53, fig. 3); mais quand il dit dans son texte (p. 73) qu'il y a treize boucliers de chaque côté, on ne peut l'expliquer sinon que, ne l'ayant point décrite sur nature et voulant traduire Artedi, il aura mal compris cet

---

1. *Totum corpus infra pinnas pectorales ad caudam fere, loricis, seu ossibus transversis viginti sex vel viginti septem tegitur, etc.*

auteur, et pris pour un côté la moitié seulement des vingt-six plaques qu'Artedi donne à chacun d'eux, ce qui n'a pas empêché Bonnaterre de le copier aveuglément comme à son ordinaire. [1]

Au contraire, ce sont des épinoches à queue nue qu'a décrites Willughby (p. 341). [2]

Quant aux autres naturalistes, ils n'ont rien dit de positif au sujet du nombre des bandes osseuses, et ils ne paraissent pas même s'être doutés qu'il y eût lieu de s'en occuper.

La couleur de ces épinoches, quelles que soient leurs bandes, est un brun verdâtre ou un bleu noirâtre sur le dos, un blanc argenté sur les flancs et le ventre. La gorge et le dessous de la poitrine sont teints en rose ou en aurore plus ou moins vifs. Les nageoires sont verdâtres et transparentes. L'œil est d'un blanc d'argent mat, et l'ouverture de la pupille n'est pas tout-à-fait ronde, mais alongée dans le sens de la longueur du poisson.

C'est sur des épinoches à queue nue que nous avons fait les observations anatomiques qui suivent.

Le foie est d'un rouge plus ou moins foncé; il est placé en travers dans l'abdomen, dont il occupe la moitié de la longueur. Le lobe droit est très-petit et presque entièrement caché sous l'estomac. Le lobe gauche, qui est très-grand recouvre l'estomac, et s'étend ensuite sous la pointe de ce viscère. La vésicule du fiel est petite, et suspendue à un canal cholédoque capillaire, qui va auprès du pylore. L'œsophage est court, étroit; il se renfle et se dilate tout près du diaphragme en un large estomac presque arrondi.

---

1. Planches de l'Encyclopédie méthodique, ichtyologie explic., p. 136.

2. *Squamis caret ; corpus tamen anterius, a duobus dorsi aculeis ad illos qui in ventre sunt, loricis transversis seu osseo tegmine munitum est. Armatura hæc superius in quatuor vel quinque laminas divisa est, inferius in unum contracta.*

Le pylore est étroit.

L'intestin qui en sort est d'un diamètre plus gros, et a deux très-petites appendices tournées vers l'estomac : après avoir fait un double repli très-court, il se porte droit à l'anus.

Les parois de l'estomac sont assez épaisses et ridées longitudinalement à l'intérieur. La veloutée se détache facilement. Il y a une petite valvule au pylore. Les parois de l'intestin sont très-minces.

La vessie aérienne est unique, grande, ovoïde, et occupe plus des deux tiers de la longueur de l'abdomen. Ses parois sont très-minces, argentées. Un canal aérien capillaire naît du tiers supérieur de sa face inférieure, et s'ouvre vers le milieu de l'estomac.

La rate est rouge, triangulaire, à bords un peu découpés, et un peu creusée en gouttière pour s'appuyer sur l'estomac, qui la couvre presque entièrement.

Les ovaires sont gros, remplis d'œufs plus gros que de la graine de pavot.

Les reins sont réunis en un seul lobe, qui n'occupe que la moitié postérieure de la longueur de l'abdomen. Il y a une petite vessie urinaire. La couleur des reins est d'un rouge très-pâle.

Le squelette de l'épinoche a trente-trois vertèbres. Le premier interépineux de l'anale s'attache sous la quinzième. Il y a des côtes même sous la cuirasse, mais plus fines que des cheveux. Au reste, on a déjà pu prendre une idée assez juste de l'ossature de la tête, des opercules, et de l'épaule, par ce que nous avons dit de l'extérieur de ces parties.

Des Poissons étrangers voisins des Épinoches à trois épines.

A cette histoire de nos grandes épinoches de France nous devons ajouter ce que nous avons remarqué sur des épinoches plus ou moins semblables, qui nous sont venues d'autres pays.

M. Savigny en a recueilli un certain nombre dans les ruisseaux de Toscane, qui avaient toutes la queue nue, mais où nous avons cru remarquer en outre des différences qui pourraient bien n'être pas moins spécifiques que celle-là. Nous allons les indiquer, pour engager les observateurs à s'assurer de leur constance.

*L'*Épinoche a opercule argenté.

(*Gasterosteus argyropomus*, nob.)

L'une d'elles a les boucliers dorsaux plus grands et plus apparens que celle de nos environs; les épines plus courtes, plus grêles, plus arquées et moins dentelées. Son opercule est très-brillant, ce qui nous a suggéré son nom.

D. 2—1/12; A. 1/10; C. 12; P. 9; V. 1/1.

*L'*Épinoche a courtes épines.

(*Gasterosteus brachycentrus*, nob.)

Une autre a les épines, tant dorsales que ventrales, près de trois fois plus courtes que dans nos épinoches communes. La seconde et la troisième du dos n'ont pas le cinquième de la hauteur du corps à cet endroit; le bouclier du ventre est plus large et plus obtus que dans celles de ce pays-ci, et les épines ventrales n'ont guère que le tiers de sa longueur. Les membranes de toutes les épines vont jusqu'à leur extrémité. Les boucliers ou plaques du dos sont fort petits.

D. 2—1/13; A. 1/9; C. 12; P. 10; V. 1/1.

Il nous est impossible de douter que ce ne soit une espèce particulière, car nous en avons un assez grand nombre d'individus tous parfaitement semblables.

*L'*ÉPINOCHE A QUATRE ÉPINES.

(*Gasterosteus tetracanthus*, nob.)

Il y en a enfin une à quatre épines sur le dos, comme la nôtre
les a quelquefois; mais qui a de plus ces épines plus courtes, et
le bouclier ventral plus large que la nôtre.

D. 3 — 1/15; A. 1/10; C. 11; P. 11; V. 1/1.

A ces épinoches d'Italie nous en ajouterons quelques-
unes du nord des deux continens.

*L'*ÉPINOCHE PORTE-OBOLE.

(*Gasterosteus obolarius*, nob.[1])

Il y a de ces épinoches à trois ou quatre épines dorsales jusque dans le nord de la mer Pacifique et dans le
golfe du Kamchatka. Steller en a décrit une en détail, et
paraît si frappé de ses caractères, qu'il faut qu'il n'ait pas
connu alors l'espèce d'Europe. L'espace rond et argenté
qui est dans toutes les épinoches entre l'ouïe et la nageoire
pectorale, et qui ressemble à une petite pièce de mon-
naie, l'occupe surtout beaucoup, et l'engage à donner au
poisson le nom d'*obolarius;* la description laissée par ce
courageux observateur a été publiée par M. Tilesius[2], qui
y a joint la sienne propre[3], et une figure[4] faite dans son
voyage avec le capitaine Krusenstern. Mais avec tous ces
secours il est encore difficile de juger bien clairement si

---

1. *Obolarius aculeatus*, Steller; *Gasteracanthus cataphractus*, Pallas; *Gasterosteus cataphractus*, Tilesius.

2. Mémoires de l'Académie de Pétersbourg, t. III, p. 230. — 3. *Ibid.*, p. 226.
— 4. *Ibid.*, pl. 8, fig. 1.

l'espèce diffère ou non de notre épinoche cuirassée de l'Europe ou de celles d'Amérique.

Ses couleurs, ses formes, sont les mêmes que dans la nôtre, et sa grandeur aussi. Elle a également trente bandes osseuses de chaque côté : on ne trouve dans les nombres de ses rayons que les différences trop ordinaires, suivant la manière de les compter, ou même suivant l'état des individus sur lesquels on les compte.

B. 4 [1]; D. 13; A. 1/10 ou 12; C. 12; P. 10.

Le seul caractère sensible est indiqué par M. Tilesius dans la forme rhomboïdale de la caudale ; mais encore en ce point, et à en juger par son dessin, on pourrait croire qu'il l'a décrite d'après un individu qui l'avait un peu usée, d'autant qu'il dit qu'elle est aussi quelquefois fourchue ou trilobée.

Ce poisson remonte les rivières du Kamchatka en troupes si nombreuses qu'on le puise en quelque sorte comme l'eau elle-même. C'est, comme on voit, un rapport assez marqué d'habitudes avec l'épinoche du comté de Lincoln et avec celle des environs de Dantzig. Quoiqu'il soit d'un goût agréable et fasse de bon bouillon, la plus grande partie ne sert qu'à fournir aux chiens, principales bêtes de trait de ce pays-là, leur nourriture d'hiver, parce qu'il sèche aisément au soleil et ne se corrompt plus. Les Kamchadales le nomment *chakal,* et les Russes font de ce mot le diminutif *chakaltcha.*

L'ÉPINOCHE DE NEW-YORK.

(*Gasterosteus noveboracensis,* nob.)

M. Milbert nous a envoyé de New-York une épinoche

---

1. J'ose dire que je ne crois point à ces quatre rayons branchiaux ; on aura pris le subopercule pour un rayon.

à queue armée d'une ressemblance si grande avec celle d'Europe, que l'on n'aurait pas hésité autrefois à la croire de même espèce.

Néanmoins ses plaques dorsales sont sensiblement plus étroites à proportion, et les crêtes latérales de sa queue plus saillantes; sa ligne latérale est aussi plus voisine du dos.

D. 2 — 1/11; A. 1/8; C. 12; P. 10; V. 1/1.

Nous ignorons sa vraie couleur; mais d'après ce qui lui en reste dans la liqueur, elle doit peu différer de la nôtre.

L'ÉPINOCHE NOIRE.

(*Gasterosteus niger*, nob.)

M. de la Pilaye en a rapporté une de Terre-Neuve, également à queue cuirassée, un peu plus alongée, à épines plus grêles.

Elle est entièrement teinte de noirâtre. Son œil est un peu plus grand, et sa tête moins haute à proportion. Elle a jusqu'à trente-trois écailles latérales. Ses épines sont plus grêles; celles des ventrales égalent en longueur la portion de bouclier qui est entre elles, et en atteignent la pointe.

C'est peut-être cette espèce que Pennant confond avec l'ordinaire d'Europe, et qu'il dit être fort commune dans la baie d'Hudson.[1]

L'ÉPINOCHE A DEUX ÉPINES.

(*Gasterosteus biaculeatus*, Penn., Sh. et Mitch.)

Nous avons aussi reçu de Terre-Neuve par M. de la Pilaye une épinoche à queue nue,

---

1. *Arctic. zool.*, t. II, p. 386.

de très-petite taille, pas de plus de quinze lignes, qui se distingue
des autres par une forte dent plate et aiguë qu'elle a de chaque
côté à la base externe de ses épines ventrales. Celles d'Europe n'y
ont qu'un simple élargissement. Dans la cuirassée de Terre-Neuve
l'élargissement se termine en pointe. Dans celle-ci il forme une
forte dent aiguë, d'autant plus prononcée que les dentelures du
reste de l'épine sont presque insensibles.

D. 2 — 1/12; A. 1/8; C. 12; P. 9; V. 1/1.

Nos individus sont teints en noirâtre, comme ceux de l'espèce
précédente.

C'est celle-ci que représente et décrit M. Mitchill (p. 430,
et pl. 1, fig. 10) sous le nom de *gasterosteus biaculeatus,*
et il est probable que c'est aussi celle que Pennant[1] et
Shaw[2] ont mentionnée sous ce nom; mais elle a comme
les autres une troisième petite épine, joignant la dorsale
molle, et la figure même de M. Mitchill en fait foi. Les
individus de M. Mitchill avaient été pris dans l'eau salée
avec ses *killfish,* qui sont nos cyprinodons.

L'ÉPINOCHE A QUATRE AIGUILLES.

(Gasterosteus quadracus, Mitch.[3])

M. Mitchill parle d'une épinoche à quatre épines, qu'il
regarde comme différente de son *biaculeatus,* mais qui se
pêche dans les mêmes eaux.

Sa figure marque même une cinquième épine en tête de la dorsale molle. Il lui donne les nombres suivans :

B. 3; D. 12; A. 11; C. 13; P. 13.

---

1. *Arctic. zool.*, t. II, p. 385. — 2. *Gener. zool.*, t. IV, 2.ᵉ part., p. 608. —
3. Transactions de New-York, t. I.ᵉʳ, p. 430, pl. 1, fig. 11.

Il dit que les quatre premières épines sont immobiles, et qu'à côté des épines ventrales il y en a une de chaque côté qui va presque jusqu'à l'anus.

Cette dernière circonstance semble indiquer une structure de bassin analogue à celle que nous verrons bientôt dans le *spinachia.*

L'ÉPINOCHE A BASSIN FENDU.

(*Gasterosteus apeltes*, nob.)

Nous trouvons cette même structure dans une très-petite épinoche que M. Lesueur nous a envoyée, et qui pourrait bien être celle que M. Mitchill a eue sous les yeux, quoiqu'elle réponde assez mal à sa description.

Sa taille et sa forme sont celles de notre épinochette : elle a trois épines grêles et mobiles en avant de sa deuxième dorsale ; son bassin ne forme pas un bouclier prolongé en pointe entre les ventrales ; au contraire, cet espace est sans armure, mais l'os innominé se prolonge de chaque côté, au-dessus de l'épine de la ventrale, en une pointe grêle et longue, qui reste adhérente au corps et s'étend jusque dans le voisinage de l'anus. Il n'y a aucunes plaques sur les côtés du corps. La queue est grêle, et ne paraît pas avoir eu de carène latérale.

L'ÉPINOCHETTE, *ou* PETITE ÉPINOCHE D'EUROPE A NEUF ÉPINES.

(*Gasterosteus pungitius*, L.)

L'épinochette est encore d'un tiers plus petite que l'épinoche, et nous n'avons sur nos côtes de l'Océan aucun poisson qui demeure dans de si faibles dimensions : c'est à peine si elle pèse une demi-once. *L'athérine naine* de M. Risso reste seule encore au-dessous de cette taille, si toutefois ce n'est pas le jeune d'une espèce plus grande.

Les formes générales de l'épinochette sont les mêmes que celles de l'épinoche, à un peu plus d'alongement près, et elle a aussi le grand espace entre l'ouïe et la nageoire, la bande osseuse formée par le cubital sous chaque côté de la poitrine, le bouclier triangulaire du ventre avec une branche montante de chaque côté, et les deux épines qui s'y attachent et tiennent lieu de nageoires ventrales, dans l'aisselle desquelles il y a toutefois aussi un très-petit rayon mou; mais ses flancs ne portent aucunes bandes osseuses (ni sept, ni trente), et ses épines dorsales sont au nombre de neuf, toutes fort courtes, sans dentelures visibles et munies chacune de sa petite membrane. Les épines ventrales ne sont pas non plus dentelées; elles n'atteignent pas tout-à-fait le bout du bouclier ventral. Les sous-orbitaires ne couvrent pas tout-à-fait la joue en arrière, et néanmoins ils s'articulent encore avec la partie montante du préopercule.

Nous trouvons entre les épinochettes de nos environs une différence analogue à celle que nous avons observée dans les épinoches, et qui a été également négligée par les naturalistes;

c'est que dans les unes la queue a de chaque côté une carène que l'on reconnaît à la loupe être garnie de dix ou onze écailles minces et elles-mêmes carénées, et que dans les autres il n'y a ni carène ni écailles, mais que l'on voit plutôt de chaque côté de la queue deux sillons longitudinaux. Du reste, ces deux sortes d'épinoches se ressemblent en tout. Le nombre des épines dorsales varie dans toutes les deux : ordinairement il est de neuf; mais on en trouve quelquefois dix, d'autres fois huit seulement.

B. 3; D. 9—10; A. 1/9; C. 12; P. 11; V. 1/5.

La couleur de ces petits poissons est d'un vert jaunâtre sur le dos, argentée sur les côtés et sous le ventre, très-finement pointillée de noir; les nageoires sont blanchâtres.

Les viscères de l'épinochette ressemblent beaucoup à ceux de l'épinoche. Le tube intestinal est encore plus court, parce qu'il va tout droit de la bouche à l'anus. Au quart supérieur de sa longueur il y a un étranglement qui marque le pylore. Le reste de l'intestin est en massue, dont la pointe est à l'anus.

Le foie se prolonge plus dans l'hypocondre droit; la vésicule du fiel est excessivement petite, et le canal cholédoque, fin comme un cheveu, s'ouvre auprès du pylore même.

La vessie aérienne est plus longue, mais plus étroite.

Nous prenons abondamment des épinochettes dans la Seine, où la grande épinoche se montre rarement, aimant mieux les eaux d'une moindre étendue. Mais ces épinochettes de la Seine sont de celles qui n'ont pas de carène à la queue, et c'est aussi sur des individus de cette sorte que porte la description d'Artedi. Leur frai a lieu en Mai et en Juin.

Il y en a beaucoup dans les ruisseaux d'Angleterre. Ray cite particulièrement celles du comté de Warwick. En général, l'espèce n'est pas moins répandue en Europe que celle à trois épines. Il paraît qu'il s'en trouve aussi dans l'eau salée; mais la dénomination que lui donne Bloch, de *petite épinoche de mer,* n'en est pas moins impropre.

Ses noms vulgaires sont à peu près les mêmes que ceux de la grande épinoche, avec une épithète qui marque sa petitesse; les Russes la nomment *kolinska.*

L'ÉPINOCHETTE DE TERRE-NEUVE.

(*Gasterosteus occidentalis,* nob.)

Nous devons à M. de la Pilaye une épinochette de

Terre-Neuve, très-semblable à celle de France, qui a des écailles sur les carènes de sa queue;

ses formes sont seulement un peu plus alongées.

Notre individu n'a que huit épines sur le dos, et neuf rayons mous.

D. 8 — 9; A. 1/9; C. 12; P. 11; V. 1/1.

Le Gastré, *ou* Épinoche de mer a museau alongé.

(*Gasterosteus spinachia*, L.)

Spinachia est un mot fabriqué par les auteurs du moyen âge, d'après le français *épinoche;* et Linnæus l'a appliqué spécialement à l'espèce alongée de ce genre, qui ne vit que dans l'eau salée.

Son corps est dix fois plus long qu'il n'est gros; sa ligne latérale, revêtue sur toute sa longueur d'écailles carénées, le rend quadrangulaire dans toute sa moitié postérieure, et il est pentagonal en avant de l'anus, parce que la crête cubitale et celle du bassin lui donnent un angle de plus de chaque côté, et que son ventre est plat. La longueur de sa tête est à peu près le quart de sa longueur totale. L'œil est également éloigné dè l'ouïe et du bout du museau. La bouche est peu fendue, et ne prend que le tiers de l'intervalle entre le bout du museau et l'œil. C'est surtout le prolongement de la branche horizontale de l'interopercule qui la porte ainsi en avant. La mâchoire inférieure avance plus que la supérieure. Elles ont l'une et l'autre une large bande de dents en velours; mais il n'y a aucunes dents ni au vomer ni aux palatins. L'os de la langue, grêle et alongé, ne se porte pas en avant; il est au milieu de la longueur du museau. Le dessus du crâne est à peu près plan, et c'est à peine si le front devient un peu concave entre les yeux. Les sous-orbitaires cuirassent les parties latérales du museau et le dessous de l'œil : le dernier s'articule à la branche horizontale du préopercule. Aucun de ces os n'a de dentelure ni d'épine, mais tous paraissent à la loupe très-finement pointillés. L'opercule n'a aucune épine. La membrane branchiostège est peu échancrée; elle s'unit à sa semblable sous le milieu de l'opercule et a trois rayons de chaque côté. Il y a à la tempe une petite crête, qui se continue sur le surscapulaire et sur l'os claviculaire, se terminant sur chacun de ces os par une très-petite pointe. Entre l'ouïe et la pectorale est un intervalle aussi large que dans les autres épinoches. L'os que nous appelons cubital, non-seulement forme une crête au bas de cet intervalle, mais se prolonge encore en arrière de la moitié de la longueur de la pectorale : il se termine par une pointe à laquelle s'attache l'os du bassin, qui ne se réunit à son semblable que par une petite portion de son bord interne, en sorte qu'ils ne forment point de bouclier sous le ventre, mais bien de chaque côté une longue crête osseuse, terminée en pointe un peu avant d'arriver à l'anus. C'est précisément au milieu de cette longue crête de l'os du bassin que s'attache l'épine de la ventrale, qui est courte, légèrement arquée et a deux très-petits rayons mous dans sa membrane. On voit que cette espèce n'a pas le ventre garanti dans son milieu comme l'épinoche commune, mais les côtés, et que l'espace nu, qui dans les autres épinoches ne règne qu'entre les os cubitaux, se prolonge dans celle-ci entre ceux du bassin et jusqu'à l'anus. Les pectorales sont arrondies, du neuvième environ de la longueur totale, et n'ont que dix rayons. Les épines dorsales commencent vis-à-vis la base des pectorales; il y en a quinze, toutes munies de leur petite membrane, toutes à peu près du cinquième de la hauteur totale; la dernière seule est un peu plus forte et plus arquée que les autres. L'espace qu'elles occupent est à peu près le quart de la longueur totale, bordé de chaque côté par une suite de légères proéminences longitudinales qui appartiennent aux interépineux; vient ensuite une dorsale molle, quelquefois de six, le plus souvent de sept rayons, tous branchus. Elle est triangulaire, haute en avant, à peu près comme le corps, et attachée par son bord postérieur. Elle occupe en longueur à peu près le huitième de la longueur totale. L'anale répond à la dorsale en position, en grandeur, en forme et en nombres de rayons. Elle a en avant de sa base une petite épine munie d'une membrane particulière. La portion de queue derrière ces deux nageoires est très-déprimée, tranchante par les côtés, et fait le tiers de la longueur totale. La caudale en fait le onzième ; elle est coupée carrément et a douze rayons. Je compte à la ligne latérale quarante-quatre écailles, toutes carénées et légèrement granulées ; celles des côtés de la queue ont les carènes plus saillantes que les autres, mais aucune n'a d'épines. Le reste de la peau est nu.

La couleur de ce poisson est un brun verdâtre en dessus et à la queue, et un blanc argenté aux côtés du museau, aux joues, aux opercules, sur l'espace en avant de la base des pectorales et sous la gorge, la poitrine et le ventre. La dorsale et l'anale ont chacune sur leur moitié antérieure une tache noire et ronde. La longueur de l'espèce ne passe guère six ou sept pouces.

Les viscères de ce *gastré* ne diffèrent pas beaucoup de ceux des épinoches d'eau douce. Le foie est gros, et ne forme qu'un seul lobe, qui recouvre et entoure presque en entier l'œsophage ; il se prolonge un peu plus à droite, et c'est auprès de ce prolongement qu'est la vésicule du fiel. L'œsophage, assez gros et arrondi, ne se distingue pas de l'estomac. Ils forment un seul tube, dont la longueur fait le tiers de celle de l'abdomen. Le pylore se marque par un étranglement assez fort, et l'intestin, au lieu de le suivre directement, se porte un peu à droite et descend en droite ligne jusqu'auprès de l'anus, où il fait un coude à gauche assez fort ; il se dilate en cet endroit, ses parois sont plus minces, et il se rend droit à l'anus. Il y a auprès du pylore deux très-petits tubercules tournés vers l'estomac, qui sont les traces d'appendices cœcales. La rate est petite, et située dans l'hypocondre gauche sous le pylore. Les vésicules séminales sont petites et rejetées vers l'arrière de l'abdomen. La vessie natatoire est étroite, assez alongée, à parois minces et argentées. Les reins sont longs, aplatis en deux filets, qui ne se réunissent que tout près de l'anus.

Le squelette a dix-huit vertèbres abdominales, et environ vingt-trois caudales ; mais il est difficile de compter les dernières de la queue, qui sont très-grêles et ne forment presque qu'un corps. Ses côtes sont grêles, et les postérieures entourent tout l'abdomen.

Ce poisson ne remonte point dans les rivières; mais il n'est pas très-rare sur nos côtes de la Manche et du golfe de Gascogne. M. Garnot nous en a fait parvenir un de Brest, sous le nom de *lançon*.

Il paraît être encore plus commun dans le Nord, où il devient aussi plus grand. Schonevelde[1], qui l'a décrit le premier, l'avait vu dans le golfe de Kiel, où les habitans le nomment *stein-bicker* (mordeur de pierres). Il y en a dans toute la Baltique. A Helgoland, où l'on en voit aussi quelques-uns, on l'appelle *erd-krüper* (rampant à terre), et en Danemarck on le nomme à peu près de même, *erdkraber*. M. Noël nous en a envoyé de Norvége, où son nom est, dit-il, *store-tindoure;* mais Fabricius ne le nomme point parmi les poissons du Groënland.

C'est faute d'entendre le latin que Bloch a cru lire dans Gronovius que l'espèce est extrêmement commune en Hollande. Gronovius ne le dit que de l'épinochette.[2]

Il doit être difficile d'en tirer quelque aliment, et on ne l'emploie guère qu'à fumer des terres et à en extraire de l'huile. Cependant Bloch assure que les pauvres gens ne le dédaignent pas toujours. On l'attire en quantité au moyen de feux allumés.

Nous ne connaissons pas de poissons qui se rapprochent de ce gastré par les caractères; il est jusqu'à présent isolé dans son sous-genre.

---

1. *Zoophyl.*, p. 134. — 2. *Ichtyol.*, p. 10.

CHAPITRE XVIII.

De l'Oréosome (Oreosoma, nob.).

Et particulièrement de l'Oréosome de l'Atlantique.

(Oreosoma atlanticum, nob.)

Voici encore un de ces êtres à figure étrange, que l'on prendrait plutôt pour le produit monstrueux d'une imagination malade que pour une réalité existante dans la nature. Que l'on se représente un petit poisson aussi haut que large, hérissé de gros cônes semblables à des pains de sucre, et l'on commencera à se faire une idée de l'*oréosome* ou poisson montagneux; car c'est ce que ce nom signifie (de σῶμα, corps, et d'ὄρος, montagne), et il est mérité par ces grosses boursouflures, dont le dessin a l'air de la carte d'un pays volcanisé.

Sa tête a le profil droit et presque horizontal, et sa bouche est fendue verticalement sur le bout du museau. Son front est plat et assez large entre les yeux; dont chacun est surmonté d'une petite corne conique. Ni les sous-orbitaires ni le préopercule n'ont d'épines ni de dentelures. C'est à peine si on peut dire sa joue cuirassée; car ses sous-orbitaires ne forment qu'un arc étroit, qui se joint au préopercule seulement dans le haut. Celui-ci est arrondi en arc très-ouvert; son bord descend très-obliquement en avant, où il forme avec celui de la mâchoire inférieure un angle rectangulaire quand la bouche est fermée. L'opercule est petit et a deux arêtes terminées en angles aplatis. Les ouïes sont très-fendues, quoique leur membrane s'attache en avant sous l'isthme : elle a de chaque côté sept rayons. Le corps peut se diviser en tronc et en queue. La queue est comprimée et forme une lame verticale très-plate : le tronc est plus épais, et porte à sa partie dorsale quatre

4.

des cônes dont nous avons parlé, deux de chaque côté d'une grandeur comparativement médiocre, et entre les deux postérieurs est une très-petite première dorsale de quatre à cinq épines. La seconde dorsale est sur cette partie comprimée qui appartient à la queue. Elle a vingt-neuf rayons mous. Le bas du tronc, plus large que le haut, a de chaque côté sur un arc convexe vers le bas, qui s'étend depuis les ouïes jusqu'aux côtés de l'anale, une rangée de cinq grands cônes; et entre les deux rangées il y en a en avant deux petits, derrière lesquels naissent les ventrales, et deux plus grands aux côtés de l'anus, tout-à-fait sur la ligne mitoyenne, et entre les quatre dont nous venons de parler, il y en a cinq ou six encore plus petits, placés irrégulièrement sur deux lignes longitudinales. Les pectorales sont petites, arrondies, et ont environ vingt rayons tous branchus, excepté le premier. Les ventrales sont un peu plus longues et ont le nombre ordinaire de 1/5. L'anale a vingt-six rayons; elle correspond à la deuxième dorsale, et comme cette partie comprimée, à laquelle ces deux nageoires s'attachent, est presque coupée en demi-cercle vertical, l'une monte et l'autre descend en se courbant pour entourer ce demi-cercle; et c'est au milieu de sa convexité entre ces deux nageoires que saille la petite partie nue de la queue, qui se termine par une caudale de quatorze rayons, à peu près coupée carrément, mais dont les angles sont arrondis.

B. 7; D. 5 — 29; A. 26; C. 14; P. 20; V. 1/5.

Ce petit poisson n'a pas d'écailles. Sa peau est grenue sur le tronc, mais à peu près lisse sur tout le reste. C'est elle qui forme les cônes en se durcissant en espèces de coques, qui se détachent facilement et sont striées par des cercles parallèles à leur base.

En comprenant sa queue, sa longueur surpasse d'un tiers sa hauteur; l'épaisseur de son tronc fait moitié de sa hauteur, mais celle de sa queue est très-peu de chose; la longueur de la tête fait plus du tiers du total. La caudale en fait le cinquième, et son pédicule, ou l'espace nu derrière la dorsale et l'anale, à peu près le dixième, et il est d'un quart plus long que haut.

Des dents en fin velours m'ont paru garnir ses mâchoires, le devant de son vomer et son palais.

Dans la liqueur l'*oreosoma* paraît entièrement cendré. L'iris de son œil est doré.

La longueur de notre individu ne passe pas seize lignes.

Il nous a été impossible jusqu'à présent de rien découvrir qui en approche dans les naturalistes ou dans les voyageurs qui ont parlé des poissons.

Nous le devons à l'infatigable attention de Péron, qui s'attachait aux plus petits objets. Il l'a rapporté de l'océan Atlantique.

FIN DU TOME QUATRIÈME.